2021年 养殖渔情分析

ANALYSIS REPORT OF AQUACULTURE PRODUCTION

全国水产技术推广总站 中国水产学会 编

中国农业出版社

北 京

编 辑 委 员 会

前　言

　　水产养殖是水产品供应的主要生产方式。2009 年，受农业部（现为农业农村部）渔业渔政管理局委托，全国水产技术推广总站组织启动了养殖渔情信息采集工作，建立了我国水产养殖基础信息采集和分析的新机制。13 年来，在各级渔业行政主管部门的大力支持下，在各地水产技术推广部门和全体信息采集人员的共同努力下，建立了一套监测指标体系，培养了一支监测人员队伍，获取了一批生产数据信息，为下一步深入开展产业动态监测积累了宝贵经验。目前，已在河北、辽宁、吉林、江苏、浙江、安徽、福建、江西、山东、河南、湖北、湖南、广东、广西、海南、四川 16 个水产养殖主产省（自治区）建立了 226 个信息采集定点县、671 个采集点，形成了由基层台账员、县级采集员、省级审核员和分析专家为主体的信息采集分析队伍。采集范围涵盖企业、合作社、渔场或基地、个体养殖户等经营主体。养殖渔情信息为渔业经济核算提供了有益的数据支撑，为各级渔业管理部门科学管理提供了数据参考，为广大生产者把握形势提供了重要的信息依据。

　　当前，我国渔业正处于推进现代化渔业建设和水产养殖业绿色高质量发展的关键时期。科学决策必须建立在准确的信息资料和对信息资料科学的定性和定量分析基础上。《2021 年养殖渔情分析》主要收录了 2021 年养殖渔情信息采集省份和全国养殖渔情有关专家的养殖渔情分析报告，以及重点品种的分析报告。本书的编辑出版，是加强养殖渔情信息采集数据总结和应用的有效方法，也是养殖渔情信息数据分析和发布的载体，为今后客观描述水产养殖业发展状况，及时监测水产养殖业经济运行态势，准确揭示养殖发展规律积累基础数据，提供了实践参考。

　　本书在编写过程中，农业农村部渔业渔政管理局以及各采集省（自治区）渔业行政主管部门给予了大力的支持，各水产养殖专家给予了精心的指导。本书的出版，离不开各养殖渔情采集省（自治区）、采集县、采集点的信息采集人员辛勤工作与无私奉献。在此，一并致以诚挚的谢意！

本书的分析报告主要是基于养殖渔情信息采集数据，以及有关专家的调研分析。由于影响采集点数据质量的因素很多和编者水平有限，书中难免会有一些不足之处，恳请广大读者批评指正。

编　者

2022 年 4 月

CONTENTS

目 录

目　录

第一章 2021 年养殖渔情信息分析报告

　　根据全国 16 个水产养殖主产省（自治区）、226 个养殖渔情信息采集定点县、671 个采集点上报的 2021 年年报和月报养殖渔情数据，结合全国重点水产养殖品种专家调研和会商情况，分析 2021 年养殖渔情形势。总体来看，2021 年随着新冠肺炎疫情防控转入常态化，全年水产养殖品产出和渔民收入均呈正增长。纵观全年，水产品总出塘量同比增长 15.96%，海水养殖品种出塘量同比增长 18.89%；淡水养殖品种出塘量同比增长 10.31%。其中，淡水鱼类、海水虾蟹类、海水贝类表现突出，出塘量和出塘收入明显增长。

一、总体情况

　　1. 出塘量、出塘收入整体大幅增长　　2021 年，全国采集点养殖品种出塘总量约 25.25 万吨，同比增长 15.96%，整体呈上升趋势。淡水养殖品种出塘量约 8.20 万吨，同比上升 10.31%，其中鱼类采集点出塘量 6.93 万吨，同比上升 10.74%。除鲫、黄鳝两个品种出塘量有所下降外，其他监测品种均大幅上升。其中，加州鲈出塘量 0.27 万吨，同比上升 166.57%；鲤出塘量 0.69 万吨，同比上升 21.63%；鳖出塘量 0.23 万吨，同比上升 24.07%。海水养殖品种出塘量约 17.04 万吨，同比上升 18.89%。其中，海水鱼类出塘量 1.98 万吨，同比上升 0.20%。石斑鱼、卵形鲳鲹出塘量分别为 0.03 万吨、0.74 万吨，同比下降 13.02%、23.54%；海水鲈出塘量为 0.74 万吨，同比增长 37.56%。虾蟹类出塘量 0.53 万吨，同比上升 11.27%。贝类出塘量 6.88 万吨，同比上升 30.16%。藻类中海带出塘量 7.12 万吨，同比增长 18.73%；紫菜出塘量 0.26 万吨，同比下降 20.34%。

　　2021 年，全国养殖渔情采集点出塘总收入约 35.15 亿元，同比上升 14.11%（表 1-1）。各省情况不一，其中，江西省采集点出塘量和出塘收入同比上升幅度最大，超过 50%，分别达到 57.16%、56.45%；河北、江苏、广东 3 省的出塘量上升幅度较大，达 45.45%、55.01%、36.89%；河北、浙江、福建、江西、山东、广东、广西等省（自治区）的出塘收入同比上升均超过 30%；四川省出塘量同比下降 0.25%，但出塘收入同比上升 23.46%。

表 1-1　采集点主要养殖品种出塘量及出塘收入

分类		品种	出塘量（吨）			出塘收入（万元）		
			2021 年	2020 年	增减	2021 年	2020 年	增减
淡水类	淡水鱼类	草鱼	17 311.48	16 608.59	4.23%	26 656.35	17 912.15	48.82%
		鲢	3 370.13	3 328.27	1.26%	2 243.64	1 964.94	14.18%
		鳙	2 706.27	2 510.07	7.82%	3 380.78	2 710.02	24.75%

（续）

分类		品种	出塘量（吨）			出塘收入（万元）		
			2021 年	2020 年	增减	2021 年	2020 年	增减
淡水类	淡水鱼类	鲤	6 946.41	5 711.10	21.63%	8 502.99	5 406.03	57.29%
		鲫	4 690.94	5 889.32	−20.35%	7 242.10	8 651.75	−16.29%
		罗非鱼	15 498.90	14 877.75	4.18%	13 728.72	11 687.82	17.46%
		黄颡鱼	2 634.15	2 079.71	26.66%	6 141.18	4 743.72	29.46%
		泥鳅	777.91	786.34	−1.07%	1 469.06	1 399.86	4.94%
		黄鳝	663.37	713.90	−7.08%	4 283.29	4 329.31	−1.06%
		加州鲈	2 734.33	1 025.73	166.57%	7 548.45	3 103.57	143.22%
		鳜	424.06	456.01	−7.01%	2 976.73	2 311.59	28.77%
		乌鳢	10 537.62	8 196.88	28.56%	21 148.76	14 304.96	47.84%
		鲑鳟	486.37	381.05	27.64%	1 216.81	872.88	39.40%
		鳗	28.00			184.80		
		鳊	472.50			869.40		
		小计	69 282.44	62 564.72	10.74%	107 593.06	79 398.60	35.51%
	淡水甲壳类	克氏原螯虾	4 358.97	3 474.49	25.46%	13 542.11	10 129.61	33.69%
		南美白对虾（淡水）	1 785.02	1 912.35	−6.66%	7 521.36	7 399.96	1.64%
		河蟹	3 759.29	3 974.02	−5.40%	33 200.00	33 093.46	0.32%
		罗氏沼虾	163.44	149.23	9.52%	638.68	581.24	9.88%
		青虾	410.68	460.11	−10.74%	2 640.30	2 682.72	−1.58%
		小计	10 477.40	9 970.20	5.09%	57 542.45	53 886.99	6.78%
	淡水其他	鳖	2 274.46	1 833.19	24.07%	11 371.74	9 556.41	19.00%
海水类	海水鱼类	海水鲈	7 414.04	5 389.71	37.56%	30 263.05	20 227.35	49.61%
		大黄鱼	4 313.70	3 998.15	7.89%	18 667.22	16 005.76	16.63%
		鲆	278.84	242.37	15.05%	1 370.93	901.47	52.08%
		石斑鱼	334.70	384.79	−13.02%	1 929.19	2 809.27	−31.33%
		卵形鲳鲹	7 431.65	9 719.38	−23.54%	14 145.12	20 650.31	−31.50%
		小计	19 772.93	19 734.40	0.20%	66 375.51	60 594.16	9.54%
	海水虾蟹类	南美白对虾（海水）	5 104.86	4 530.19	12.69%	15 450.35	18 406.11	−16.06%
		青蟹	190.60	206.03	−7.49%	3 416.78	3 465.43	−1.40%
		梭子蟹	53.62	71.29	−24.79%	871.35	571.91	52.36%
		小计	5 349.08	4 807.51	11.27%	19 738.48	22 443.45	−12.05%

（续）

分类		品种	出塘量（吨）			出塘收入（万元）		
			2021 年	2020 年	增减	2021 年	2020 年	增减
海水类	海水贝类	牡蛎	9 384.15	6 652.18	41.07%	8 153.48	5 220.09	56.19%
		鲍	221.90	190.79	16.31%	1 855.67	1 414.93	31.15%
		扇贝	16 783.14	17 454.81	−3.85%	6 563.76	16 212.74	−59.51%
		蛤	42 460.34	28 596.74	48.48%	33 037.32	19 154.54	72.48%
		小计	68 849.53	52 894.52	30.16%	49 610.23	42 002.30	18.11%
	海水藻类	海带	71 236.67	59 998.21	18.73%	11 109.16	7 511.11	47.90%
		紫菜	2 577.46	3 235.73	−20.34%	2 193.22	2 015.73	8.81%
		小计	73 814.13	63 233.94	16.73%	13 302.38	9 526.84	39.63%
	海水其他类	海参	1 828.11	1 786.20	2.35%	25 437.11	29 696.80	−14.34%
		海蜇	826.50	909.00	−9.08%	547.90	954.38	−42.59%
		小计	2 654.61	2 695.20	−1.51%	25 985.01	30 651.18	−15.22%
总计			252 474.58	217 733.68	15.96%	351 518.86	308 059.93	14.11%

2. 多数品种出塘价格上涨　2021 年，养殖渔情采集点出塘价格总体大幅上升。在重点监测的 35 个养殖品种中，除加州鲈、鳖、海水扇贝、石斑鱼、卵形鲳鲹、梭子蟹 6 个品种出塘价格同比有所下降外，其余 29 个品种出塘价格同比上涨；淡水鱼类、淡水甲壳类、海水鱼类、虾蟹类、藻类、海参、海蜇的出塘价格同比上升明显，其中，淡水鱼类上升幅度最大，达 22.38%。

据全国定点监测水产品批发市场监测数据、农业农村部农产品市场监测数据和国家统计局有关数据，2021 年水产品市场价格出现多年少见的大幅增长情况，养殖渔情监测数据与此基本吻合。特别是淡水鱼出塘价格，从 2021 年年初开始大幅上涨，全年综合平均出塘价格为 15.53 元/千克，同比上升 22.38%。通过专题调研和养殖渔情采集点数据分析，这主要受到长江十年禁渔、休渔期、餐饮需求增加以及淡水鱼供应减少等多重因素影响（表 1-2）。

表 1-2　主要监测养殖品种出塘价格情况

单位：元/千克

分类	品种	2021 年	2020 年	增减率（%）
淡水鱼类	草鱼	15.40	10.78	42.86
	鲢	6.66	5.90	12.88
	鳙	12.49	10.80	15.65
	鲤	12.24	9.47	29.25
	鲫	15.44	14.69	5.11
	罗非鱼	8.86	7.86	12.72

（续）

分类	品种	2021 年	2020 年	增减率（％）
淡水鱼类	黄颡鱼	23.31	22.81	2.19
	泥鳅	18.88	17.80	6.07
	黄鳝	64.57	60.64	6.48
	加州鲈	27.61	30.26	−8.76
	鳜	70.20	50.69	38.49
	乌鳢	20.07	17.45	15.01
	鲑鳟	25.02	22.91	9.21
	小计	15.53	12.69	22.38
淡水甲壳类	克氏原螯虾	31.07	29.15	6.59
	南美白对虾（淡水）	42.14	38.70	8.89
	河蟹	88.31	83.27	6.05
	罗氏沼虾	39.08	38.95	0.33
	青虾	64.29	58.31	10.26
	小计	54.92	54.05	1.61
淡水其他	鳖	50.00	52.13	−4.09
海水鱼类	海水鲈	40.82	37.53	8.77
	大黄鱼	43.27	40.03	8.09
	鲆	49.17	37.19	32.21
	石斑鱼	57.64	73.01	−21.05
	卵形鲳鲹	19.03	21.25	−10.45
	小计	33.57	30.70	9.35
海水虾蟹类	南美白对虾（海水）	36.06	34.11	5.72
	青蟹	181.82	165.84	9.64
	梭子蟹	106.66	122.23	−12.74
	小计	41.96	41.06	2.19
海水贝类	牡蛎	8.69	7.79	11.55
	鲍	83.63	82.19	1.75
	扇贝	3.91	9.29	−57.91
	蛤	7.78	6.70	16.12
	小计	7.21	7.94	−9.19
海水藻类	海带	1.56	1.25	24.80
	紫菜	8.51	6.23	36.60
	小计	1.80	1.51	19.21

（续）

分类	品种	2021年	2020年	增减率（%）
海水其他类	海参	162.45	142.41	14.07
	海蜇	11.55	6.03	91.54
	小计	115.46	96.41	19.76

3. 饲料、苗种投入增加，养殖成本攀升 2021年，全国采集点养殖生产总投入24.95亿元。其中，物质投入共计20.70亿元（苗种费5.68亿元，饲料费12.52亿元，燃料费0.23亿元，塘租费1.70亿元，固定资产折旧费0.47亿元，其他0.10亿元），约占生产总投入的82.97%；服务支出费1.44亿元，约占生产总投入的5.78%；人力投入2.81亿元，约占生产总投入的11.26%。其中，苗种费、饲料费投入上升幅度最大，分别达16.30%、7.93%；燃料费、塘租费下降幅度超过45%。在各项投入中，饲料费、苗种费占总投入的份额有所增加，分别由47.35%、19.90%提高到50.18%、22.77%（图1-1）。据国家统计局数据，2021年全国居民消费价格指数（CPI）同比上涨0.9%；工业生产者出厂价格指数（PPI），同比上涨8.1%。受此影响，水产养殖的投入品成本增加，加上人工成本上涨等原因，水产养殖的整体成本不断攀升。养殖渔情监测数据反映了此种情况。

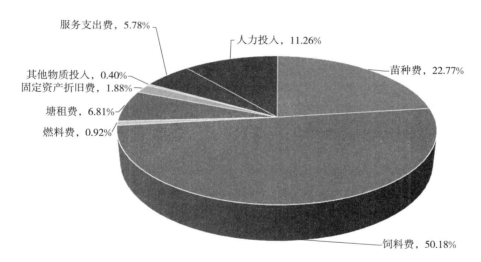

图1-1 全国采集点2021年生产总投入组成情况

4. 受重大病害及洪涝灾害影响，渔业损失较大 养殖渔情采集点数据显示，2021年全国水产养殖受灾产量损失8 041.93吨，同比上升18.27%；灾害经济损失15 606.61万元，同比上升103.29%（表1-3）。辽宁、吉林、河南、海南等省份水产受灾产量和经济损失都有所增加，其中，海南、辽宁、浙江省经济损失严重。2021年，养殖渔情监测表明，水产养殖病害、自然灾害严重，特别是受洪涝灾害的影响较大，导致水产品损失比2020年严重，这与全国渔业统计数据反映的2021年受灾情况偏重情况基本一致。

表 1-3　采集点受灾损失情况

省份	受灾损失							
	小计		病害		自然灾害		其他灾害	
	产量损失（吨）	经济损失（万元）	产量损失（吨）	经济损失（万元）	产量损失（吨）	经济损失（万元）	产量损失（吨）	经济损失（万元）
全国	8 041.93	15 606.61	5 580.76	10 375.21	2 335.06	4 862.99	126.11	368.42
河北	44.02	165.90	41.68	135.93	1.50	27.37	0.84	2.60
辽宁	169.04	1 295.16	86.64	171.66	82.40	1 123.50	0	0
吉林	5.52	10.80	3.00	5.80	2.50	5.00	0.20	0
江苏	268.15	991.69	267.36	984.09	0.70	5.60	0.09	2.00
浙江	331.33	1 147.81	322.18	1 062.03	1.00	46.00	8.15	39.78
安徽	39.76	51.31	16.56	29.67	23.00	19.60	0.20	2.04
福建	161.90	495.56	49.45	179.49	7.50	10.00	104.95	306.07
江西	12.70	26.33	12.70	26.33	0	0	0	0
山东	33.32	106.86	13.46	73.78	9.11	22.26	10.75	10.82
河南	289.50	392.34	39.00	49.58	250.50	342.76	0	0
湖北	15.12	35.93	15.12	35.93	0	0	0	0
广东	29.47	90.01	28.17	84.65	0.50	1.16	0.80	4.20
广西	5.79	7.85	2.90	4.62	2.65	2.74	0.24	0.49
海南	6 564.89	10 569.59	4 611.19	7 312.59	1 953.70	3 257.00	0	0
四川	30.89	158.25	30.89	158.25	0	0	0	0
湖南	40.53	61.23	40.46	60.81	0	0	0.07	0.42

二、重点品种情况

1. 淡水鱼类出塘量上升，出塘价格大幅上涨　随着新冠肺炎疫情防控转入常态化，受供给减少及饲料成本上涨等因素影响，2021 年养殖渔情采集点淡水鱼出塘量和出塘价格较 2020 年有较大幅度的提升。淡水鱼类采集点出塘量 6.93 万吨，同比上升 10.74%；淡水鱼出塘价格从 2021 年年初开始大幅上涨，2021 年养殖渔情采集点淡水鱼类综合平均出塘价格为 15.53 元/千克，同比上升 22.38%。其中，草鱼、鳜上涨幅度较大，分别上涨 42.86%、38.49%（图 1-2、图 1-3）。

2. 海水鱼类出塘量有增有减，同比 2020 年出塘价格有所上升　采集点数据显示，海水鱼类 2021 年综合出塘价格为 33.57 元/千克，同比 2020 年上升 9.35%。其中，鲆出塘价格上升达 32.21%；石斑鱼出塘价格继续大幅下降，达 21.05%（表 1-1、表 1-2）。

受疫情、寒潮和节日等因素的影响，海水鱼类全年价格跌宕起伏。春节前后是海水鱼类消费旺季，一方面受疫情防控影响，部分地区禁止摆宴席，餐饮和市场也谨慎防疫，市场消费大幅锐减；另一方面寒潮来袭，不少存塘的鱼冻死和冻伤，养殖户集中大量出鱼。大黄鱼和石斑鱼价格大幅下跌，下半年价格又迅速回升（图 1-4）。

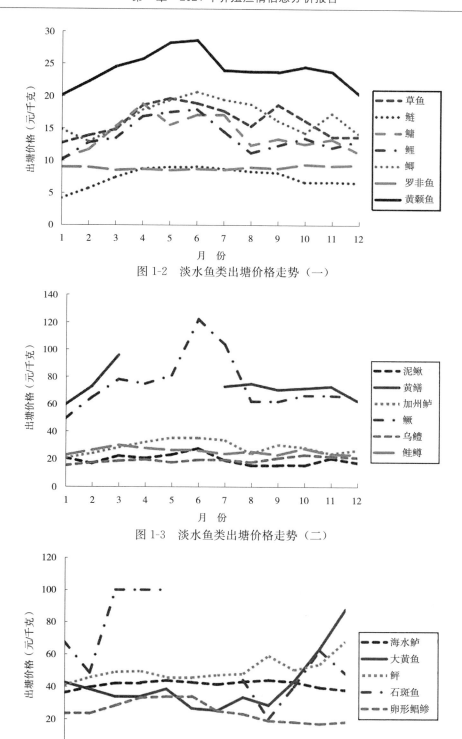

图 1-2 淡水鱼类出塘价格走势（一）

图 1-3 淡水鱼类出塘价格走势（二）

图 1-4 海水鱼类出塘价格走势

3. 海水虾蟹类养殖波动大，梭子蟹出塘量、出塘价格同比均下降 海水虾蟹类出塘量 0.53 万吨，同比上升 11.27％；其中，南美白对虾（海水）出塘量 0.51 万吨，占海水虾蟹类的 95.43％，5 月以来，受市场需求减少、病害增多等因素影响，南美白对虾价格总体呈现下滑的态势，部分地区价格掉的比较猛（表 1-1、表 1-2）。

2021 年，由于海温较高，梭子蟹生长快，开海以后，梭子蟹的价格出现了大幅下跌。但随着中秋节、国庆节双节的来临，梭子蟹的需求量增加；而且台风的到来，也让不少渔民无法出海捕捞，10—12 月梭子蟹售价上扬。青蟹属于小众产品，产量不大，需求多变，因而出塘价格波动较大（图 1-5）。

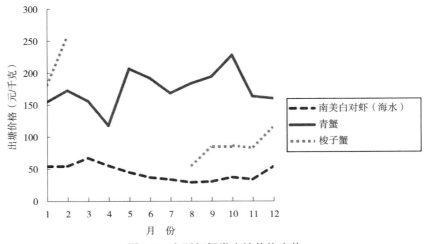

图 1-5　主要虾蟹类出塘价格走势

4. 海水贝类出塘量大幅上升，扇贝出塘价格大幅下降 养殖渔情数据显示，2021 年海水贝类出塘量 6.88 万吨，同比上升 30.16％。除扇贝出塘量大幅下降外，牡蛎、鲍、蛤出塘量均大幅上升。由于 2020 年蛤出塘量大幅下降，2021 年蛤出塘量恢复，同比上升 48.48％。贝类养殖渔情监测品种的平均出塘价格均有所下降，其中，扇贝的平均出塘价格同比下降 57.91％（表 1-1、表 1-2，图 1-6）。

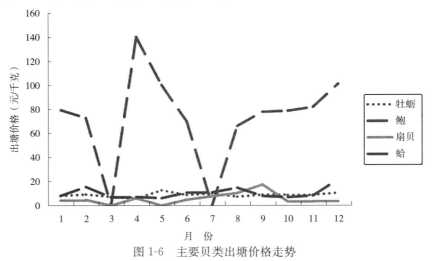

图 1-6　主要贝类出塘价格走势

5. 海水藻类养殖整体形势较好　海带生产损失同比有所减少，养殖整体形势较好。受气候影响，紫菜大面积脱苗，减产严重。2021年，海带出塘量增长18.73%，紫菜出塘量下降20.34%。但采集点海水藻类的平均出塘价格同比上升19.21%。其中，海带平均出塘价格同比上升24.80%，紫菜同比上升36.60%（表1-2，图1-7）。

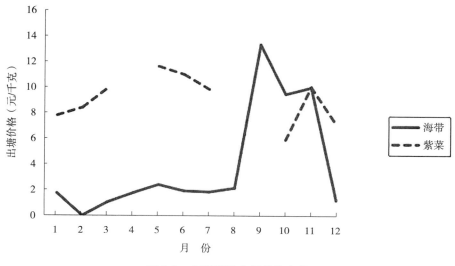

图1-7　主要藻类出塘价格走势

6. 鳖出塘价格全年波动较大，出塘量和出塘收入大幅增长　由于龟鳖类被明确划入可食用水生动物范畴，中华鳖养殖开始复苏，朝着绿色、生态、健康的方向发展。2021年，中华鳖生产形势总体平稳，但受局部新冠疫情影响，全国鳖市场波动起伏较大。2021年，采集点鳖出塘总量0.23万吨，同比上升24.07%；出塘收入1.14亿元，同比增长19.00%（表1-1、表1-2）。

2021年，采集点鳖平均出塘价格为50.00元/千克，同比下降4.09%（图1-8）。

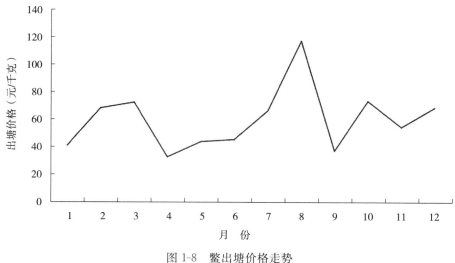

图1-8　鳖出塘价格走势

7. 海参出塘量同比小幅上升，出塘价格小幅上升　2021年，全国海参出塘量小幅上升，受疫情影响，国民健康意识提升，上海、武汉、西安、成都、长沙等地海参消费呈现爆发式增长。同时，由于疫情影响，国外海参难以进入国内市场，因而国产海参市场回暖。受苗种和人工成本增加及疫情等因素影响，海参出塘价格小幅上升（图1-9）。

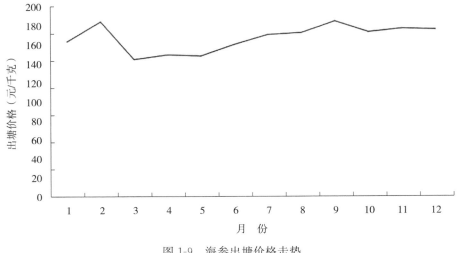

图1-9　海参出塘价格走势

三、形势特点分析

1. 水产绿色健康养殖继续深入推进　2021年，按照"保供固安全、振兴畅循环"的工作定位，扎实推进渔业生产，渔业经济稳定向好，水产绿色健康养殖深入推进，长江"十年禁渔"平稳起步，资源养护成效明显。2022年，我国水产养殖业绿色高质量发展持续推进，抓住"养殖水域"和"水产良种"两个关键环节，守牢质量安全、生物安全、生态环境安全3条主线，积极拓展深远海养殖、稻渔综合种养、低洼盐碱地渔业开发、大水面生态渔业等水产养殖四大领域，深入实施水产绿色健康养殖技术推广"五大行动"，在生态健康养殖技术模式和养殖尾水治理模式推广、水产养殖用药减量、配合饲料替代野杂鱼、水产种业提升方面取得新进展，水产养殖业转型升级迈出新步伐。

2. 水产品稳产保供有保障　近几年，随着养殖技术升级革新、养殖模式创新和产品结构调整，水产品消费需求呈现逐年增长的态势。2021年，全国水产品产量保持稳中有增，水产品市场供应有保障，全年渔业投资和渔民收入均呈正增长。全国各地及时调度会商水产品稳价保供形势，合理引导预期，聚焦水产品主产区、重点品种和国内消费需求，有效应对市场价格波动，促进市场流通，大力发展水产加工业，水产品消费结构逐渐向质量型和健康型的高端化转变。2022年，继续稳定和拓展水产养殖空间，立足养殖保障水产品供应，水产品消费市场总体趋好，水产品消费朝预制菜方向发展，开发消费者喜爱的个性化、定制化、便利化的加工菜品，可以引导消费者改变传统的鲜活水产品消费模式，将为产业发展带来新的机遇，极大地促进了水产加工产品标准化、食品化进程，为水产品最大限度拓展价值空间创造了条件。

3. 水产养殖风险预警与防范能力仍需加强　2021 年，受严重洪涝灾害影响，多地水产品病害、自然灾害严重，导致水产品损失严重。水产养殖病害与赤潮、台风、冰冻、洪灾等自然灾害，仍是水产养殖业的主要风险。随着生态健康养殖模式的进一步推广，水产养殖抗风险能力将得到进一步提升。

第二章 2021 年各采集省份养殖渔情分析报告

河北省养殖渔情分析报告

一、采集点基本情况

2021 年，河北省在乐亭、曹妃甸、丰南、玉田、黄骅、昌黎、涞源、阜平 8 个县（区）设置了 27 个采集点开展渔情信息采集工作。全省采集点面积 2 299.50 公顷。养殖方式为淡水池塘、海水池塘和浅海吊笼。采集品种主要为大宗淡水鱼、鲑鳟、南美白对虾、海湾扇贝、中华鳖、海参等。

二、养殖渔情分析

2021 年，根据全省渔情采集点 1—12 月的生产监测数据分析，全省水产养殖生产形势积极向好。因市场需求的上升，水产品出塘量增幅较大，多数产品价格上涨；淡水池塘养殖效益稳中向好，吊笼养殖效益大幅提升，海水池塘养殖效益相对下滑；苗种投放增加，养殖生产投入增多；病害防控措施得力，病害、灾害损失减少。

1. 出塘量、收入整体增加 全省采集点出塘水产品 17 862.77 吨、总收入 13 886.11 万元，同比增加 45.45%、34.06%。

（1）大宗淡水鱼出塘量、收入增加 采集点出塘大宗淡水鱼 3 051.43 吨、收入 3 317.08 万元，同比增加 195.32%、268.47%。分品种：草鱼出塘量同比减少 8.84%，鲢、鳙、鲤、鲫出塘量同比分别增加 211.45%、273.2%、199.64%、1 333.45%；收入同比分别增加 37.8%、336.29%、309.98%、274.62%、1 677.52%。

（2）鲑鳟出塘量、收入均增加 采集点出塘鲑鳟 96.48 吨、收入 267.42 万元，同比增加 38.89%、92.64%。

（3）中华鳖出塘量减少、收入增加 采集点出塘成鳖 42.45 吨、收入 237.66 万元，同比分别下降 10.02%、增加 31.6%。

（4）南美白对虾（淡水）出塘量、收入均增 采集点出塘对虾 406.69 吨、收入 1 606.25 万元，同比增加 29.46%、58.57%。

（5）南美白对虾（海水）出塘量、收入均减 采集点出塘对虾 186.97 吨、收入 980.48 万元，同比减少 33.22%、29.38%。因雨水较多，虾成活率降低。

（6）海参出塘量、收入均减少 采集点出塘海参 178.5 吨、收入 2 867.52 万元，同比减少 13.2%、12.23%。

（7）海湾扇贝出塘量、收入均增加 采集点出塘扇贝 13 900.25 吨、收入 4 609.70 万元，同比增加34.55%、32.83%。因采集点调整养殖区域、规范养殖密度，饵料生物充足，扇贝长势好，产量增加。

因2020年年底大宗淡水鱼存塘量较多，2021年受节假日拉动需求的影响，水产品价格普遍攀升，大宗淡水鱼出塘量、收入涨幅较大；鲑鳟、南美白对虾（淡水）、海湾扇贝生产形势好，产量、收入齐增。采集点出塘量、收入对比见图2-1、图2-2。

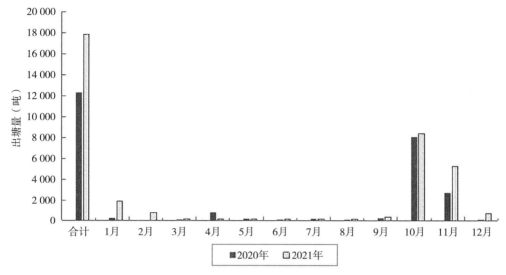

图2-1　2020—2021年采集点出塘量对比

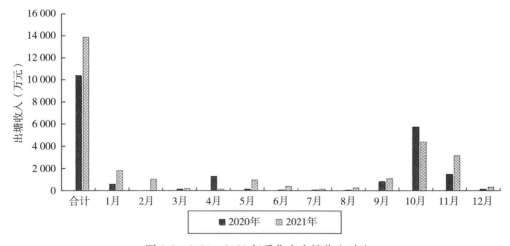

图2-2　2020—2021年采集点出塘收入对比

2. 水产品价格多数上涨　采集品种中，10个品种价格上涨，涨幅为1.11%～51.08%；1个品种价格下跌，跌幅为1.19%。

受市场需求的不断释放，淡水鱼均价（11.39元/千克）同比上涨20.91%。各品种价格情况见表2-1，各品种价格走势见图2-3至图2-5。

表 2-1 2020—2021 年出塘品种价格对比

品种	2021 年（元/千克）	2020 年（元/千克）	同比（%）
草鱼	15.32	10.14	51.08
鲢	5.28	3.77	40.05
鳙	10.82	9.85	9.85
鲤	10.98	8.78	25.06
鲫	12.14	9.79	24.00
鲑鳟	27.72	19.98	38.74
中华鳖	55.99	38.28	46.26
南美白对虾（淡水）	39.50	32.24	22.52
南美白对虾（海水）	52.44	49.59	5.75
海参	160.65	158.88	1.11
海湾扇贝	3.32	3.36	−1.19

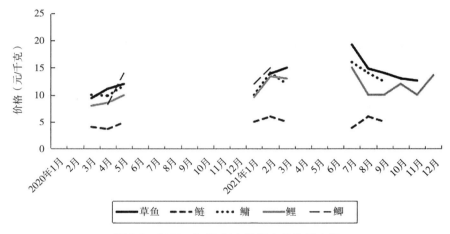

图 2-3 2020—2021 年大宗淡水鱼价格走势

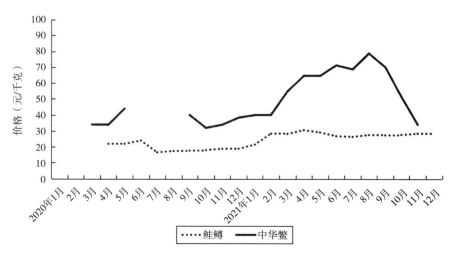

图 2-4 2020—2021 年鲑鳟、中华鳖价格走势

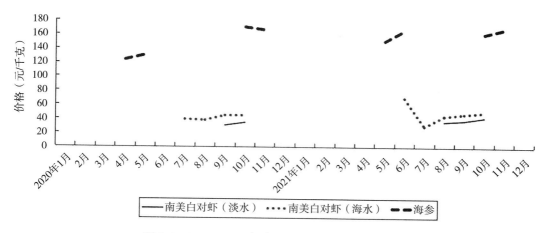

图 2-5 2020—2021 年南美白对虾、海参价格走势

因 2020 年受新冠肺炎疫情的影响，压塘严重，生产不足。2021 年，国内水产品更具安全性，受节假日需求拉动，淡水鱼供不应求，鱼价飙升。随着新鱼出塘和进口水产品市场的恢复，下半年淡水鱼价回落。中华鳖、南美白对虾（淡水）价格在较高位波动，南美白对虾（海水）、海参价格持稳。

3. 养殖生产投入增加 采集点生产投入共计 10 839.96 万元，同比增加 11.72%。主要是苗种费、饲料费、燃料费、电费、其他同比分别增加 35.97%、38.67%、24.21%、12.06%、33.88%；塘租费、固定资产折旧费、人力投入、防疫费、保险费、水费等投入同比分别减少 27.11%、14.86%、6.14%、3.65%、94.00%、53.31%。生产投入占比见图 2-6。

据分析，2021 年水产品市场良好，投苗生产积极，苗种需求量增加，苗价上涨，苗种费增幅较大，饲料费、电费、燃料费相应增加（图 2-7）。

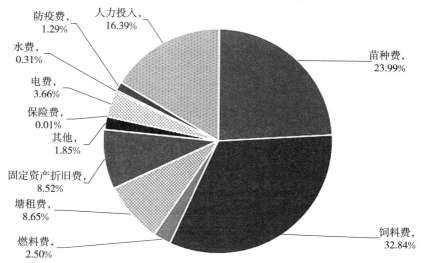

图 2-6 2021 年采集点生产投入构成

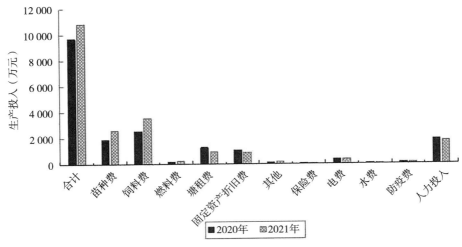

图 2-7　2020—2021 年采集点生产投入对比

4. 养殖生产整体投苗量增加　采集点多数品种投苗量增加。其中，大宗淡水鱼投种量增加 17.33%，投苗量增加 0.50%；南美白对虾（海水）投苗量增加 17.36%；海湾扇贝投苗量增加 31.82%；海参投苗量增加 263.36%；中华鳖投苗量增加 49.50%。鲑鳟投苗量减少 47.91%；南美白对虾（淡水）投苗量减少 16.08%。

受淡水鱼市场火爆的影响，大宗淡水鱼投种较多；因 2020 年生产效益凸显，南美白对虾（海水）、海湾扇贝、海参投苗量增加；因上半年价格好，中华鳖投苗量增多。

5. 病害、灾害损失减少　采集点因病害、灾害造成的数量损失 44.02 吨，经济损失 165.90 万元，同比减少 77.63%、29.83%。损失主要是由病害引起，发病品种为中华鳖、南美白对虾（淡水）、鲤。

6. 生产效益整体提升　采集点投入 10 839.96 万元，收入 13 886.11 万元，投入产出比 1∶1.28。每公顷效益 1.32 万元，较 2020 年（0.286 9 万元）增加 360.09%。各养殖模式效益情况见表 2-2。

表 2-2　2021 年各养殖模式投入产出情况

单位：万元

养殖模式	总投入	总收入	投入产出比	每公顷效益
淡水池塘	5 630.96	5 428.41	1∶0.96	−0.73
海水池塘	3 261.07	3 848.00	1∶1.18	1.20
吊笼养殖	1 947.93	4 609.70	1∶2.37	1.74
合计	10 839.96	13 886.11	1∶1.28	1.32

淡水池塘效益较 2020 年增加 90.66%，但仍呈亏损，主要是存塘因素造成。2021 年年底，采集点存塘量 3 287.37 吨，较 2020 年年底增加 9.11%，存塘品种是大宗淡水鱼、鲑鳟和中华鳖。

吊笼养殖海湾扇贝效益较 2020 年涨 73.07%。

海水池塘效益下降 55.62％。其中，海参效益下降 47.50％；南美白对虾（海水）效益下降 75.73％。

三、特点和特情分析

1. 淡水鱼价攀升，生产形势转好　2021 年，全省大宗淡水鱼供需两旺，鱼价普遍上涨，多品种价格在高位震荡。草鱼价最高时达 19.66 元/千克；鲢价在 5～6 元/千克；鳙价在 12～16 元/千克间波动；鲤价高时达 18 元/千克；鲫价最高为 15 元/千克。

2020 年，受新冠肺炎疫情的影响，大宗淡水鱼出塘量、价格、收入下降，运输、饲料、人工等成本上扬，盈利空间缩减，渔业生产积极性下降；而由于近年来全省淡水养殖面积持续压缩，养殖生产后劲不足，多因素导致产量增长滞后于需求的增长。2021 年，市场供需发生较大波动，上半年市场需求增加，水产品供给不足，使得大宗淡水鱼价大幅走高。

下半年随着新鱼出塘和市场调节趋稳，大宗淡水鱼价开始回落。到年底，仍有不少养殖户观望，待价格回升后再销售。

2. 扇贝养殖多措并举，收益凸显　2021 年，全省海湾扇贝采集点产量、收入双增。主要因主产区（昌黎县）调整养殖区域、规范养殖密度来规范养殖生产。新的养成区域饵料生物充足，扇贝长势好，出柱率高，产量大幅增加。后期使用了拨柱机械，减少了人工投入（以往是手工拨柱）。据监测数据，10—12 月扇贝采集点人力投入同比 2020 年减少 20.68％。在养殖规模不变的情况下，全年扇贝采集点人力投入同比 2020 年减少 10.05％。

通过优化养殖模式和机械化设备的使用，扇贝效益大幅提升，产业后劲十足。

四、2022 年养殖渔情预测

2022 年，随着国内水产品市场需求的不断上升，淡水鱼市场仍将供需两旺。大宗淡水鱼养殖规模将稳中有升，鱼价将继续坚挺；鲑鳟价格、产量将小幅回升；南美白对虾养殖规模稳定，市场前景依然很乐观；海参市场利好，价格高点企稳，产量将增多；海湾扇贝将持续良好发展；中华鳖养殖将稳定，随着市场需求的好转，出塘量将小幅提升。

随着国内、国际新冠肺炎疫情防控形势的不断好转，预计全省渔业生产将保持稳定、良好的发展态势。

（河北省水产技术推广总站）

辽宁省养殖渔情分析报告

一、采集点基本情况

2021 年，辽宁省设置 18 个养殖渔情调查县。其中，设置 9 个淡水养殖渔情调查县、9 个海水养殖渔情调查县。辽宁省按水产养殖渔情调查品种设置 60 个调查点，其中，淡水养殖品种调查点 36 个，海水养殖品种调查点 24 个。重点实施监测 14 个养殖品种生产情况，淡水养殖品种 8 个：鲤、草鱼、鲢、鳙、鲫、鳟、南美白对虾（淡水）、河蟹；海水养殖品种 6 个：大菱鲆、虾夷扇贝、菲律宾蛤仔、海参、海蜇、海带。由于底播虾夷扇贝采集点的变化，2021 年的底播虾夷扇贝数据未能采集。

二、水产养殖生产形势分析

1. 淡水养殖总体出塘量下降、收入同比增加　辽宁省淡水养殖采集点出塘量 5 884.6 吨，同比下降 2.5%；收入 7 928.6 万元，同比增加 31.6%。淡水养殖水产品总体出塘量同比下降、收入同比增加的原因：一是由于新冠肺炎疫情冲击，采集点草鱼、鲢苗种投放量同比下降 40% 左右；二是受新型冠状病毒肺炎疫情（以下简称"新冠肺炎"）影响，草鱼、鲢、鳙、鲫、南美白对虾、河蟹等消费需求终端市场刚需不足，淡水养殖水产品消费需求仍处于持续恢复期；三是 2021 年上半年，由于饲料、人力投入等成本上涨，淡水养殖草鱼、鲤等水产品出塘价格位于历年来同期高位，2021 年淡水养殖水产品总体收入较 2020 年同期增加。

草鱼、鲢、鳙、鲫、南美白对虾、河蟹出塘量分别为 2 200.0 吨、108.5 吨、35.7 吨、235.0 吨、3.8 吨、40.0 吨。同比分别下降 12.2%、44.4%、28.3%、19.4%、52.8%、12.7%。草鱼、鲢、鳙、鲫、南美白对虾（淡水）、河蟹收入分别为 2 968.4 万元、53.5 万元、51.8 万元、334.0 万元、16.9 万元、232.0 万元，分别同比增长 24.3%、同比下降 53.8%、同比下降 9.0%、同比下降 25.0%、同比下降 62.3%、同比增长 53.9%。

鲤、鳟出塘量分别为 3 241.9 吨、19.7 吨，同比分别增加 10.9%、35.1%；鲤、鳟收入分别为 4 224.7 万元、47.3 万元，同比分别增加 51.1%、98.4%。

2. 海水养殖总体出塘量和收入均同比增加　辽宁省海水养殖采集点出塘量 25 904.9 吨，同比增加 13.8%；收入 14 549.7 万元，同比增加 20.4%（注：不包含底播虾夷扇贝品种）。大菱鲆出塘量 143.0 吨，同比增加 16.7%；大菱鲆收入 720.78 万元，同比增加 56.6%；菲律宾蛤仔出塘量 6 051.4 吨，同比下降 26.6%，菲律宾蛤仔收入 3 853.7 万元，同比下降 1.4%；海带出塘量 18 400.0 吨，同比增加 41.0%，海带收入 1 070.0 万元，同比增加 36.7%；海参出塘量 484.0 吨，同比增加 8.9%，海参收入 7 950.9 万元，同比增加 24.5%；海蜇出塘量 826.5 吨，同比下降 9.1%，海蜇收入 954.4 万元，同比增加 74.2%。

3. 水产养殖生产投入同比增加　辽宁省采集点生产投入 13 953.4 万元，同比增加

9.1%。鲤、鳙、南美白对虾（淡水）、大菱鲆、菲律宾蛤仔、海带、海参、海蜇等水产养殖品种生产投入同比增加。

由于2021年无法采集底播虾夷扇贝采集点的数据，在不计算近2年虾夷扇贝采集点数据的情况下，2021年1—12月生产投入为13953.4万元，同比增加9.1%。生产投入中，饲料费4644.2万元、人力投入2244.1万元、塘租费511.0万元、固定资产投入120.0万元、防疫费186.6万元、其他投入443.9万元，同比分别增加20.5%、45.0%、11.9%、10.9%、13.3%、10.8%；苗种费4807.9万元，同比下降0.5%；水电燃料费995.8万元，同比下降30.3%（图2-8）。

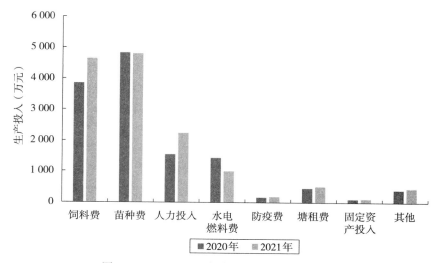

图2-8 2020—2021年水产养殖生产投入对比

4. 水产养殖平均出塘价格同比上涨 辽宁省采集点的水产养殖平均出塘价格7.1元/千克，同比上涨12.4%。淡水养殖平均出塘价格13.5元/千克，同比上涨35.0%；海水养殖平均出塘价格5.6元/千克，同比上涨5.7%，主要是大菱鲆、菲律宾蛤仔、海参、海蜇出塘价格较2020年同期上涨。

2021年1—12月，辽宁省采集点平均出塘价格上涨的水产养殖品种：鲤13.0元/千克，同比上涨36.0%；草鱼13.5元/千克，同比上涨42.0%；鳙14.5元/千克，同比上涨27.0%；鳟24.1元/千克，同比上涨46.9%；河蟹58.0元/千克，同比上涨74.0%；大菱鲆50.4元/千克，同比上涨34.2%；菲律宾蛤仔6.4元/千克，同比上涨34.4%；海参164.3元/千克，同比上涨14.3%；海蜇11.6元/千克，同比上涨91.5%。

2021年1—12月，辽宁省采集点平均出塘价格下降的水产养殖品种：鲢4.9元/千克，同比下降17.0%；鲫14.2元/千克，同比下降7.0%；南美白对虾（淡水）44.3元/千克，同比下降20.0%。海带0.6元/千克，同比下降3.0%。

5. 养殖损失、经济损失均同比增加 2021年，辽宁省水产养殖采集点养殖产量损失169.0吨，经济损失1295.2万元，同比大幅增加。草鱼因出血病、肝胆综合征养殖损失35.0吨，经济损失46.0万元；鲤因浮肿病毒病养殖损失50.0吨，经济损失120.0万元；大菱鲆养殖损失34.0吨，经济损失129.2万元。其中，肠炎等病害损失1.6吨，经济损失 5.7 万元；遭受暴雪压棚倒塌自然灾害损失 32.4 吨，经济损失 123.5 万元；夏季高温天气引发自然灾害，导致海参养殖损失 50.0 吨，经济损失 1 000.0 万元。

三、2022 年养殖生产形势预测

1. 淡水鱼出塘价格将维持稳定　2021 年上半年，辽宁省淡水鱼价格受市场需求增加影响，同比大幅增加。2021 年秋季，随着养殖成鱼出塘上市数量增加，淡水鱼价出现回落。目前，淡水鱼市场供应充足。预计 2022 年，辽宁省淡水鱼出塘价格将维持在 2021 年秋季价格水平，并处于相对稳定的态势。

2. 海参市场需求呈现增加态势　新冠病毒肺炎疫情的发生，提高了我国人民对生命安全和健康的重视程度，食用海参提高身体免疫力人群数量不断增加。海参消费需求进一步扩大，海参消费数量的增加，带动海参养殖出塘量的增加。预计 2022 年，辽宁省海参市场需求仍将呈现增加态势。

3. 发展标准化生态绿色养殖　通过发展标准化生态绿色养殖，提升水产养殖质量和效益。预计 2022 年，辽宁省水产养殖业将会持续提升绿色高质量发展水平，有效发挥水产养殖业绿色发展对乡村产业振兴的示范引领作用。

（辽宁省水产苗种执法队）

吉林省养殖渔情分析报告

一、采集点基本情况

2021年，全省在九台区、昌邑区、舒兰市、梨树县、镇赉县、抚松县、临江市、江源区共8个县（市、区）设置了10个采集点。采集面积1 341亩[①]。其中，大宗淡水鱼采集面积1 309亩，冷水鱼32亩。采集品种主要为鲤、鲫、草鱼、鲢、鳙及鲑鳟等。养殖方式全部为淡水池塘养殖。

二、养殖渔情分析

2021年，全省10个采集点共投入生产资金956.41万元，出售商品鱼499.40吨，收入合计694.66万元，综合出塘价13.91元/千克。因各类病害及灾害造成的水产品损失5.50吨，经济损失10.80万元。

1. 主要指标变动情况 2021年，受新冠肺炎疫情和市场需求的变动影响，全省10个采集点的生产投入、水产品总体出塘量、养殖总收入均有所下降。但受社会消费需求和市场综合调控的作用，水产品综合出塘单价同比增长了30.86%。所以总体来看，养殖总收入相比2020年降幅较小，对比情况详见表2-3。

表2-3 2020—2021年水产品主要指标变动情况对比

年份	投入资金（万元）	出塘量（吨）	收入（万元）	综合出塘价（元/千克）	损失	
					数量损失（吨）	经济损失（万元）
2020	990.02	713.37	758.52	10.63	1.15	2.14
2021	956.41	499.40	694.66	13.91	5.50	10.80
同比（%）	−3.39	−29.99	−8.42	30.86	378.26	404.67

（1）水产品出塘量、出售额同比下降，出塘价格增长 2021年，全省采集点出塘水产品总量约499.40吨，同比下降29.99%；出塘总收入约694.66万元，同比下降8.42%。其中，大宗淡水鱼出塘量约为450.13吨、收入约为585.22万元，同比分别下降33.78%、17.65%。鲑鳟出塘约为49.27吨、收入约为109.44万元，同比分别增长46.63%、128.74%。2021年，全省草鱼、鳙、鲤出塘量同比分别下降了68.81%、19.51%、49.06%，出塘收入也随之减少。鲫和鲢的销售量同比分别增加158.29%、9.74%，但由于当年鲢价格较低，鲢的总销售额较2020年下降了6.69%（表2-4）。

表2-4 2020—2021年采集品种出塘量、出售额情况对比

品种	出塘量（千克）		增减率（%）	出售额（元）		增减率（%）
	2020年	2021年		2020年	2021年	
鲤	389 115	198 200	−49.06	3 962 532	3 094 900	−21.90

---

① 亩为非法定计量单位，1亩＝1/15公顷。——编者注

（续）

品种	出塘量（千克）		增减率（%）	出售额（元）		增减率（%）
	2020 年	2021 年		2020 年	2021 年	
鲫	9 750	25 183	158.29	142 750	501 800	251.52
鲢	94 085	103 250	9.74	784 510	732 000	−6.69
鳙	132 322	106 500	−19.51	1 328 932	1 185 500	−10.79
草鱼	54 500	17 000	−68.81	888 000	338 000	−61.94
鲑鳟	33 602	49 269	46.63	478 440	1 094 380	128.74
合计	713 374	499 402	−29.99	7 585 164	6 946 580	−8.42

2021 年，水产品出塘均价 13.91 元/千克，同比增长了 30.86%。除鲢外，所有监测品种出塘价格同比均有所上涨，涨幅在 10%～56%。特别是鲑鳟，综合出塘价 22.21 元/千克，同比增长了 55.97%（表 2-5、图 2-9）。

表 2-5　2020—2021 年淡水鱼出塘价格对比

品种	2020 年（元/千克）	2021 年（元/千克）	同比（%）
草鱼	16.29	19.88	22.04
鲢	8.34	7.09	−14.99
鳙	10.04	11.13	10.86
鲤	10.18	15.62	53.44
鲫	14.64	19.93	36.13
鲑鳟	14.24	22.21	55.97

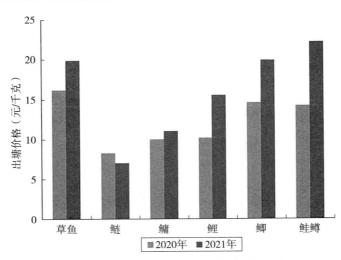

图 2-9　2020—2021 年淡水鱼出塘价格对比

（2）养殖生产投入下降　2021 年，采集点全年生产投入共计 956.41 万元，同比减少 3.39%。其中，物质投入 742.67 万元，同比减少 4.03%；服务支出 71.26 万元，较 2020 年增加 25.72%；人力投入 142.47 万元，同比减少 8.55%（图 2-10）。

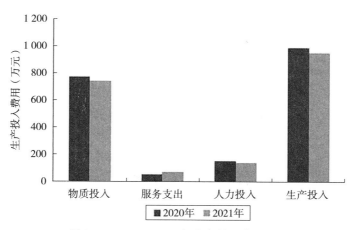

图 2-10　2020—2021 年生产投入费用对比

①物质投入费用减少：2021 年，采集点投苗量 1.08 吨，较 2020 年减少了 224.92 吨，费用 11.19 万元，同比减少 45.66％；鱼种投放量 192.1 吨，较 2020 年增加了 27.8 吨，费用 138.93 万元，同比增加 55.21％；饲料费 575.74 万元、燃料费 1.55 万元、塘租费 12.40 万元，同比分别减少 10.14％、5.05％、40.46％；其他投入 2.86 万元，同比增加 361.29％（图 2-11）。

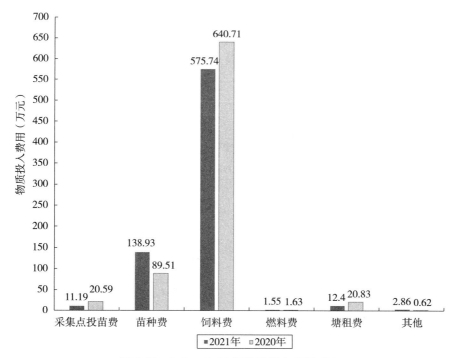

图 2-11　2020—2021 年物质投入费用对比

②服务支出费用增加：随着苗种投入的增加，服务支出也相应有所增长。2021 年，电费 42.75 万元，同比增加 13.79％；水费 0.37 万元，同比增加 117.65％；防疫费 27.70 万元，同比增加 48.21％；其他费用 0.42 万元，同比增加 69.35％；保险费 0.02 万元

（表 2-6）。

表 2-6   2020—2021 年服务支出变动情况表

年份	电费（万元）	水费（万元）	防疫费（万元）	保险费（万元）	其他费用（万元）
2020	37.57	0.17	18.69	0	0.25
2021	42.75	0.37	27.70	0.02	0.42
增减率（%）	13.79	117.65	48.21		68.00

（3）受灾损失增加   2021 年，全省因病害、自然灾害等造成的水产品数量损失 5.50 吨，同比增加了 378.00%，经济损失 10.80 万元，同比增加了 405.00%。其中，受灾损失品种主要为鲫，病害损失约 3.00 吨，增加 160.87%，造成损失 5.80 万元，增加 974.07%；自然灾害损失 5.00 万元，损失量约为 2.50 吨。

2. 形势特点分析   2020 年，受新冠肺炎疫情影响，养殖户为规避压塘风险，减少了存塘量。全省水产养殖规模、品种都有所减少，水产品产量降低。进入 2021 年，水产品社会消费需求增加，吉林省水产品市场供小于求，受市场供-求关系调控，水产品出塘价格提升了 30.86%，大大增加了养殖户的利润空间。从监测数据来看，鲑鳟出塘量及销售额较比大宗淡水鱼增长较快，可以看出，随着生活水平的提高，消费者对于名特优品种的需求量在不断增大。

由于 2020 年水产品销售情况低迷，2021 年，养殖户投苗时间比往年晚。为缩短养殖周期，普遍投大规格鱼种进行养殖生产，这也导致鱼种投放费用同比大幅度增加，生产服务支出也相应增加。特别是在国家限电政策及疫病防治政策的宣传、实施下，养殖所需电费及防疫费用均有所上涨。

三、2022 年养殖渔情预测

鉴于 2021 年新冠肺炎疫情等多种外界因素的影响，全省池塘养殖产量低于正常水平。随着市场需求不断释放和产业结构的优化调整，预计 2022 年全省大宗淡水鱼养殖规模将有所扩大，养殖品种将呈现出多元化的发展趋势，尤其是鲑鳟等名特优品种市场行情较为乐观。销售方面，地产水产品仍以本地区或周边省份为主，销售方式在鲜活为主的基础上，初加工的形式预期将有所增加。但目前，水产品外销仍受到新冠肺炎疫情的制约，需要不断拓宽线上销售渠道，加快融合水产养殖生产、加工、销售一体化，贯通一、二、三产业链条，提升水产养殖产品的质量和效益。

（吉林省水产技术推广总站）

江苏省养殖渔情分析报告

一、采集点基本情况

2021年，全省在22个县（市、区）、95个采集点开展了渔情信息的采集工作。采集方式为池塘、筏式、底播、工厂化。采集点养殖品种有大宗淡水鱼类、鳜、加州鲈、泥鳅、克氏原螯虾、罗氏沼虾、南美白对虾、青虾、河蟹、梭子蟹、鳖、蛤、紫菜等。

二、养殖渔情分析

1. 主要指标变动情况

（1）出塘量、总收入同比增长 2021年1—12月，全省采集点出塘水产品总量28 930.09吨、总收入65 666.96万元，同比分别增长55.01%、17.98%（图2-12）。

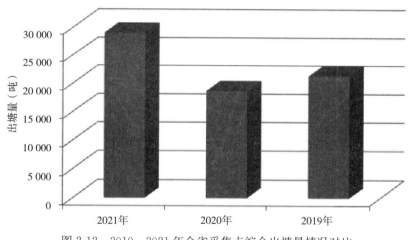

图2-12 2019—2021年全省采集点综合出塘量情况对比

全省采集点出塘量大幅增加，销售收入虽相应增加但却未同步大幅增长，由于采集点、养殖品种变化、大宗淡水鱼类价格非理性上涨等因素导致。以下为全省水产养殖重点采集品种出塘量和出塘收入变动情况。

①淡水鱼类出塘量、收入：采集点出塘鱼类11 561.27吨，同比增加9.95%；收入19 831.23万元，同比增加37.60%。其中，草鱼出塘6 372.56吨，同比增加45.37%；收入9 813.97万元，同比增加109.63%。鳜出塘159.05吨，同比增加17.18%；收入1 084.07万元，同比增加77.89%。

②海水蟹类出塘量、收入：采集点梭子蟹出塘2.87吨，同比减少36.67%；收入45.81万元，同比减少23.45%。

③淡水甲壳类出塘量、收入：采集点淡水甲壳类总出塘量4 943.86吨，同比减少13.54%；出塘总收入35 996.12万元，同比下降4.76%。其中，河蟹出售2 956.70吨，同比下降11.60%；收入26 972.78万元，同比减少3.46%。青虾出塘389.44吨，同比

减少11.93%；收入2 429.45万元，同比减少4.89%。克氏原螯虾出塘量1 356.96吨，同比减少17.52%，出塘收入5 651.39万元，同比减少9.06%。

④海水贝类出塘量、收入：采集点花蛤出塘10 288.03吨，同比增加97.64%；收入6 487.30万元，同比增加93.25%。

⑤藻类出塘量、收入：条斑紫菜出塘量2 007.58吨，同比减少3.45%；收入1 817.57万元，同比增加31.59%。因2021年全省条斑紫菜养殖面积从南到北整体减少，各地压缩紫菜养殖规模。如连云港市赣榆区养殖面积控制在20万亩内，紫菜养殖户数从2020年的310户减至2021年的300户，养殖面积从19.47万亩减至18.40万亩。部分养殖户外移到山东、辽宁省等地。虽然产量减少，但价格涨幅较大。

（2）水产品综合出塘价格上涨 2021年1—12月，采集点监测的淡水鱼类上涨25.09%。其中，鳜涨幅最大，同比增长51.80%；鳙、草鱼分别同比增长19.24%、44.19%。淡水甲壳类上涨10.15%，其中，克氏原螯虾、青虾分别同比上涨10.27%、7.98%（表2-7）。

表2-7 全省2020、2021年采集点出塘价格

单位：元/千克

养殖品种	综合出塘价格		
	2020年	2021年	同比增减率（%）
草鱼	10.68	15.40	44.19
鲢	4.54	6.02	32.60
鳙	10.03	11.96	19.24
鲫	14.44	15.29	5.89
加州鲈	29.32	29.57	0.85
鳜	44.90	68.16	51.80
大菱鲆	34.18	59.31	73.52
青虾	57.77	62.38	7.98
克氏原螯虾	37.77	41.65	10.27
梭子蟹	131.95	159.50	20.88
条斑紫菜	7.12	9.05	27.11
中华鳖	125.71	130.00	3.41

（3）生产投入同比略有下降 采集点生产投入48 149.85万元，同比增加21.10%。其中，饲料费22 987.72万元，同比增加22.36%；苗种费9 851.78万元，同比增加67.65%；人员工资5 193.78万元，同比增加8.15%；渔药及水质改良类费用1 792.27万元，同比增加26.86%；电费1 299.62万元，同比增加5.73%；水域租金费6 118.91万元，同比减少5.58%；固定资产折旧费905.77万元，同比减少2.99%（图2-13）。

2021年采集点调整，采集品种、采集面积及养殖模式出现变化，苗种放养量增加，总体发病率高于2020年，渔药及水质改良类、水电费用均增加。

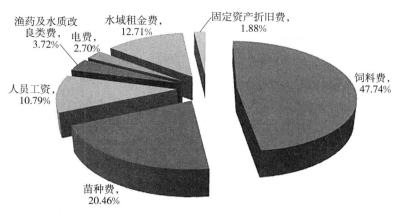

图2-13 2021年采集点主要生产投入情况（单位：万元）

（4）生产病害损失同比增加 采集点显示，2021年淡水养殖品种病害损失984.09万元，同比增加9.83%。主要是鲫鳃出血病、孢子虫病、水霉病综合征等，死亡率高。全省调研中发现，受高温、台风、连阴雨天气交替等影响，全省主要养殖水产品病害、灾害损失比2020年增加。如河蟹养殖后期出现的异常高温，池塘水草腐烂、水质底质恶化、混浊、溶氧降低，同时造成了河蟹蜕壳不遂、大规格河蟹大范围出现死亡、成熟期推迟等一系列问题。全省条斑紫菜因养殖环境变化，发生烂菜等现象，造成产量大幅减少。

2. 特点和特情分析 2021年上半年呈现全国性缺鱼，市场供需不平衡，鱼价大涨，特别是大宗淡水鱼类，草鱼、鳙、鲫等品种出现暴涨，7月价格达到高峰期，8月下旬开始价格在慢慢回落，但是价格依然高于2020年同期，后期养殖户观望，出塘量大幅减少。主要原因为长江十年禁渔、5—9月沿海四大海域进入伏季休渔期，导致淡水水产品潜在需求加大、全国各地养殖水域滩涂规划禁养区政策落实、前几年大宗鱼效益差养殖户转产、病害问题减产等综合因素，导致市场严重供应不足，物流和人力成本等加大，助力鱼价暴涨。待秋季新鱼大批上市后，淡水鱼价格会逐渐回落（图2-14至图2-17）。

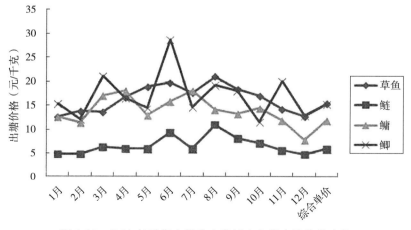

图2-14 2021年采集点部分大宗淡水鱼类出塘价格走势

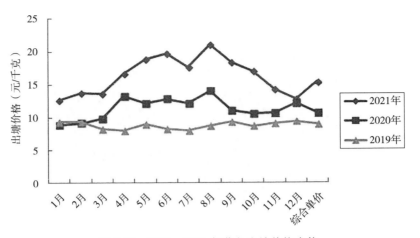

图 2-15　2019—2021 年草鱼出塘价格走势

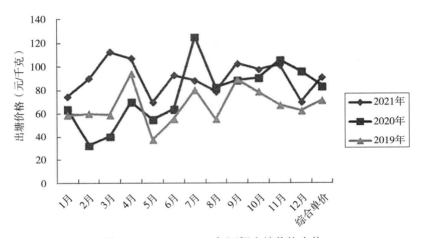

图 2-16　2019—2021 年河蟹出塘价格走势

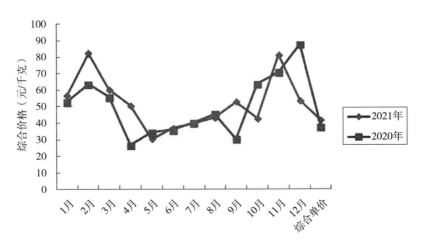

图 2-17　2021 年和 2020 年克氏原螯虾价格走势

三、2022 年养殖渔情预测

1. 养殖结构变化 为提高市场抗风险能力，减少病害发生，混养模式、多品种养殖比例加大，传统以单一养殖品种为主的混养比例会越来越少。

2. 病害形势严峻 根据 2021 年冬季及 2022 年早春低温时间长、气温变化大的特点，预测 2022 年 4—5 月大宗淡水鱼病害形势会严峻，要防范病害大规模暴发风险。

3. 养殖成本加大，利润空间收窄 考虑各地的存塘量因素及往年同期的市场需求参考，2022 年大宗淡水鱼类价格大概率不会延续 2021 年过山车式变化，随着饲料、人工、塘租等成本刚性增加，养殖效益可能会保持平稳微利的态势。

（江苏省渔业技术推广中心）

浙江省养殖渔情分析报告

一、采集点基本情况

2021 年，浙江省在余杭区、临平区、萧山区、秀洲区、嘉善县、德清县、长兴县、南浔区、上虞区、慈溪市、兰溪市、象山县、苍南县、乐清市、椒江区、三门县、温岭市、普陀区等 18 个县（市、区）开展养殖渔情信息采集工作。共设置数据监测采集点 62 个（其中，淡水养殖 39 个、海水养殖 23 个）。总面积约为 13 697 亩。主要采集品种有草鱼、鲢、鳙、鲫、鲤、黄颡鱼、加州鲈、乌鳢、海水鲈、大黄鱼、中华鳖、南美白对虾（海、淡水）、梭子蟹、青蟹、蛤、紫菜等 16 个海淡水养殖品种（表 2-8）。

表 2-8　2021 年浙江省养殖渔情信息采集点主要情况

序号	采集区域	采集点个数	采集品种	采集点面积	主要养殖模式
1	余杭区	3	草鱼、鲢、鳙、青虾、鳖	165 亩	淡水池塘
2	临平区	3	鳖、草鱼、鳙	470 亩	池塘仿生态养殖、混养
3	萧山区	3	南美白对虾	1 116 亩	淡水池塘
4	象山县	3	大黄鱼、海水鲈、梭子蟹	1 145 亩	浅海网箱、海水池塘
5	慈溪市	3	南美白对虾、鲫、鳖	479 亩	淡水海涂鱼塘
6	苍南县	3	大黄鱼、坛紫菜	160 亩、12 288m³	深水网箱、深水筏架
7	乐清市	3	文蛤、南美白对虾、彩虹明樱蛤	108 亩	工厂化、滩涂
8	德清县	6	中华鳖、黄颡鱼、鲈、乌鳢	1 035 亩	淡水池塘
9	南浔区	5	鲈、鳖、乌鳢、黄颡鱼	468 亩	池塘流水跑道养殖、池塘养殖
10	长兴县	4	草鱼、鲈、鳖、鲢	348 亩	传统池塘养殖、池塘内循环水养殖（跑道养殖）
11	秀洲区	3	草鱼、鳖、鲢	3 468 亩	淡水池塘混养
12	嘉善县	3	中华鳖、草鱼、鲫、加州鲈	564 亩	淡水池塘
13	上虞区	4	南美白对虾、鲫	800 亩	池塘养殖
14	兰溪市	2	黄颡鱼、鲤	503 亩	淡水池塘
15	普陀区	3	梭子蟹、南美白对虾	130 亩	海水围塘、海水大棚
16	三门县	5	青蟹、南美白对虾	750 亩	围塘混养、高位池单养
17	温岭市	4	鲈、青蛤、坛紫菜、青蟹	876 亩	网箱、筏式、围塘养殖
18	椒江区	2	大黄鱼	1 112 亩	深水网箱

二、养殖渔情信息采集分析

1. 出塘量、出塘收入和价格变化　2021 年，出塘量、收入和价格与 2020 年对比见表 2-9。主要有以下特点：

表 2-9　2021年及2020年成鱼出塘情况

品种	产量（吨）		收入（万元）		价格（元/千克）	
	2021年	2020年	2021年	2020年	2021年	2020年
淡水鱼类（草鱼、鲢、鳙、鲫、鲤、黄颡鱼、加州鲈、乌鳢）	3 862.5	2 924.3	5 863.9	4 300.2	15.2	14.7
淡水甲壳类（南美白对虾）	684.9	643.8	3 001.7	2 608.0	43.8	40.5
海水鱼类（大黄鱼、海水鲈）	1 479.9	1 248.9	9 575.6	6 882.8	64.7	55.1
海水甲壳类（南美白对虾、梭子蟹、青蟹）	414.7	278.9	2 673.9	1 894.5	64.5	67.9
海水贝类（蛤）	262.7	218.6	535.6	473.4	20.4	21.7
海水藻类（紫菜）	174.3	336.5	76.4	92.0	4.4	2.7
淡水其他（中华鳖）	176.0	93.4	1 456.6	847.9	82.8	90.8
小计	7 055.0	5 744.5	23 183.7	17 098.8	—	—

（1）淡海水鱼类产销两旺　2021年，采集点淡水鱼类出塘量较2020年增加了938.2吨，同比增长32.1%；淡水鱼类整体出塘价格略有上升，出塘收入增加了1 563.7万元，同比上升36.4%。淡水鱼类产销保持稳中有升的状态。

淡水养殖主推品种加州鲈，2021年采集点产销齐升。2021年，采集点加州鲈出塘量达264.6吨，较2020年上升206.2吨，同比增加353.1%；销售收入872.9万元，较2020年上升620.5万元，同比增加245.8%，已回到疫情前正常水平且有所上升。湖州市南浔区盛江家庭农场采集点原有2个采集品种，分别为黄颡鱼（80亩）及加州鲈（110亩）。因生产计划调整，2021年该场全部养殖加州鲈，因此，加州鲈产量有所增加。随着"优鲈1号""优鲈3号"等加州鲈新品种的引进，以及浙江省"浙鲈1号"新品种选育工作的推进，加上配合饲料替代冰鲜鱼养殖模式、池塘内循环水养殖模式等高效绿色发展新模式的推广，加州鲈养殖业在浙江省发展势头强劲。2021年，全省加州鲈产量12.0万吨，较2020年的8.6万吨增长39.5%。

海水鱼类出塘量、出塘价格和出塘收入均呈上升趋势。出塘量1 479.9吨，较2020年增加了231.0吨，同比增长18.5%；出塘价格64.7元/千克，上涨了9.6元/千克，同比增长17.4%；出塘收入9 575.6万元，增加2 692.8万元，同比增长39.1%。

海水养殖鱼类代表种——大黄鱼，2021年采集点的出塘量1 118.8吨，较2020年增加115.8吨，同比上升11.5%；出塘价格72.6元/千克，较2020年增加12.5元/千克，同比上涨20.8%；销售收入8 119.0万元，较2020年增加2 093.0万元，同比增长34.7%。台州市椒江区作为大黄鱼的主养区之一，拥有"大陈黄鱼"的地理标志证明商标。当地的铜网衣围栏及深水网箱养殖模式成活率高，产品品质、品牌口碑好，养殖效益较好。

（2）淡水甲壳类量价齐升　浙江省淡水甲壳类养殖的代表种——南美白对虾，2021年采集点产量684.9吨，较2020年增加41.1吨，同比增长6.4%；出塘价格43.8元/千克，较2020年上升3.3元/千克，同比上升8.1%；出塘收入3 001.7万元，较2020年增加393.7万元，同比增长15.1%。2020年，采集点南美白对虾发病较重，对虾养成规格偏小且国内消费需求量萎缩，虾价下跌；2021年，采集点南美白对虾发病程度较轻，生产逐步恢复，产销收入有所回升，势头良好。

（3）海水甲壳类势头强劲　海水甲壳类，包括海水养殖南美白对虾、三疣梭子蟹、青蟹等。2021年，采集点产量414.7吨，较2020年增加135.8吨，同比增长48.7%；出塘收入2 673.9万元，较2020年增加779.4万元，同比增长41.1%。

三疣梭子蟹采集点出塘量为6.2吨，较2020年增加1.3吨，同比上升26.5%，与2019年基本持平；出塘收入161.1万元，较2020年增加84.2万元，同比上升109.5%；出塘价格260.9元/千克，同比上升67.0%，较2019年上升31.1%。2020年，由于受新冠肺炎疫情的影响，市场需求大幅减少，上半年价格同比大幅降低，无法及时出卖塘内的蟹，且影响后续养殖，导致养殖户亏损严重；2021年，疫情影响逐渐减小，梭子蟹市场需求回暖，产销两旺，价格也处于高位运行。

青蟹采集点出塘量55.1吨，较2020年减少7.6吨，同比降低12.1%，与2019年持平；出塘收入1 002.7万元，较2020年增加2.2万元，同比增长0.2%；出塘价格182.4元/千克，较2020年增长22.5元/千克，同比上升14.1%。由于全省青蟹主要供应当地及周边市场，市场需求相对稳定，价格长期高位运行，出塘量减少，导致价格进一步上涨。

海水养殖南美白对虾采集点出塘量353.5吨，较2020年增加142.1吨，同比增加67.2%；出塘收入增加693.0万元，同比增加84.8%；出塘价格42.7元/千克，较2020年的38.6元/千克增加了4.1元/千克，同比上升10.6%。2020年，采集点养殖亏损，原因是受新冠肺炎疫情的影响，产品价格走低；2021年，养殖顺利，且虾价较2020年高，养殖效益已逐步恢复到正常水平。

（4）海水贝类增收减价，藻类减产增价　海水蛤类采集点产量262.7吨，较2020年增加44.1吨，同比增长20.2%；但出塘价格20.4元/千克，较2020年降低1.3元/千克，同比下降6.0%；出塘收入535.6万元，较2020年增加62.2万元，同比上升13.1%。2021年的蛤类采集点产量有所回升，但市场销售不畅，价格略有下浮，养殖整体效益一般。

紫菜采集点的产量174.3吨，较2020年减少162.3吨，同比降低48.2%，与2019年基本持平；出塘收入76.4万元，较2020年降低15.6万元，同比降低17.0%；出塘价格4.4元/千克，较2020年增加1.7元/千克，同比上涨63.0%。以苍南县为例，2021年紫菜下苗后遇到持续高温天气，海面水温过高，造成紫菜大面积脱苗，导致大幅减产，因此，价格持续前两年的增长态势。

（5）中华鳖市场回暖　采集点中华鳖2021年出塘量176.0吨，较2020年增加82.6吨，同比上升88.4%；销售收入1 456.6万元，较2020年增加608.7万元，同比上升71.8%；出塘价格82.8元/千克，较2020年下跌8.0元/千克，同比下降8.8%。2020年，受新冠肺炎疫情的影响，全国中华鳖市场经历了大起大落，出塘量及销售额均有所降低；2021年，随着疫情影响衰退，中华鳖市场回暖，逐渐恢复疫情前的正常水平。

2. 渔业生产投入增幅明显　2021年，采集点共投入成本19 478.8万元，相比2020年增加了1 617.0万元，同比上升9.1%（表2-10）。其中，苗种费5 472.6万元，较2020年增加了2 247.7万元，同比增加69.7%；饲料费9 649.5万元，较2020年减少685.6

万元，同比减少 6.6%；人员工资 2 045.9 万元，较 2020 年增加 411.3 万元，同比增长 25.2%；水域租金 918.7 万元，较 2020 年增加了 134.1 万元，同比增长 17.1%；水电费 667.5 万元，较 2020 年减少 150.4 万元，同比降低 18.4%；防疫费 374.2 万元，较 2020 年增加 11.8 万元，同比增长 3.3%；固定资产折旧费 13.7 万元，较 2020 年降低了 3.8 万元，同比下降 21.7%；其他费用 330.3 万元，较 2020 年减少 305.0 万元，同比减少 48.0%。

表 2-10　2021 年与 2020 年采集点生产成本对比

年份	总费用（万元）	饲料费（万元）	苗种费（万元）	人员工资（万元）	防疫费（万元）	水电费（万元）	水域租金（万元）	固定资产折旧费（万元）	其他费用（万元）
2021	19 478.8	9 649.5	5 472.6	2 045.9	374.2	667.5	918.7	13.7	330.3
2020	17 861.8	10 335.1	3 224.9	1 634.6	362.4	817.9	784.6	17.5	635.3

2021 年，采集点品种平均单价为 32.9 元/千克，较 2020 年的 29.8 元/千克上涨了 3.1 元/千克，同比上升 10.4%；2021 年，每千克平均生产投入为 27.6 元，较 2020 年的 31.1 元/千克降低了 3.5 元/千克，同比下降 11.3%，这与养殖模式的不断创新优化有着密切关系。2021 年出塘水产品单位产量成本组成中，饲料及苗种投入仍占据极大比例（图 2-18）。

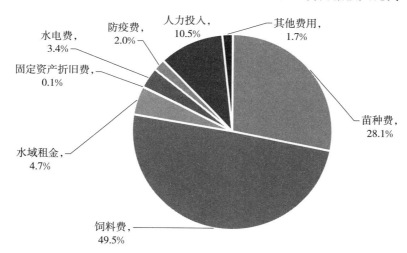

图 2-18　2021 年浙江省采集点生产投入构成

相比于 2020 年，2021 年采集点的成本支出总体略有上升，苗种和饲料费依然是决定成本总量最主要的两大因素。苗种、饲料费占总成本支出的比例分别为 28.1%（2020 年 18.1%）和 49.5%，占总成本的 77.6%。2021 年，受第 6 号台风"烟花"（台风级）的影响，水产养殖业损失较大，尤其是海水养殖的大黄鱼等苗种损失量较大，因而补苗成本上涨；2020 年，自然灾害影响相对较小，因此，苗种投入相对较低。

三、2022 年养殖渔情预测

1. 淡水鱼类　淡水养殖鱼类产销基本保持稳定状态，大宗淡水鱼类将继续保持平稳运行，淡水名优鱼类产量将进一步提高。但加州鲈弹状病毒病、虹彩病毒病、黄颡鱼小 RNA 病毒病、裂头病等，仍将对养殖造成重大影响。能否防控好病害，是养殖成败的关键。因此，引进苗种时要注意做好产地检疫，养殖过程当中采用健康的养殖模式，严格做好三质（水质、体质、底质）的管理。同时，要采取更加积极的销售策略，防止出现"增产不增收"现象，稳步提升养殖的经济效益。

2. 海水鱼类 全省以品质大黄鱼养殖为主，形成了温州、台州、宁波、舟山沿海品质大黄鱼养殖的产业集群。随着"甬岱 1 号"等大黄鱼新品种的推广和选育工作的深入开展，品牌效应进一步提升；随着流通、加工和电商的多位发展，大黄鱼的销售市场更加宽阔，需求更加旺盛，市场形势将稳中有升。海水鲈随着进出口形势的好转，市场需求也会逐步回暖。

3. 虾蟹类 近几年，南美白对虾受病害影响，养殖风险非常大，产业盈利比例小，养殖形势严峻。根据全省病害测报，2021 年全省南美白对虾总发病率有所下降，但总死亡率高于 2020 年。因此，控制病害仍然是南美白对虾养殖成败的关键。一是严格开展苗种产地检疫工作，把好苗种质量关；二是不断创新养殖模式，进一步推广应用南美白对虾设施大棚一年多茬养殖、分级分茬养殖、虾鳖生态混养、虾鱼生态混养等养殖模式。海水蟹类价格将继续保持高位运行，延续 2021 年良好的市场形势。

4. 贝类及藻类 2021 年，紫菜养殖受高温影响，产量下跌，价格一路攀升；养殖端贝类压塘情况有所缓解，产量有所增加。2022 年如气候适宜，紫菜将增产增收，价格可能有所回落；海水贝类将平稳运行，产量价格稳中有升。

5. 中华鳖 2021 年，新冠疫情影响减弱，中华鳖市场回暖，出塘量大幅提高，效益明显提升，养殖户养殖热情增加。预计 2022 年，中华鳖养殖产量会有所增加，平均价格会稳中稍降；但品牌中华鳖由于其品牌和品质优势，价格将稳中有升。

（浙江省水产技术推广总站）

安徽省养殖渔情分析报告

一、采集点基本情况

2021 年，安徽省设置养殖渔情信息采集点共 42 个，分布在铜陵市枞阳县，马鞍山市当涂县、和县，滁州市定远县、明光市和全椒县，池州市东至县，蚌埠市怀远县，六安市金安区，合肥市庐江县和长丰县，安庆市望江县，淮南市寿县，芜湖市芜湖县，宣城市宣州区，阜阳市颍上县，共 12 个市的 16 个县（市、区）。监测养殖面积为 35 180 亩。养殖品种出售数量为 7 282.02 吨。

二、2021 年养殖渔情分析

1. 采集点养殖情况

（1）苗种投放与出塘情况　2021 年，42 个渔情信息采集点苗种投入费用共 4 410.84 万元，比 2020 年的 2 674.85 万元同比增加 64.90%；养殖品种出售数量 7 282.02 吨，比 2020 年的 6 295.13 吨同比增加 15.68%；销售收入 23 404.47 万元，比 2020 年的 18 279.95 万元同比增加 28.03%；所采集品种的出塘综合价格为 32.14 元/千克，比 2020 年的 29.04 元/千克同比上涨 10.67%。

（2）生产投入情况　2021 年，42 个采集点生产总投入 16 542.22 万元，比 2020 年的 12 473.53 万元同比增加 32.62%；物质投入 14 398.66 万元，比 2020 年的 10 545.52 万元同比增加 36.54%。其中，苗种费 4 410.84 万元，比 2020 年的 2 674.85 万元同比增加 64.90%；饲料费 7 682.53 万元，比 2020 年的 5 792.43 万元同比增加 32.63%；燃料费 125.67 万元，比 2020 年的 14.70 万元同比增加 754.90%；塘租费 1 832.32 万元，比 2020 年的 1 756.03 万元同比增加 4.34%；防疫费 454.20 万元，比 2020 年 280.03 万元同比增加 62.20%；人力投入 1 263.63 万元，比 2020 年的 1 212.28 万元同比增加 4.24%；固定资产折旧费 312.54 万元，比 2020 年的 275.33 万元同比增加 13.51%；保险费 5.16 万元，比 2020 年的 22.30 万元同比减少 76.86%。

（3）生产损失情况　2021 年，采集点水产品损失 39.76 吨，比 2020 年的 468.52 吨减少了 428.76 吨，同比减少 91.51%。其中，病害造成水产品损失 16.56 吨，比 2020 年的 22.52 吨同比减少 26.45%；自然灾害造成水产品损失 23.00 吨，比 2020 年的 436.23 吨同比减少 94.73%；其他灾害造成水产品损失 0.20 吨，比 2020 年的 9.77 吨同比减少 97.95%；采集点水产品经济损失 51.31 万元，比 2020 年的 1 502.4 万元同比减少 96.58%（表 2-11）。

表 2-11　2021 年采集点生产与 2020 年同期情况对比

项目	金额（万元）			数量（千克）		
	2020 年	2021 年	增减率	2020 年	2021 年	增减率
一、销售情况（合计）	18 279.95	23 404.47	28.03%	6 295 127.00	7 282 022.00	15.68%

（续）

项目	金额（万元）			数量（千克）		
	2020 年	2021 年	增减率	2020 年	2021 年	增减率
二、生产投入	12 473.53	16 542.22	32.62%			
（一）物质投入	10 545.52	14 398.66	36.54%			
1. 苗种投放费	2 674.85	4 410.84	64.90%			
投苗情况	459.22	706.77	53.91%	1 484 773.00	1 919 694.10	29.29%
投种情况	2 215.63	3 704.06	67.18%	1 809 270.00	4 583 044.00	153.31%
2. 饲料费	5 792.43	7 682.53	32.63%			
原料性饲料	301.47	981.50	225.57%	1 636 474.00	2 911 608.00	77.92%
配合饲料	5 323.78	6 514.53	22.37%	8 476 963.00	9 227 188.00	8.85%
其他	167.19	186.50	11.55%			
3. 燃料费	14.70	125.67	754.90%			
柴油	5.83	115.47	1 880.62%	11 446.00	15 370.00	34.28%
其他	8.88	10.20	14.86%			
4. 塘租费	1 756.03	1 832.32	4.34%			
5. 固定资产折旧费	275.33	312.54	13.51%			
6. 其他费用	32.18	34.77	8.05%			
（二）服务支出	715.72	879.94	22.94%			
1. 电费	298.14	335.06	12.38%			
2. 水费	12.12	25.01	106.35%			
3. 防疫费	280.03	454.20	62.20%			
4. 保险费	22.30	5.16	−76.86%			
5. 其他费用	103.13	61.59	−40.28%			
（三）人力投入	1 212.28	1 263.63	4.24%			
1. 雇工	456.56	540.55	18.40%	38 665.00	34 559.00	−10.62%
2. 本户（单位）人员	755.72	724.50	−4.13%	106 034.00	55 164.00	−47.98%
三、各类补贴收入	5.00	105.30	2 006.00%			
四、受灾损失	1 502.40	51.31	−96.58%	468 515.10	39 761.00	−91.51%
1. 病害	54.88	29.67	−45.94%	22 517.10	16 561.00	−26.45%
2. 自然灾害	1 426.48	19.60	−98.63%	436 225.00	23 000.00	−94.73%
3. 其他灾害	21.04	2.04	−90.30%	9 773.00	200.00	−97.95%

（4）2021 年水产品价格特点 2021 年，水产品（包括虾、蟹、鳖等）销售平均价格为 32.14 元/千克。其中，淡水鱼类平均价格为 24.10 元/千克。淡水甲壳类为 37.93 元/千克。其中，克氏原螯虾价格为 27.33 元/千克，河蟹价格为 97.35 元/千克，青虾价格为 99.25 元/千克，南美白对虾价格为 24.51 元/千克，中华鳖价格为 38.86 元/千克。

2. 养殖渔情分析

（1）生产投入要素结构特点，饲料和苗种费占比超过70% 从2021年生产投入构成来看，投入比例大小依次为饲料费占46.44%、苗种费占26.66%、塘租费占11.08%、人力投入费占7.64%、电费占2.03%、防疫费占2.75%、固定资产折旧费占1.89%、燃料费占0.76%、饲料和苗种费2项合计占比73.10%。

（2）苗种费用大幅增加的主要因素 2021年，42个渔情信息采集点苗种投入费用共4 410.84万元，比2020年的2 674.85万元同比增加64.90%。主要原因来自以下几个方面：一是2020年水产品价格上涨，激发水产养殖从业者的积极性，导致2021年对优质鱼种的需求增加；二是2020年部分苗种繁育基地遭遇洪水，苗种生产量有所减少，苗种价格上涨幅度较大；三是随着水产品价格的回升，对养殖经济效益期望值不断提升。

（3）水产品价格以上涨为主基调 2021年，水产品（包括虾、蟹、鳖等）销售平均价格同比上涨10.67%。其中，淡水鱼类平均价格同比上涨12.09%；淡水甲壳类同比上涨11.00%。

（4）养殖盈亏情况 所有监测点合计养殖面积为35 180亩。2021年，养殖品种出售数量7 282.02吨，平均每亩出售206.99千克；销售收入23 404.47万元，平均每亩销售收入为6 652.78元。2021年，42个采集点生产总投入16 542.22万元，也即是生产总成本，平均每亩成本为4 705.17元；总利润为6 862.25万元，平均亩利润为1 950.61元。从采集点的情况来看，水产养殖盈利状况有所好转。

三、2022年养殖渔情预测

1. 水产品价格稳中看涨 预测2022年，淡水鱼类的价格在2021年相对高位的基础上稳中看涨；由于稻渔综合种养持续健康发展，淡水甲壳类中，中华绒螯蟹、克氏原螯虾、南美白对虾价格变化不大；青虾受优质水资源的限制，总体产量难以大规模提升，预测价格会略有上升；中华鳖价格将呈震荡趋势。

2. 生产成本进一步提升 因受新冠疫情的影响，生产投入费用中，饲料费、苗种费、人力投入费等增加，导致水产品生产成本的进一步提升。

（安徽省水产技术推广总站）

福建省养殖渔情分析报告

一、采集点设置情况

2021 年，福建省设置养殖渔情信息采集点 67 个，分布于 17 个采集县。2021 年，新增鳗鲡、加州鲈 2 个采集品种，现有 17 个采集品种。分别为大黄鱼、海水鲈、石斑鱼、南美白对虾、青蟹、牡蛎、蛤、鲍、海带、紫菜、海参 11 个海水养殖品种；草鱼、鲫、鲢、鳙、鳗鲡、加州鲈 6 个淡水养殖品种（表 2-12）。

表 2-12 福建省 2021 年养殖渔情监测采集点分布情况

采集品种	采集点（个）	分布及变化情况（个）
大黄鱼	7	福鼎市 2、蕉城区 2、霞浦县 3
海水鲈	2	福鼎市 1、蕉城区 1
石斑鱼	3	东山县 3
南美白对虾（海水）	3	龙海市 2、漳浦县 1
青蟹	3	云霄县 3
牡蛎	4	惠安县、秀屿区 2
蛤	4	福清市 3、云霄县 1
鲍	6	连江县、东山县 2、秀屿区 2
海带	6	连江县 2、秀屿区 3、霞浦县 1
紫菜	6	惠安县 2、平潭实验区 2、福鼎市 1、霞浦县 1
海参	3	霞浦县 3
草鱼	5	建瓯市 1、松溪县 1、浦城县 1、连城县 1、清流县 1
鲫	5	建瓯市 1、松溪县 1、浦城县 1、连城县 1、清流县 1
鲢	4	建瓯市 1、松溪县 1、浦城县 1、连城县 1，比 2020 年减少 1 个点
鳙	4	建瓯市 1、松溪县 1、浦城县 1、清流县 1，比 2020 年减少 1 个点
鳗鲡	1	连城县 1，比 2020 年增加 1 个点
加州鲈	1	清流县 1，比 2020 年增加 1 个点
共计	67	

二、养殖渔情分析

1. 出塘量和销售收入同比增长 2021 年，全省采集点水产品出塘总量 14 284.82 吨，同比增加 1 972.01 吨，增幅 16.02%；销售总收入 43 055.54 万元，同比增加 10 446.25 万元，增幅 32.03%。其中，海水鲈、石斑鱼、牡蛎、鲍、海带、海参 6 个品种出塘量和销售收入同比涨幅超 10%。销售收入增幅最大的是牡蛎，高达 238.05%。主要由于惠安县采集点的出塘品种为三倍体牡蛎，出塘价较高；其次是海参，由于市场预期向好，2020 年 11 月的投苗量与 2019 年比翻倍。

鲢、鳙、鲫、南美白对虾、紫菜5个品种出塘量和销售收入同比跌幅超10%。其中，紫菜因受到高温的影响，大部分养殖户遭遇脱苗、烂苗等损失，惠安、福鼎采集点出塘量明显减少，平潭、霞浦采集点2021年绝收（表2-13，图2-19）。

表2-13　2021年与2020年监测品种出塘量和销售收入对比

品种		出塘量（吨）			销售收入（万元）		
		2021年	2020年	增减率（%）	2021年	2020年	增减率（%）
淡水鱼类	草鱼	583.46	648.43	−10.02	903.79	761.23	18.73
	鲢	33.61	40.47	−16.94	22.87	25.63	−10.77
	鳙	10.77	58.27	−81.52	17.64	70.12	−74.84
	鲫	26.41	43.97	−39.94	46.95	62.82	−25.27
	加州鲈	65.42	0.00	—	153.97	0.00	—
	鳗鲡	28.00	0.00	—	184.80	0.00	—
海水鱼类	海水鲈	5 541.75	3 852.74	43.84	22 474.04	15 244.44	47.42
	大黄鱼	3 194.94	2 995.21	6.67	10 548.22	9 979.71	5.70
	石斑鱼	53.75	47.35	13.52	366.40	214.71	70.65
海水虾蟹类	南美白对虾	170.54	266.50	−36.01	912.60	1 377.25	−33.74
	青蟹	2.00	2.26	−11.50	43.55	41.81	4.16
海水贝类	牡蛎	1 728.35	916.93	88.49	298.25	88.23	238.05
	鲍	199.27	121.97	63.37	1 715.83	1 012.02	69.55
	花蛤	1 359.50	1 731.00	−21.46	1 825.40	1 710.45	6.72
海水藻类	海带	678.84	522.14	30.01	179.27	130.60	37.27
	紫菜	395.63	958.53	−58.73	299.25	542.48	−44.84
海水其他类	海参	212.60	107.05	98.60	3 062.71	1 347.80	127.24
合计		14 284.82	12 312.81	16.02	43 055.54	32 609.29	32.03

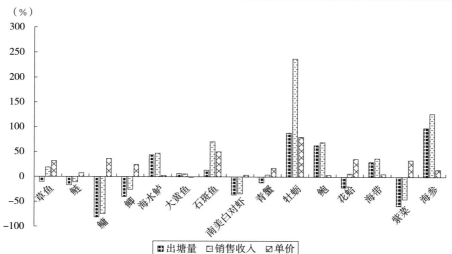

图2-19　2021年与2020年出塘量、销售收入、单价三因素涨跌幅比较

2. 水产品出塘价整体上涨 14 个采集品种出塘价同比上涨，其中，石斑鱼出塘价增幅最大，达到 50.32％，主要由于上半年石斑鱼成品存量少，市场供不应求；其次是鳙，同比增长 36.24％，由于市场缺鱼，从 2021 年年初开始，鳙价格呈现单边上涨走势；蛤同比增长 35.93％，主要由于 2021 年花蛤养殖数量减少；紫菜则由于 2021 年紫菜烂苗率较高，市场供应不足，导致价格大幅增长；草鱼是由于受疫情影响，外调鱼大幅减少，价格上涨（表 2-14、图 2-20）。

表 2-14　2021 年监测品种 1—12 月出塘价格

单位：元/千克

品种名称	1 月	2 月	3 月	4 月	5 月	6 月	7 月	8 月	9 月	10 月	11 月	12 月
草鱼	11.74	15.15	15.69	18.81	18.67	18.81	18.27	18.9	15.8	14.35	13.24	13.88
鲢	7.03	7.01	5.02	2.5	7.26	7.6	7.6	0	10	9	6.94	5.52
鳙	14.65	14.6	17	18.21	18.48	19.17	18.61	20	19.61	16.86	15.65	15.6
鲫	15.9	15.47	15.06	18.36	18.16	24.8	20	40	20.68	20	15.92	20
加州鲈	0	0	0	0	0	0	0	0	0	25	22	26
鳗鲡	0	0	66	0	0	0	0	0	0	0	0	0
海水鲈	38.81	37.83	40.2	39.55	40	41	40.64	41	42.39	41.87	41.35	40.09
大黄鱼	24.44	38.28	33.66	33.86	38.45	26.46	14	45.03	28.39	35.11	52.66	34.01
石斑鱼	50	50	100	100	100	0	0	0	0	60	60	0
南美白对虾	58.25	64.13	70	59.71	53.33	45.17	44.67	42.72	58	49.63	51.68	49.08
青蟹	220	236.67	0	0	0	0	0	200	0	160	0	180
牡蛎	1.22	1.1	1	1.61	0.83	4.4	4	1.7	1.4	0	0	1.3
鲍	79.33	72	0	0	100.15	69.86	0	92	85	78.55	82.59	101
蛤	0	16	10	12	12	12.66	14.13	18	0	0	0	16
海带	0	0	0.49	1.89	7.43	0	0	0	0	0	0	0
紫菜	3.51	5.41	0	0	0	0	0	0	0	16	13.55	6.41
海参	0	0	144	145	0	0	0	0	0	0	0	0

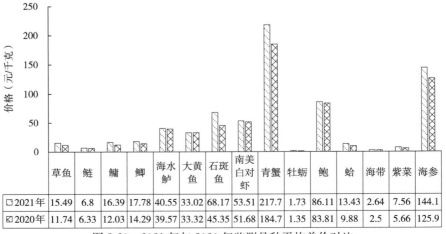

	草鱼	鲢	鳙	鲫	海水鲈	大黄鱼	石斑鱼	南美白对虾	青蟹	牡蛎	鲍	蛤	海带	紫菜	海参
2021 年	15.49	6.8	16.39	17.78	40.55	33.02	68.17	53.51	217.2	1.73	86.11	13.43	2.64	7.56	144.1
2020 年	11.74	6.33	12.03	14.29	39.57	33.32	45.35	51.68	184.7	1.35	83.81	9.88	2.5	5.66	125.9

图 2-20　2021 年与 2020 年监测品种平均单价对比

3. 生产投入同比增加，苗种费、饲料费投入比例较高　2021年，采集点生产投入共25 891.70万元，增幅9.14％。原料性饲料与配合饲料的使用量分别为33 942.18吨和7 944.13吨，使用比例为4.27∶1；生产投入主要集中在苗种费、饲料费上，占总投入的86.95％（表2-15，图2-21）。

表2-15　2021年与2020年采集点生产投入情况

指标	金额（万元）			
	2021年	2020年	增减值	增减率（％）
生产投入	25 891.70	23 723.48	2 168.22	9.14
（一）物质投入	23 666.32	21 789.33	1 876.99	8.61
1.苗种投放费	4 404.92	3 462.51	942.41	27.22
投苗情况	4 252.54	3 220.52	1 032.02	32.05
投种情况	152.38	241.99	−89.61	−37.03
2.饲料费	18 109.11	17 396.98	712.13	4.09
原料性饲料费	11 157.87	12 894.37	−1 736.50	−13.47
配合饲料费	6 924.67	4 452.18	2 472.49	55.53
其他	26.57	50.43	−23.86	−47.31
3.燃料费	68.54	71.86	−3.32	−4.62
柴油	63.39	61.10	2.29	3.75
其他	5.16	10.75	−5.59	−52.00
4.塘租费	218.03	250.11	−32.08	−12.83
5.固定资产折旧费	782.83	564.67	218.16	38.63
6.其他物质投入	82.89	43.20	39.69	91.88
（二）服务支出	765.98	530.60	235.38	44.36
1.电费	170.87	192.94	−22.07	−11.44
2.水费	10.66	10.19	0.47	4.61
3.防疫费	133.36	154.43	−21.07	−13.64
4.保险费	305.48	3.80	301.68	7 938.95
5.其他服务支出	145.61	169.25	−23.64	−13.97
（三）人力投入	1 459.41	1 403.55	55.85	3.98
1.雇工	916.54	861.43	55.11	6.40
2.本户（单位）人员	542.87	542.12	0.75	0.14

4. 生产损失同比减少　2021年，采集点受灾损失161.90吨，同比减少93.18吨，降幅36.53％（表2-16）。病害情况主要有：草鱼、鳙的水霉病、赤皮病、肠炎病、烂鳃病和寄生虫病；大黄鱼的内脏白点病、刺激隐核虫病、白鳃病、虹彩病毒病等；南美白对虾（海水）的红体病、桃拉病毒综合征、白斑病、弧菌病、肌肉变白等；鲍不耐高温，受换季影响有所损失；海参的腐皮综合征，导致出现吐肠、肿嘴、化皮等现象，2月因受水质、气候等因素影响，部分海参出现缩水、发硬现象（表2-17）。

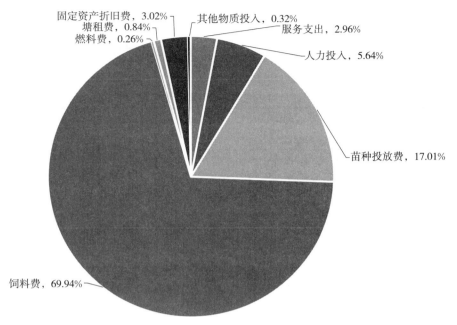

图 2-21　2021 年采集点生产投入构成

表 2-16　2021 年与 2020 年采集点生产损失情况

损失种类	金额（万元）			
	2021 年	2020 年	增减值	增减率（%）
受灾损失	495.56	643.91	−148.35	−23.04
1. 病害	179.49	164.34	15.15	9.22
2. 自然灾害	10.00	0.00	10.00	—
3. 其他灾害	306.07	479.57	−173.50	−36.18

表 2-17　2021 年监测品种生产损失情况

品种	受灾损失					
	病害		自然灾害		其他灾害	
	数量（吨）	金额（万元）	数量（吨）	金额（万元）	数量（吨）	金额（万元）
草鱼	1.97	3.67	0	0	0.30	0.40
鲫	0.14	0.26	0	0	0.30	0.24
海水鲈	0	0	0	0	3.90	13.18
大黄鱼	32.84	89.73	0	0	100.45	292.25
石斑鱼	0.21	7.50	0	0	0	0
南美白对虾（海水）	9.20	48.92	0	0	0	0
鲍	4.96	25.42	0	0	0	0
紫菜	0	0	7.50	10.00	0	0
海参	0.13	3.99	0	0	0	0

5. 2021 年年末各监测品种存塘情况　2021 年年末，各监测品种存塘量同比增幅最大的 3 个品种依次为鳙、鲫、鲍（表 2-18）。鳙、鲫存塘量的陡增，主要由于年底气温骤降，淡水鱼销量减少；鲍主要由于部分采集点是投小苗要跨年才能收成，且出塘价不理想，部分养殖户惜售。

表 2-18　2021 年末与 2020 年末监测品种存塘情况

品种	2021 年末存塘量（吨）	2020 年末存塘量（吨）	同比增减率（%）
草鱼	213.00	341.50	−37.63
鲢	26.88	35.63	−24.56
鳙	21.45	11.60	84.91
鲫	36.62	22.03	66.23
鳗鲡	47.00	90.00	−47.78
海水鲈	607.05	1 811.75	−66.49
大黄鱼	3 900.00	4 247.00	−8.17
石斑鱼	12.50	15.25	−18.03
南美白对虾	13.50	9.25	45.95
青蟹	4.40	5.30	−16.98
牡蛎	1 926.25	1 489.50	29.32
鲍	109.00	68.00	60.29
蛤	400.00	300.00	33.33
海带	0.00	0.00	——
紫菜	85.00	84.38	0.73
海参	0.00	143.67	−100.00

三、特点和特情分析

1. 淡水鱼行情较好　淡水鱼价格增幅明显。主要原因：一是近年来大宗淡水鱼价格持续低迷，部分养殖户转行，淡水鱼供应减少；二是鱼粉、豆粕等饲料价格上涨；三是 2021 年以来，国际原油价格持续走高，淡水鱼的运输成本增加；四是草鱼鱼种供应不足，苗种单价也有所上升。

2. 石斑鱼价格上涨明显　2021 年石斑鱼行情好转后，养殖户加快出鱼频率，大量存货上市流通以回笼资金，导致各地成鱼存量较少，推动石斑鱼价格持续稳涨，因此，上半年石斑鱼养殖盈利大；下半年由于市场供应量充足，价格逐步回落到 60 元/千克。

3. 鲍出塘量增幅，出塘价小幅回升　2020 年受疫情的影响，鲍销量减少，导致 2021 年鲍出塘量增幅加大。7 月开始鲍价格小幅回升；中秋节、国庆节销售价格上涨明显。鲍属于跨年度养殖品种，价位波动较大，统鲍（26～30 粒/千克）出塘价全年维持在 82 元/千克。

四、2022 年养殖渔情预测

1. 淡水鱼类　淡水池塘养殖总体平稳，饲料成本仍是主要养殖成本。随着大宗淡水鱼养殖行情转好，饲料的需求量将进一步增加。而国外的疫情短期内将很难改善，原材料进口价格预计短期内维持高位。

2. 海水鱼类　2021 年大黄鱼价格回暖，且 500 克以上的大黄鱼成品鱼存量偏少，预计鱼价将会上涨。随着石斑鱼养殖品种的更新和改良，青斑品种逐渐被龙胆石斑、云龙石斑和其他石斑品种取代，养殖规模和产量将有较大程度的提高。

3. 青蟹　由于饲料和塘租等养殖成本上涨幅度较大，预计青蟹出塘价格将会上涨。

4. 海水贝类　牡蛎养殖规模相对稳定，预计牡蛎价格将持续上扬。鲍养殖逐步升级，鲍市场行情较好，预计还有一定的上扬空间。蛤养殖生产相对稳定，未来价格将会稳中有升。

5. 海水藻类　海带利润空间较大，预计市场需求量逐渐上升，价格上涨。紫菜受到高温天气的影响易烂苗，设施设备易受台风及恶劣气候影响，2022 年紫菜养殖需防范自然灾害。

6. 海参　养殖产量增加。养殖户养殖海参的积极性空前高涨，预计 2022 年春季（2021 年 11—12 月投苗至 2022 年 4 月收成结束），霞浦海参养殖规模将进一步扩大，有望达到 30 多万箱。

（福建省水产技术推广总站）

江西省养殖渔情分析报告

一、采集点基本情况

2021年，江西省在进贤县、鄱阳县、余干县、玉山县、都昌县、上高县、新干县、彭泽县、瑞金市、南丰县10个县设置了32个采集点、13个采集品种。在2020年基础上，监测县和采集点与采集品种无变更。其中，10个监测县、32个采集点总面积8612亩，常规鱼类4种，为草鱼、鲢、鳙、鲫；名优鱼类6种，为黄颡鱼、泥鳅、黄鳝、加州鲈、鳜、乌鳢；另有克氏原螯虾、河蟹、鳖，均为淡水养殖。

二、养殖渔情分析

根据10个采集县、32个采集点上报的全年养殖渔情数据，结合全省水产养殖生产形势，2021年全省采集品种的销售量、销售额、销售单价和生产投入均同比增长，生产损失同比减少。

1. 水产品销售量增加、销售额同比出现分化　全省采集点共销售水产品2 670 589千克，同比增长57.24%，销售额64 638 870元，同比增长60.43%。其中，克氏原螯虾销售量额177 880千克、3 891 600元，同比分别增长71.27%、100.92%；河蟹销售量额44 789千克、3 671 284元，同比分别增长10.43%、18.89%；鳖类销售量额273 923千克、14 149 016元，同比分别增长153.71%、89.52%。

从表2-19可以看出，13个采集品种的销售量、销售额同比上涨；其他品种，特别是名特优品种销售量、销售额同比大幅增长。因新冠肺炎疫情减少渐趋稳定，2021年各个品种出塘量、销售量都有增长，尤其是名特优水产品的出塘量、销售量增长，拉高了整个水产品的均价。

表2-19　2021年和2020年采集品种销售量额情况对比

品种	销售量（千克）		增减率（%）	销售额（元）		增减率（%）
	2021年	2020年		2021年	2020年	
草鱼	785 900	551 845	42.41	10 409 469	6 044 737	72.21
鲢	143 637	101 499	41.52	1 552 949	1 164 437	33.36
鳙	153 440	139 088	10.32	2 988 665	2 131 102	40.24
鲫	321 955	124 364	158.88	5 329 271	2 590 991	105.68
黄颡鱼	522 447	386 491	35.18	12 452 661	9 403 072	32.43
泥鳅	31 321	21 795	43.71	1 035 691	595 998	73.77
黄鳝	77 618	68 737	12.92	4 815 706	4 401 514	9.41
加州鲈	3 598	15 348	−76.56	179 370	682 435	−73.72
鳜	24 831	7 945	212.54	2 120 938	381 538	455.89

（续）

品种	销售量（千克）		增减率（%）	销售额（元）		增减率（%）
	2021 年	2020 年		2021 年	2020 年	
乌鳢	109 250	28 950	277.37	2 042 250	404 923	404.36
克氏原螯虾	177 880	103 860	71.27	3 891 600	1 936 900	100.92
河蟹	44 789	40 557	10.43	3 671 284	3 088 030	18.89
鳖类	273 923	107 965	153.71	14 149 016	7 465 833	89.52
合计	2 670 589	1 698 444	57.24	64 638 870	40 291 510	60.43

2. 出塘价格 从表 2-20 可知，在监测的 13 个采集品种中，有 9 个品种的综合销售价格同比增加，4 个品种的综合销售价格同比减少。价格上涨的 9 个品种分别为草鱼、鳙、鲫、泥鳅、加州鲈、鳜、乌鳢、克氏原螯虾、河蟹，涨幅依次为 21.34%、27.15%、25.76%、20.91%、12.12%、77.86%、33.60%、17.32%、7.66%；价格下降的 4 个品种分别为鲢、黄颡鱼、黄鳝、鳖，下跌幅度依次为 5.75%、2.01%、3.11%、25.31%。

表 2-20　各采集品种成鱼的销售价格情况

单位：元/千克

品种	品种	2020 年	2021 年	增减率（%）
鱼类	草鱼	10.92	13.25	21.34
	鲢	11.47	10.81	−5.75
	鳙	15.32	19.48	27.15
	鲫	13.16	16.55	25.76
	黄颡鱼	24.33	23.84	−2.01
	泥鳅	27.35	33.07	20.91
	黄鳝	64.03	62.04	−3.11
	加州鲈	44.46	49.85	12.12
	鳜	48.02	85.41	77.86
	乌鳢	13.99	18.69	33.6
虾蟹类	克氏原螯虾	18.65	21.88	17.32
	河蟹	76.14	81.97	7.66
鳖类	鳖（生态）	69.15	51.65	−25.31

从图 2-22 可知，2021 年 1—7 月采集鱼类品种的综合销售价格呈增长趋势，远远高于 2020 年同期；8—12 月，价格快速回落，同比 2020 年同期跌幅较大。由此可见，下半年水产品大量上市，对 2021 年下半年鱼类的销售价格影响较大。

相对于 2020 年，2021 年的新冠疫情得到大程度缓解，猪肉的价格已偏高，激发了消费者的水产品消费欲望，结合全省的消费习惯，草鱼、鳙、鲫、泥鳅、加州鲈、鳜、乌鳢、克氏原螯虾、河蟹等中低价格的水产品消费大涨，价格也就上来了。随着时间的推移，整个江西省市场对鲢、黄颡鱼、黄鳝、鳖这几个品种的消费欲望连年下降（表 2-21）。

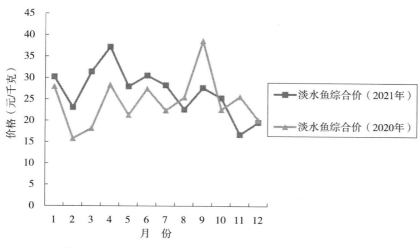

图 2-22　2021 年、2020 年采集鱼类品种月综合单价走势

表 2-21　各采集淡水鱼的综合价格情况

单位：元/千克

月份	2021 年	2020 年
1	30.23	27.97
2	23.10	15.80
3	31.44	18.16
4	37.22	28.38
5	28.02	21.32
6	30.58	27.49
7	28.31	22.42
8	22.66	25.50
9	27.74	38.69
10	25.36	22.62
11	16.78	25.69
12	19.67	20.18

3. 养殖生产投入同比增加，饲料、苗种、人工开支占比较重　2021 年，全年渔情信息采集点总投入 4 547.39 万元，同比增长 31.47%。其中，饲料费 2 762.33 万元、同比增长 52.01%，苗种费用 552.25 万元，同比增长 12.17%，塘租费 195.08 万元，同比减少 24.86%，燃料费等其他费用 127.43 万元，同比增长 12.87%；水电费、防疫费等服务支出费 294.84 万元，同比增长 44.17%；人力投入费用 705.46 万元，同比增长 11.72%。从表 2-22 可以看出，生产投入中饲料费、苗种费、人力费、水电防疫费及燃料费上比 2020 年都有大幅增长。

表 2-22　2021 年、2020 年生产投入增幅比较

单位：万元

年份	总投入	饲料费	苗种费	人力费	水电费、防疫费	塘租费	燃料费等其他
2020	3 458.87	1 758.05	492.32	631.47	204.51	259.62	112.90
2021	4 547.39	2 672.33	552.25	705.46	294.84	195.08	127.43
增减率（%）	31.47	52.01	12.17	11.72	44.17	−24.86	12.87

由图 2-23 可以看出，与 2020 年相比，2021 年月投入趋势有所改变。2021 年，从 1 月开始，月生产投入逐步增加；至 6 月生产投入达到最大；7 月以后，月生产投入逐步减少。2021 年，1—3 月，月生产投入较低，随后逐步增加；6 月的生产投入较高；7—10 月，月生产投入有所减少，由于鱼类生长旺季和鱼种的投放，月生产投入仍维持在高位。

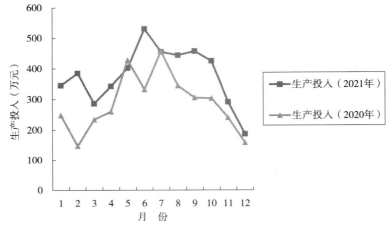

图 2-23　2021 年、2020 年养殖渔情月生产投入情况

由图 2-24 可以看出，养殖生产投入中，饲料费、苗种费、人力费占比较大。其中，饲料费占比 58.77%、苗种费占比 12.14%、人力费占比 15.51%、水电费、防疫费占比 6.48%、塘租费占比 4.29%、燃料等其他费用占比 2.81%。

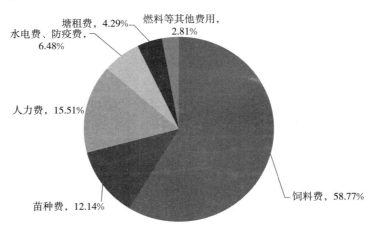

图 2-24　2021 年各种生产资料投入对比

4. 养殖生产损失减少　2021 年，全省养殖渔情采集点生产损失大量减少，水产品损失和经济损失分别为 12 700 千克、26.32 万元。其中，鱼类病害损失 11 352 千克、17.63 万元；鳖 1 348 千克、8.69 万元。自然灾害主要是由于全省 6—8 月的水涝灾害，不利于苗种和成鱼养殖，苗种和成鱼逃逸比较大；8—11 月的干旱，池塘水量得不到补充，成鱼部分出售，减少了池塘的水产品存塘量，增加了防疫药量，使鱼病损失减少。

三、养殖生产形势分析

1. 因疫情渐趋稳定，渔业生产在恢复　在疫情管控减轻措施下，物流恢复，市场交易渐活，餐饮消费慢慢增长，名特优鱼类销量增加，价格增长，全省渔业生产正在恢复增长。

2. 水产品价格后期向好　全省渔业企业复工复产和灾后重建良好，养殖生产保持稳定，水产品供应充足。水产品价格回升，养殖形势稳定向好。

四、2022 年养殖渔情预测

结合 2021 年渔情监测数据和全省水产养殖生产的实际情况，从市场需求方面分析，预测 2022 年会继续调优养殖品种结构，加大名特优水产品养殖，水产品价格保持较好的价位运行，水产养殖生产形势较为乐观。

（江西省农业技术推广中心畜牧水产技术推广应用处）

山东省养殖渔情分析报告

一、采集点基本情况

2021 年，全省在 22 个县（市、区）布设了 49 个渔情信息采集点。淡水养殖采集县 9 个，采集点 20 个，采集淡水养殖水面 1.78 万亩；海水养殖采集县 13 个，采集点 29 个，采集海水养殖水面 2.25 万亩、筏式养殖 1.83 万亩、底播养殖 10.68 万亩、工厂化养殖 1.21 万米^2、网箱养殖 1 万亩。

养殖生产形势总体稳定。1—12 月，全省采集点出塘总量 94 312.08 吨，同比增加 14.46%；出塘收入 79395.44 万元，同比增加 30.70%（表 2-23）。

表 2-23　1—12 月主要养殖品种出塘量和收入情况

养殖品种		出塘量（吨）			出塘收入（万元）		
		2020 年	2021 年	增减率	2020 年	2021 年	增减率
大宗淡水鱼	草鱼	3 385.23	1 874.37	−44.63%	3 542.92	3 974.99	12.20%
	鲢	180.55	100.53	−44.32%	96.27	61.59	−36.02%
	鳙	93.65	49.60	−47.04%	88.73	64.36	−27.47%
	鲤	287.61	106.40	−63.01%	295.08	164.05	−44.40%
	鲫	12.68	12.19	−3.86%	10.67	15.17	42.17%
	乌鳢	5 070.22	5 187.71	2.32%	9 422.56	11 747.69	24.68%
	小计	9 029.94	7 330.80	−18.82%	13 456.23	16 027.85	19.11%
南美白对虾（淡水）		337.61	197.57	−41.48%	1 371.76	732.85	−46.58%
海水鱼类	海水鲈	545.78	1 073.38	96.67%	2 834.22	5 523.20	94.88%
	鲆	75.34	113.85	51.11%	289.10	519.71	79.77%
	小计	621.12	1 187.23	91.14%	3 123.32	6 042.91	93.48%
海水虾蟹类	南美白对虾（海水）	1 239.65	1 111.22	−10.36%	3 516.83	3 431.09	−2.44%
	梭子蟹	61.83	44.57	−27.92%	734.56	364.97	−50.31%
	小计	1 301.48	1 155.79	−11.19%	4 251.39	3 796.06	−10.71%
海水贝类	牡蛎	4 710.00	6 007.00	27.54%	4 019.40	6 198.60	54.22%
	鲍	68.82	22.63	−67.12%	556.16	139.84	−74.86%
	扇贝	813.63	813.63	0.00%	387.84	472.41	21.81%
	蛤	18 152.88	24 486.59	34.89%	12 610.85	20 309.36	61.05%
	小计	23 745.33	31 329.85	31.94%	17 574.25	27 120.21	54.32%
海带		46 332.22	52 157.83	12.57%	6 535.18	9 859.89	50.87%
海参		1 028.94	953.01	−7.38%	14 434.87	15 815.67	9.57%

二、主要指标变动情况

采集点大宗淡水鱼出塘量 7 730.80 吨，同比减少 18.82%；收入 16 027.84 万元，同比增加 19.11%；综合出塘价为 21.86 元/千克，同比增长 50.34%。草鱼、鲢、鳙、鲤、鲫和乌鳢综合出塘价分别为 21.21 元/千克、6.13 元/千克、12.98 元/千克、15.42 元/千克、12.44 元/千克、22.65 元/千克，同比分别上涨 102.96%、20.64%、32.95%、52.73%、47.27%、21.96%。大宗淡水鱼出塘综合价全面上涨，主要有 3 个方面原因：一是前几年淡水鱼价格持续低迷，养殖户生产积极性不高，投入不足，养殖面积和养殖产量下降，存塘量不足，市场供不应求；二是环保督查，导致大型水库、河沟及黄河滩区域养殖退出，也是养殖产量减少的重要原因；三是饲料成本、工人费用等生产性投入增加，造成养殖成本升高（图 2-25 至 2-34）。

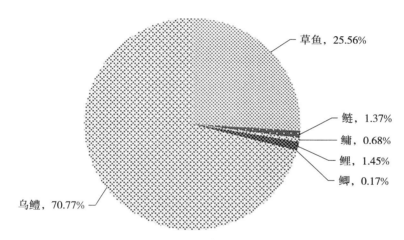

图 2-25 2021 年大宗淡水鱼各品种出塘比例

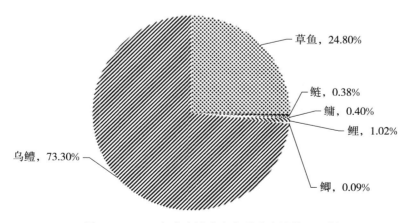

图 2-26 2021 年大宗淡水鱼各品种出塘收入比例

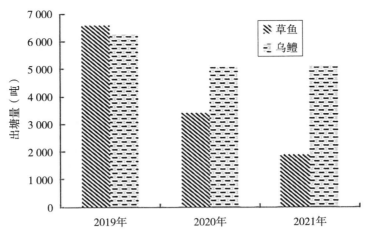

图 2-27　2019—2021 年草鱼、乌鳢出塘量

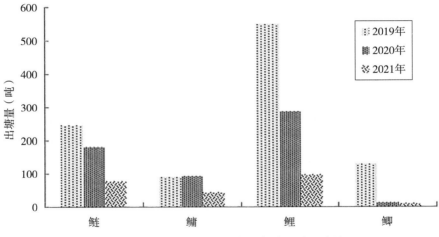

图 2-28　2019—2021 年淡水鱼部分品种出塘量

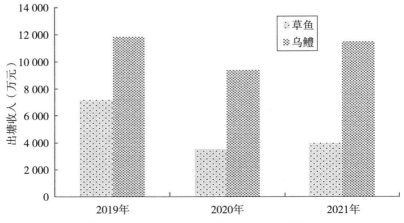

图 2-29　2019—2021 年草鱼、乌鳢出塘收入

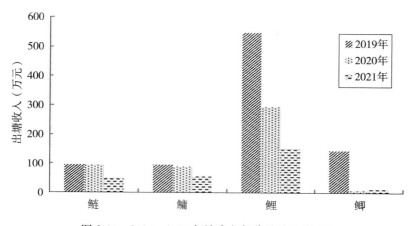

图 2-30 2019—2021 年淡水鱼部分品种出塘收入

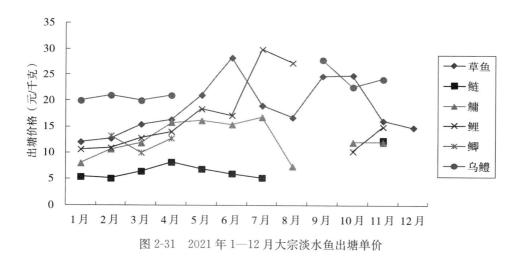

图 2-31 2021 年 1—12 月大宗淡水鱼出塘单价

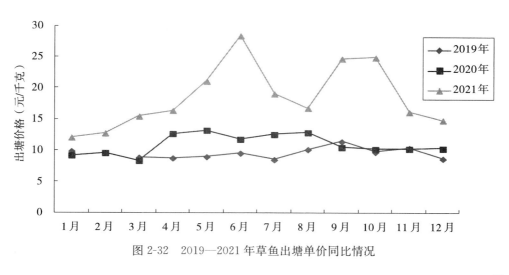

图 2-32 2019—2021 年草鱼出塘单价同比情况

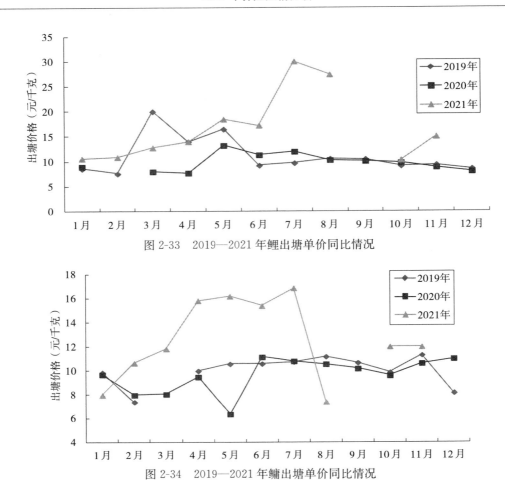

图 2-33　2019—2021 年鲤出塘单价同比情况

图 2-34　2019—2021 年鳙出塘单价同比情况

采集点淡水南美白对虾出塘量 197.57 吨，同比减少 41.48％；收入 732.85 万元，同比减少 46.58％；综合出塘单价与 2020 年基本持平（图 2-35）。

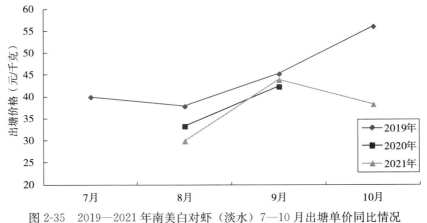

图 2-35　2019—2021 年南美白对虾（淡水）7—10 月出塘单价同比情况

采集点海水鱼类出塘量1 187.23 吨，同比增加 91.14%；收入 6 042.91 万元，同比增加 93.48%；综合出塘单价 50.90 元/千克，与 2020 年基本持平。其中，海水鲈出塘量 1 073.4 吨，同比增加 96.67%；收入 5 523.20 万元，同比增加 94.88%；综合出塘单价 51.46 元/千克，与 2020 年基本持平。鲆出塘量 113.85 吨，同比增加 51.11%；收入 519.71 万元，同比增加 79.77%；综合出塘单价 45.65 元/千克，同比增加 19.40%（图 2-36、图 2-37）。

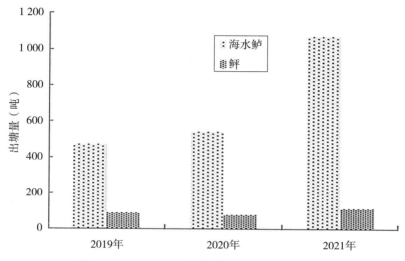

图 2-36 2019—2021 年海水鱼类出塘量同比情况

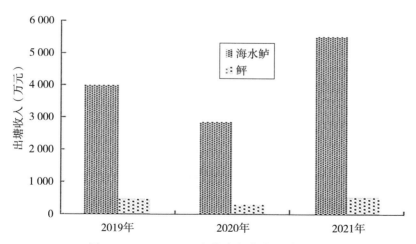

图 2-37 2019—2021 年海水鱼类收入同比情况

采集点海水虾蟹类出塘量 1 155.79 吨，同比减少 11.19%；收入 3 796.06 万元，同比减少 10.71%；综合出塘单价 32.84 元/千克，与 2020 年基本持平。其中，南美白对虾出塘量 1 111.22 吨，同比减少 10.36%；收入 3 431.09 万元，同比减少 2.44%；综合出塘单价 30.88 元/千克，同比降低 8.07%。梭子蟹出塘量 44.57 吨，同比减少 27.92%；收入 364.97 万元，同比减少 50.31%；综合出塘单价 81.89 元/千克，同比降低 31.06%。

采集点海水贝类出塘量 31 329.85 吨，同比增加 31.94％；收入 27 120.21 万元，同比增加 54.32％；综合出塘单价 8.66 元/千克，同比增长 17.02％。其中，牡蛎出塘量 6 007.00 吨，同比增加 27.54％；收入 6 198.60 万元，同比增加 54.22％；综合出塘单价 10.32 元/千克，同比增加 20.98％。鲍出塘量 22.63 吨，同比减少 67.12％；收入 139.84 万元，同比减少 74.86％；综合出塘单价 61.79 元/千克，同比降低 23.52％。扇贝出塘量 813.63 吨，同比持平；收入 472.41 万元，同比增加 21.80％；综合出塘单价 5.81 元/千克，同比增加 21.80％。蛤出塘量 24 486.59 吨，同比增加 34.89％；收入 20 309.36 万元，同比增加 61.05％；综合出塘单价 8.29 元/千克，同比增长 19.28％（图 2-38 至图 2-43）。

目前，全省牡蛎主养区积极推广新品种三倍体牡蛎，具有育性差、生长快、品质优、抗高温、繁殖季节死亡率低等优势，价格比普通二倍体牡蛎高 1 倍以上，经济效益显著。受 11 月初风暴潮影响，全省部分扇贝养殖户损失较大，造成扇贝出塘价升高；同时，随着疫情防控形势好转，扇贝等水产品价格也稳步上涨。

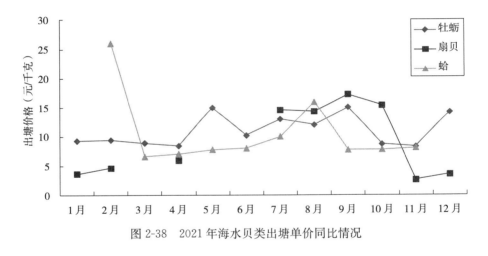

图 2-38　2021 年海水贝类出塘单价同比情况

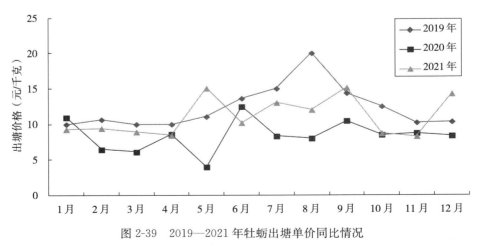

图 2-39　2019—2021 年牡蛎出塘单价同比情况

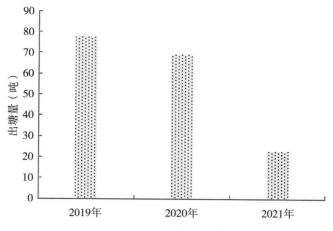

图 2-40 2019—2021 年鲍出塘量同比情况

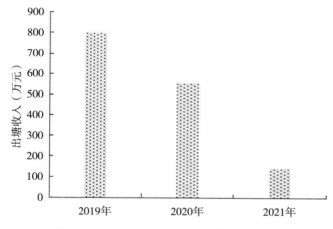

图 2-41 2019—2021 年鲍出塘收入同比情况

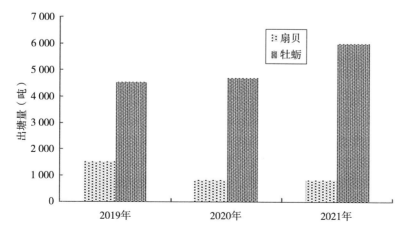

图 2-42 2019—2021 年牡蛎、扇贝出塘量同比情况

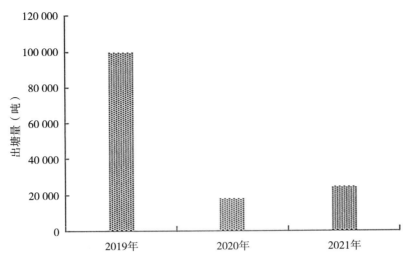

图 2-43　2019—2021 年蛤出塘量同比情况

采集点海带出塘量 52 157.83 吨，同比增加 12.57%；收入 9 859.89 万元，同比增加 50.87%。随着疫情的好转，淡干海带销售价格回升，长岛县 2021 年平均销售价格为 16.51 元/千克，较 2020 年 9.77 元/千克提高了 168.99%。近 2 年，海参价格持续高位，海带作为海参饲料，南北方海带需求量变大，加之库存有限，造成价格上涨（图 2-44）。

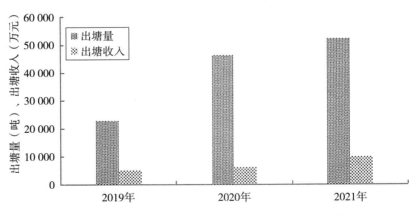

图 2-44　2019—2021 年海带出塘量、出塘收入同比情况

采集点刺参出塘量 953.01 吨，同比减少 7.38%；收入 15 815.67 万元，同比增加 9.57%；综合出塘价 165.95 元/千克，同比增长 18.29%。

自 2018 年以来，海参价格居高不下，苗种供应不足，价格较高。尤其是新冠肺炎疫情后，国外进口海参叫停；受疫情影响，用工短缺，工人费用同比上涨 41.71%，养殖成本升高；采集点的刺参全年最高单价达到 180.00 元/千克，预计未来刺参的价格仍将高位运行（图 2-45）。

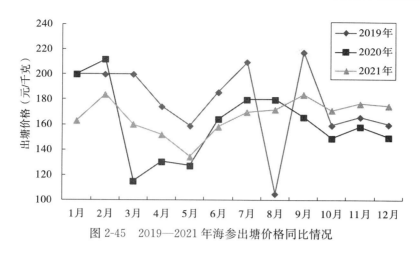

图 2-45　2019—2021 年海参出塘价格同比情况

三、生产特点分析

1. 生产投入苗种、饲料费为主　1—12 月，采集点生产投入共 3.19 亿元，主要包括物质投入、服务支出和人力投入三大类。物质投入占 76.80%，其中苗种费、饲料费、燃料费、塘租费、固定资产折旧费及其他费用分别占比 46.53%、21.01%、1.91%、5.89%、1.29%、0.17%；服务支出占 3.71%，其中电费、水费、防疫费、保险费及其他费用分别占比 1.85%、0.26%、1.12%、0.28% 和 0.20%；人力投入占比 19.48%（图 2-46）。

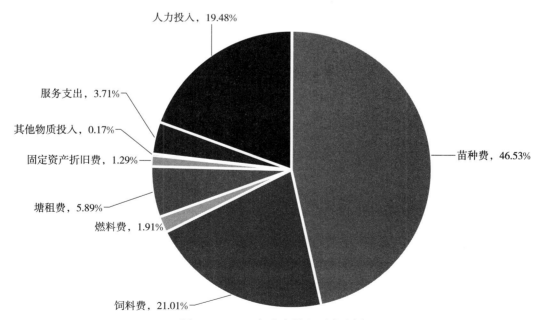

图 2-46　2021 年生产投入要素比例

2. 病害损失明显减少　1—12 月，采集点病害损失 73.78 万元，同比减少 40.81%。草鱼、鲤病害损失同比减少 100%；海水鱼类病害损失 2.03 万元，同比增加 42.85%，全部为大菱鲆病害损失；海水虾蟹类病害损失 10.49 万元，同比减少 40.11％，主要为梭子蟹病害损失（损失 10.04 万元，同比减少 45.33％）；海水贝类病害损失 10.61 万元，同比减少 22.40％，全部为牡蛎病害损失；海参病害损失 50.65 万元，同比减少 28.63％。总体来看，通过实施水产绿色健康养殖五大行动、养殖病害防治"线上＋线下"技术服务等系列工作，养殖病害防控形势好转，产业发展态势良好。

四、2022 年养殖渔情预测

目前，全省养殖渔业总体向好，淡水鱼、海参等部分养殖品种价格显著回升。2021 年海参度夏比较成功，增强了养殖户养殖生产的信心，利于扩大生产；受疫情刺激，海参保健功能凸显作用，市场需求逐步扩大；全省海参养殖结构和模式渐趋优化，生态养殖和病害防控等意识不断增强，养殖效益正在逐步提升。预测 2022 年，海参养殖生产形势可能趋好。随着牡蛎鲜品电商销售的快速发展，全省牡蛎知名度不断提高，预测 2022 年牡蛎价格仍会持续上涨，牡蛎养殖生产形势积极乐观。大菱鲆现阶段成鱼存塘量不足，随着价格逐步升高，养殖面积和投苗量会逐渐增加。

（山东省渔业发展和资源养护总站）

河南省养殖渔情分析报告

一、养殖渔情概况

2021年，全省共有9个信息采集县、26个养殖渔情信息采集点。淡水养殖监测代表品种8个，分别为草鱼、鲤、鲢、鳙、鲫、南美白对虾、克氏原螯虾、河蟹；重点关注品种3个，分别为河蟹、南美白对虾、克氏原螯虾。26个采集点共售出水产品1 997.36吨，销售收入3 168.14万元，生产投入总计5 334.53万元。其中，物质投入所占比例最大，为86.03%。受灾损失392.34万元，其中，病害损失39.00吨，经济损失49.58万元；自然灾害损失250.50吨、经济损失342.76万元。

二、主要监测指标变化

1. 水产品销售量 2021年，26个采集点共售出水产品1 997.36吨，同比增长11.29%；销售收入3 168.14万元，同比增长28.89%（表2-24）。其中，淡水鱼类销售量1 814.22吨，销售收入2 422.00万元；淡水甲壳类销售量183.14吨，销售收入746.14万元。淡水鱼类中，草鱼销量和销售额最大，分别占淡水鱼类总销量和总销售额的46.39%和51.34%；其次是鲤，销量和销售额分别占淡水鱼类总销量和总销售额的41.44%和36.57%。淡水甲壳类中，克氏原螯虾销量和销售额最大，分别占淡水甲壳类总销量和总销售额的58.86和42.25%；其次是南美白对虾（淡水），分别占淡水甲壳类总销量和总销售额的32.40%和33.34%。

表2-24 2021年和2020年各品种销售量和销售收入对比

分类	品种名称	销售额（万元）			销售数量（吨）		
		2020年	2021年	同比（%）	2020年	2021年	同比（%）
合计		2 458.11	3 168.14	28.89	1 794.75	1 997.36	11.29
淡水鱼类	小计	1 631.23	2 422.00	48.48	1 567.92	1 814.22	15.71
	草鱼	299.50	1 243.44	315.17	246.97	841.70	240.81
	鲢	57.36	62.08	8.23	65.40	78.70	20.34
	鳙	38.85	60.84	56.60	26.00	43.20	66.15
	鲤	1 072.02	885.64	−17.39	1 130.95	751.72	−33.53
	鲫	163.50	170.00	3.98	98.60	98.90	0.30
淡水甲壳类	小计	826.88	746.14	−9.76	226.82	183.14	−19.26
	克氏原螯虾	388.39	315.28	−18.82	136.63	107.79	−21.11
	南美白对虾（淡水）	244.39	248.78	1.80	56.99	59.33	4.11
	河蟹	194.10	182.08	−6.19	33.20	16.02	−51.75

2. 水产品价格变化 2021年，各监测点显示，主要监测品种单价总体有所增长。淡

水鱼类单价同比增长 28.37％，其中，草鱼同比增长 21.76％、鲤同比增长 24.26％、鲫同比增长 3.68％；淡水甲壳类单价同比增长 11.77％，其中，克氏原螯虾同比增长 2.88％、河蟹同比增长 94.42％。此外，鲢价格下降幅度最大，同比下降 10.03％；鳙、南美白对虾价格下降不明显（表 2-25）。

表 2-25　2021 年和 2020 年主要监测品种销售单价对比

单位：元/千克

分类	品种名称	2020 年	2021 年	同比（％）
淡水鱼类	草鱼	12.13	14.77	21.76
	鲢	8.77	7.89	−10.03
	鳙	14.94	14.08	−5.76
	鲤	9.48	11.78	24.26
	鲫	16.58	17.19	3.68
淡水甲壳类	克氏原螯虾	28.43	29.25	2.88
	南美白对虾（淡水）	42.88	41.93	−2.22
	河蟹	58.46	113.66	94.42

2021 年 1—12 月，主要监测品种出塘价格变化如图 2-47、图 2-48 所示。淡水鱼类中，草鱼、鲤在 5 月达到价格峰值 20.50 元/千克、17.93 元/千克，随后出塘价格呈下降趋势，主要销售月份在 5—11 月。淡水甲壳类中，克氏原螯虾 3 月上市，一直销售到 9 月，价格最高在 3 月，达到 41.38 元/千克，最低在 6 月，只有 21.44 元/千克；河蟹和南美白对虾在 7—8 月上市，销售至 11 月，价格最高在 120 元/千克和 47.37 元/千克。

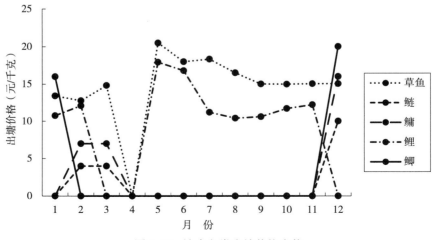

图 2-47　淡水鱼类出塘价格走势

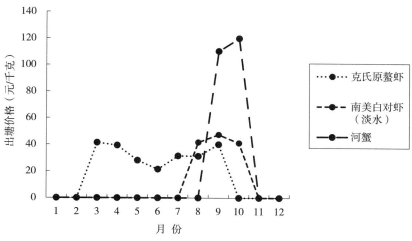

图 2-48 淡水甲壳类出塘价格走势

3. 生产投入变化 2021年，生产投入总计 5 334.53 万元，与 2020 年相比，同比增长 98.15%。其中，物质投入所占比例最大，为 86.03%；其次是服务支出，为 10.09%。物质投入中占比最大的是饲料费 58.34%，高于 2020 年的 35.94%。

4. 受灾损失情况变化 受"7·20"洪涝灾害影响，河南省各采集点损失严重，尤其是贾鲁河沿岸，尉氏县和中牟县基础设施受损尤其严重。2021年，总体经济损失 392.34 万元，除了自然灾害损失 342.76 万元，在之后产生的病害损失也十分严重，达到 49.58 万元（表 2-26）。

表 2-26 2021 年各监测点受灾损失情况

地区	受灾损失							
	合计		病害		自然灾害		其他灾害	
	产量损失（吨）	经济损失（万元）	产量损失（吨）	经济损失（万元）	产量损失（吨）	经济损失（万元）	产量损失（吨）	经济损失（万元）
河南省	289.50	392.34	39.00	49.58	250.50	342.76	0	0
固始县	0.50	2	0	0	0.50	2	0	0
罗山县	0	0	0	0	0	0	0	0
孟津县	0	0	0	0	0	0	0	0
民权县	22.60	21.80	22.60	21.80	0	0	0	0
平桥区	0.32	0.43	0.32	0.43	0	0	0	0
尉氏县	145.08	241.15	0.08	0.15	145.00	241.00	0	0
西平县	0	0	0	0	0	0	0	0
延津县	0	0	0	0	0	0	0	0
中牟县	121	126.96	16.00	27.20	105.00	99.76	0	0

三、结果与分析

1. 淡水鱼类销售波动较大，总体销售情况呈良好趋势 2021 年，全省各采集点共销售淡水鱼类 1 814.22 吨，销售收入 2 422.00 万元。尤其是草鱼，市场价格上涨，激发养殖户养殖和销售的积极性，在 4 月市场一度缺货；此外，鲢、鳙销售量均高于 2020 年，原因是在春节前后，新冠疫情形势较 2020 年略有缓解，百姓消费需求增长；鲤销售价格上涨，但河南地区由于养殖政策等原因影响，鲤养殖情况在缩减。

2. 淡水甲壳类销售下降，总体呈现供货能力不足 2021 年，全省各采集点共销售淡水甲壳类 183.14 吨，销售收入 746.14 万元。除南美白对虾较 2020 年销售情况无变化外，克氏原螯虾和河蟹销售情况均有所下降。分析所得克氏原螯虾和河蟹塘边价格高于 2020 年，河蟹更是同比增长幅度达到 94.42%。因此，造成销售情况下降的原因是销售量下降，河蟹销售量不到 2020 年的一半。

3. 生产投入大幅增加，市场表现潜力巨大 2021 年，生产投入总计 5 334.53 万元，较 2020 年增长 98.15%。增长幅度最大的是物质投入，由 2020 年的 2 296.93 万元增长至 2021 年的 4 598.01 万元。其中，饲料费、苗种费增长最大，原因是 2021 年，水产品整体市场表现良好，塘边价格较高。因此，6—8 月，中牟县采集点大批量进行物资和苗种采购，用于养殖鲤。

4. 自然灾害频发，全省水产养殖业受损严重 2021 年 7—8 月，受"7·20"洪涝灾害影响，全省水产养殖业严重受损，涉及范围涵盖民权县、尉氏县、延津县、中牟县的采集点，鱼塘被冲毁，养殖产品大量流失。仅尉氏县 2 个采集点，2021 年受灾损失就达到 241.15 万元，占全省所有采集点受灾损失的 61.46%。受灾后，省、市水产渔业部门迅速做出反应，做好灾后重建、疫病防控等工作，尽全力减少产业损失。

四、渔情特点分析

1. 后疫情时代消费回暖，水产品价格水涨船高 2021 年，疫情常态化防控政策，沿黄流域鲤、草鱼是宴席常见菜，消费市场逐步回归正常。除此以外，受环保政策影响，各地正处于由原来高密度、粗放型养殖向生态环保型、绿色高质量型养殖转变的过程，大量与政策背道而驰的养殖池塘退养，再加上天灾、病害影响，造成一些养殖户产量下降，损失惨重，是出塘价格上涨的主要原因。

2. 提高水产品质量，全产业链融合发展 从监测数据来看，2020—2021 年水产品销售波动很大，各采集点销售量较 2019 年相比，下降依然很大。疫情防控期间，新的销售方式、更加绿色生态的养殖模式，打开了水产市场新思路。"水产品预制菜"、郑州"漏斗形池塘循环养殖技术模式"等养殖-加工-销售全产业链发展趋势，让我们对河南省水产市场有很大的信心。持续地进行良种选育、养殖模式创新，是成为水产大省的基础。为百姓提供放心可靠、绿色高质量的水产品，是我们努力的方向。

3. 水产养殖风险预警防控能力继续加强 2021 年郑州"7·20"洪涝灾害牵动全国人民的心，受灾范围从河南省漫延到安徽、江苏省，水产品损失惨重。水产养殖病害与多种自然灾害，是水产养殖业的主要风险。做好自然灾害预警，预防灾后水体污染引起的次生病害，是今后防控工作的重点方向。

五、2022 年养殖渔情预测

因新冠肺炎疫情防控形势转好，2021 年上半年水产养殖情况总体情况较 2020 年略有好转。由于消费量的增加，2021 年 1 月起，大部分水产品出塘价格均处于较高的状态，并一直向好。但 7—8 月受灾情影响，全省水产供货能力在下半年要低于往年。在数据显示上，出塘价格甚至高于年初，而总体销售量很低，销售额涨幅不明显。生产成本上，数据显示要远高于 2020 年，其中，既包括电费、塘租费等价格随市场行为上涨外，持续上涨的鱼价也刺激了养殖户的生产热情，加大了苗种投放、饲料等的投入。预计 2022 年，出塘价格整体会有所波动，但幅度不大，整体销售情况要好于 2021 年，销售量会恢复至往年同期情况。另外，拓展新的销售思路、销售方式，是实现经济最大化的路线之一。发展"互联网＋"、水产品加工、"预制菜"等，让水产品安全、高效、实惠地游到家家户户的餐桌上。

（河南省水产技术推广站）

湖北省养殖渔情分析报告

一、主要监测指标变动

1. 成鱼出塘量同比增加，水产品综合价格同比上涨，比较效益增加 2021年采集点水产品销售量1 172 505千克，相较2020年同期上涨2.64%。其中，淡水鱼类下降20.64%，淡水甲壳类上涨29.06%，淡水其他类上涨253.00%。综合价格同比增加1.49元/千克，上涨4.97%。在12个监测品种中，价格上涨的品种有8个，为草鱼、鲢、鲫、黄颡鱼、黄鳝、鳜、南美白对虾和中华鳖；价格下降的品种有3个，为鳙、克氏原螯虾和河蟹；价格持平的品种有1个，为泥鳅。经济效益同比上涨了7.74%（表2-27）。

表2-27　2021年各监测品种出塘量和出塘收入

品种	出塘量（千克）	同比增长率（%）	销售收入（元）	同比增长率（%）
合计	1 172 505	2.64	36 873 423	7.74
淡水鱼类	493 450	−20.64	12 655 616	−1.63
草鱼	164 146	−40.84	1 995 202	−23.51
鲢	12 940	−60.62	100 070	−44.82
鳙	6 400	−60.77	80 600	−61.78
鲫	7 900	−25.30	111 750	−11.08
黄颡鱼	63 300	31.93	1 408 499	44.41
泥鳅	159 100	13.76	3 582 600	13.43
黄鳝	49 055	−22.14	3 356 050	−18.91
鳜	30 609	−9.30	2 020 845	37.81
淡水甲壳类	667 752	29.06	23 505 437	11.06
克氏原螯虾	337 923	17.76	6 385 107	−9.22
南美白对虾	22 191	−6.97	1 343 122	15.59
河蟹	307 638	49.08	15 777 208	21.65
淡水其他	11 303	253.00	712 370	265.32
中华鳖	11 303	253.00	712 370	265.32

2. 鱼苗放养量同比增加，鱼种投放量同比减少，苗种投入费用下降明显 2020年，受50年一遇洪涝灾害及新冠肺炎疫情"双灾情"影响，苗种投放方式发生了较大变化。前期因疫情，鱼苗生产滞后，季节性投苗量减少；后期因洪灾，重新补投苗种量较大。而2021年渔业生产秩序正常，苗种投放时间回归正常生产年份。2021年采集点共投放鱼苗80.40亿尾，同比增加了145.87%；投放鱼种32.01吨，同比下降了75.89%。苗种投入费用共415.04万元，同比下降了20.27%。

3. 生产投入同比减少，物质投入有所下降，服务投入显著增加 监测点全年生产总投入共计 2 810.68 万元，同比下降了 1.30％。其中，物质投入 1 889.18 万元（苗种 415.04 万元、饲料 1 152.85 万元、燃料 0.47 万元、塘租 247.75 万元、折旧 55.26 万元、其他 17.81 万元），下降了 13.08％；服务支出 706.36 万元（水电 299.59 万元、防疫 388.19 万元、保险 5.30 万元、其他 13.28 万元），增长了 53.06％；人力投入 215.16 万元，同比上涨了 1.22％（图 2-49）。

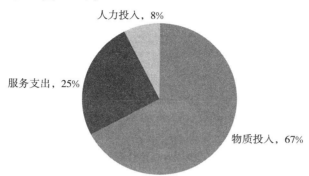

图 2-49　2021 年各项生产投入占比

4. 灾害损失同比减少，病害损失较为严重　从监测数据看，监测点共计损失水产品产量 15 124 千克，下降了 66.23％；水产品产值共计损失 35.93 万元，下降了 72.15％。2021 年的渔业生产情况比较正常，未受水灾影响。灾害损失主要由病害造成，特别是近年常发的草鱼出血病、黄颡鱼"头穿孔"病、腹水病、腐皮病等，给部分主养户造成了较为严重的经济损失。

二、养殖特情分析

1. 常规消费品种销售价格大幅上涨　即使与 2020 年"双灾情"导致的低基数鱼产量相比，代表品种产量仍然有较大幅度下降，如草鱼、鲢、鳙和鲫产量同比分别下降了 40.84％、60.62％、60.77％和 25.30％。也正因如此，加上市场肉价高位徘徊，常规消费品种价格出现了大幅上涨，如草鱼、鲢、鲫塘边价分别上涨了 29.36％、40.04％和 19.11％；优质品种的鳜和南美白对虾分别上涨了 51.94％、24.22％（图 2-50 至图 2-52）。

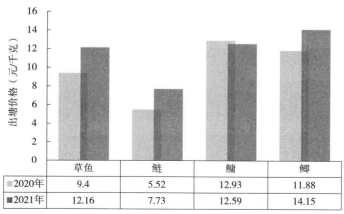

	草鱼	鲢	鳙	鲫
2020年	9.4	5.52	12.93	11.88
2021年	12.16	7.73	12.59	14.15

图 2-50　2020、2021 年常规鱼类出塘价格对比

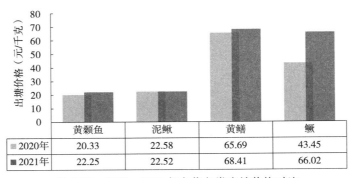

图 2-51　2020、2021 年名优鱼类出塘价格对比

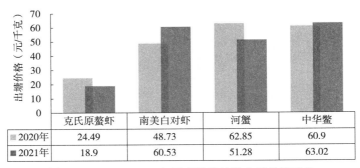

图 2-52　2020、2021 年甲壳及其他类出塘价格对比

2. 名优水产品产量进一步提高　与 2020 年相较，2021 年名优水产品产量占比大幅提高，养殖结构调整更趋优化。从监测点监测数据看，2021 年常规品种的草鱼、鲢、鳙和鲫产量减少 145.79 吨，下降了 43.23%；黄颡鱼、泥鳅、黄鳝和鳜等名优鱼类产量增加 17.48 吨，上涨了 5.79%；河蟹、南美白对虾和中华鳖等名优品种增加 107.72 吨，上涨了 46.15%。名优水产品产量占比从 70.48% 增加到 83.68%，同比提高了 13.2%。

3. 克氏原螯虾养殖产量增加，价格和比较效益下降　湖北省是克氏原螯虾养殖大省，近年来，因疫情影响和养殖模式缺陷，其销售价格和比较效益呈逐年下降趋势。2021 年，采集点产量共达到 337 923 千克，同比上涨了 17.76%；但价格和比较效益却分别下降了 22.83% 和 9.22%。若与前 4 年相比（除 2020 年情况特殊外），2021 年表现得更为明显（图 2-53、图 2-54）。

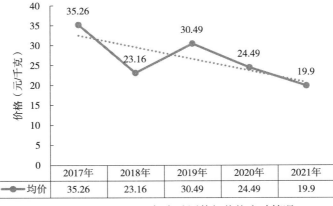

图 2-53　2017—2021 年克氏原螯虾价格变动情况

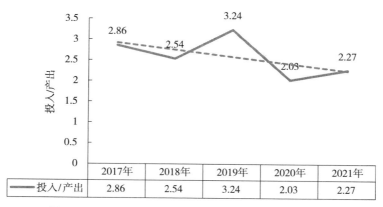

图 2-54　2017—2021 年克氏原螯虾投入/产出变化情况

4. 病害持续上升，养殖风险加大　随着养殖技术水平不断提高，生产者越来越青睐大规模、高密度养殖，伴随而来的是鱼类病害多发频发，养殖损失进一步增大，养殖风险不断增加。从监测点 2017—2021 年病害损失发生情况来看，采集点 2021 年病害损失与前 4 年比较，分别上升了 128.91%、18.80%、72.14% 和 77.10%（图 2-55）。

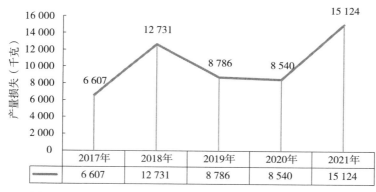

图 2-55　2017—2021 年监测点鱼类病害产量损失情况（千克）

三、2022 年养殖渔情预测

2021 年，渔业生产秩序正常，水产品销售价格较好，养殖者渔业生产热情得以有效激发。预计 2022 年，渔业生产总体前景较为乐观。也正因如此，建议养殖者要避免由此产生的盲目乐观和过分投入，特别是要防止名优品种出现过量集中养殖，造成增产不增收情况发生。同时，建议在疫情常态化防控下，养殖者应常年关注市场动态，加强生产管理，做好日常病害防控和防灾减灾等工作。

（湖北省水产技术推广总站）

湖南省养殖渔情分析报告

一、采集点设置情况

2021年，湖南省养殖渔情信息采集监测工作继续在湘乡市、衡阳县、平江县、湘阴县、津市、汉寿县、澧县、沅江市、南县、大通湖区、祁阳县11个县（市、区）34个监测点开展。监测品种为淡水鱼类和淡水甲壳类两大类10个品种。其中，淡水鱼类为草鱼、鲢、鳙、鲫、黄颡鱼、黄鳝、鳜、乌鳢8个品种；淡水甲壳类为克氏原螯虾、河蟹2个品种。养殖模式涉及主养、混养、精养及综合种养等多种养殖形式。经营组织以龙头企业和基地渔场为主。

二、养殖渔情分析

1. 2021年淡水鱼类出塘量同比2020年有所增加，出塘收入因价格原因同比大幅增加

2021年，全省养殖渔情监测点淡水鱼类成鱼出塘量4 578.56吨，同比增加328.05吨，增幅7.72%；出塘收入6 504.99万元，同比增加1 468.64万元，增幅29.16%。由于综合价格上涨原因，出塘收入增幅明显大大高于出塘量增幅。另外、出塘量增减呈现明显的品种分化。其中，草鱼、鲫、黄鳝、鳜和乌鳢出塘量分别增长8.84%、79.11%、12.22%、23.48%、10.26%；鲢、鳙、黄颡鱼出塘量分别减少18.61%、1.25%、43.92%。（表2-28，图2-56、图2-57）。

表2-28　采集点2020年与2021年出塘收入与出塘量

品种名称	出塘收入（万元）			出塘量（吨）		
	2020年	2021年	增减率（%）	2020年	2021年	增减率（%）
一、淡水鱼类	5 036.34	6 504.99	29.16	4 250.51	4 578.56	7.72
1. 草鱼	2 071.01	2 814.50	35.90	2 018.11	2 196.47	8.84
2. 鲢	665.63	550.20	−17.34	999.26	813.32	−18.61
3. 鳙	529.52	665.37	25.66	464.55	458.72	−1.25
4. 鲫	665.05	1 252.26	88.30	497.03	890.23	79.11
5. 黄颡鱼	298.33	195.04	−34.62	155.04	86.95	−43.92
6. 黄鳝	608.70	806.59	32.51	90.09	101.10	12.22
7. 鳜	180.24	204.38	13.39	19.74	24.37	23.48
8. 乌鳢	17.86	16.64	−6.83	6.71	7.40	10.26
二、淡水甲壳类	1 273.85	1 320.46	3.66	396.60	365.44	−7.86
1. 克氏原螯虾	699.88	952.61	36.11	336.87	330.88	−1.78
2. 河蟹	573.97	367.85	−35.91	59.73	34.56	−42.14

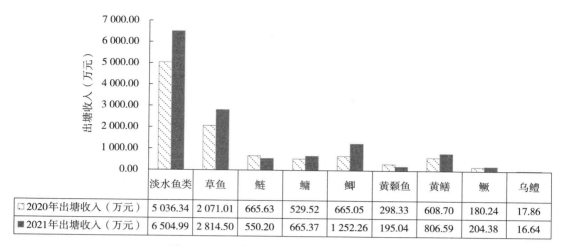

	淡水鱼类	草鱼	鲢	鳙	鲫	黄颡鱼	黄鳝	鳜	乌鳢
□2020年出塘收入（万元）	5 036.34	2 071.01	665.63	529.52	665.05	298.33	608.70	180.24	17.86
■2021年出塘收入（万元）	6 504.99	2 814.50	550.20	665.37	1 252.26	195.04	806.59	204.38	16.64

图 2-56　近两年采集点淡水鱼出塘收入对比

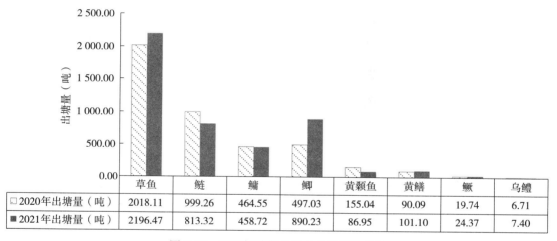

	草鱼	鲢	鳙	鲫	黄颡鱼	黄鳝	鳜	乌鳢
□2020年出塘量（吨）	2018.11	999.26	464.55	497.03	155.04	90.09	19.74	6.71
■2021年出塘量（吨）	2196.47	813.32	458.72	890.23	86.95	101.10	24.37	7.40

图 2-57　近两年采集点淡水鱼出塘量对比

2. 淡水甲壳类出塘收入小幅增加，出塘量下降幅度不一，价格起伏是影响品种出塘收入震荡变化的主要原因　2021年，全省监测点淡水甲壳类出塘量365.44吨，同比减少7.86%；出塘收入1 320.46万元，因价格影响同比反而增加3.66%。其中，克氏原螯虾出塘量330.88吨，同比小幅减少1.78%，但由于价格大幅上涨原因，出塘收入还增加36.11%；河蟹出塘量34.56吨，同比2020年继续大幅下降42.14%，由于价格上涨原因，出塘收入下降35.91%（图2-58、图2-59）。

3. 2021年生产投入比2020年增加较大，价格上涨对生产投入刺激带动效应明显，投入构成的变化有特点　监测点2021年生产投入3 968.00万元，同比增长18.62%。其中，饲料费1 663.03万元，同比增长20.70%，占投入比重的41.91%；苗种费1 251.99万元，同比增加55.16%，占投入比重的31.55%；人力投入600.54万元，同比减少11.94%，占投入比重的15.13%；塘租费290.87万元，同比减少4.03%，占投入比重的7.33%；水电费支出116.88万元，同比减少5.99%，占投入比重的2.95%；防疫费44.69万元，

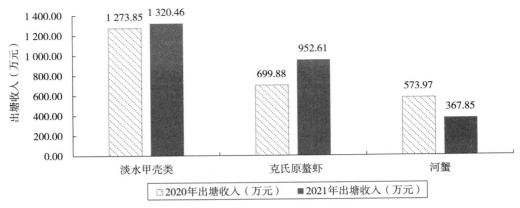

图 2-58　近两年采集点淡水甲壳类出塘收入对比

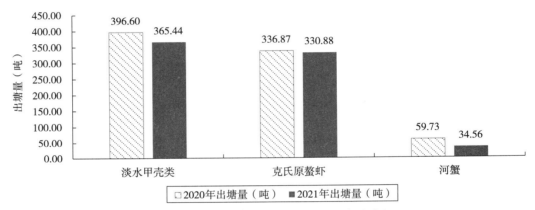

图 2-59　近两年采集点淡水甲壳类出塘量对比

同比减少 12.56％，占投入比重 1.13％。（图 2-60）饲料费、苗种费投入的大幅增加，在投入构成占比增加，彰显养殖户对生产投入信心增强，价格上涨的刺激带动效应非常强劲。

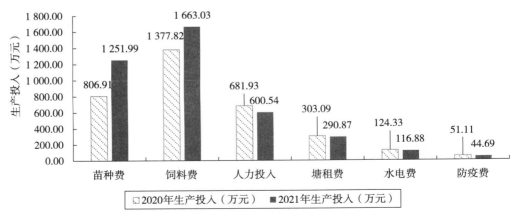

图 2-60　近两年采集点主要生产投入对比

4. 因气候适宜等原因，2021年病害损失同比减少，防疫费同步下降　监测点2021年防疫费44.69万元，减少12.56%；全省病害损失31.92万元，减少6.91%。

5. 从渔情监测点情况看，2021年全省水产养殖塘边起水价整体大幅上涨，参考批发市场批发价格也基本同步增长　2021年，全省养殖渔情监测点全年淡水鱼类的塘边综合均价14.21元/千克，比2020年大幅增长了19.92%。其中，草鱼、鲢、鳙和鲫等大宗淡水鱼2021年塘边综合起水单价为12.81元/千克、6.76元/千克、14.50元/千克、14.07元/千克，较2020年分别上涨了24.85%、1.50%、27.19%和5.16%；黄颡鱼、黄鳝2021年塘边综合起水单价为22.43元/千克、79.78元/千克，较2020年分别上涨了16.58%、17.90%；鳜、乌鳢塘边综合起水单价为83.85元/千克、22.51元/千克，价格则呈下降趋势，同比下降幅度分别为8.17%、15.47%。

河蟹、克氏原螯虾塘边综合起水单价为106.45元/千克、28.79元/千克，同比分别上涨10.77%、38.55%。全省水产养殖户大部分是以"四大家鱼"等大宗淡水鱼类为主要养殖品种，2021年大宗淡水鱼类价格的大幅上涨，养殖户的收入养殖生产效益也得到大幅增长，生产积极性稳步提升。

（1）2021年采集点草鱼月度出塘价格　同比从1月就高于2020年，到4月达到全年峰值18.85元/千克，同比涨幅高达59.34%；5—7月维持高位缓慢下行，同比涨幅保持50%以上。全年高于2020年，下半年涨幅逐月下降，全年综合单价涨幅达24.85%。从批发市场数据反映的价格波动情况基本吻合（图2-61、图2-62）。

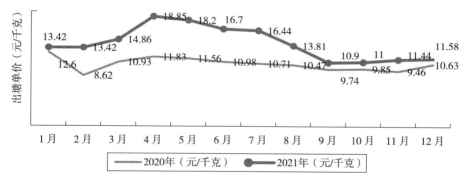

图2-61　近两年采集点草鱼月度出塘单价

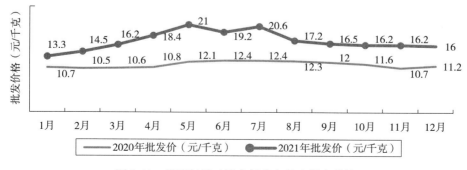

图2-62　近两年马王堆市场草鱼月度批发价格

（2）2021 年采集点鳙月度出塘价格　同比从 2 月开始高于 2020 年，到 4 月达到全年峰值 20.56 元/千克，同比涨幅高达 65.81％，5—6 月维持高位缓慢下行，同比涨幅保持 50％以上，全年从 2 月开始高于 2020 年，下半年涨幅逐月收窄，全年综合单价涨幅达 27.19％。与批发市场价格数据反映的鳙价格变化情况基本印证（图 2-63、图 2-64）。

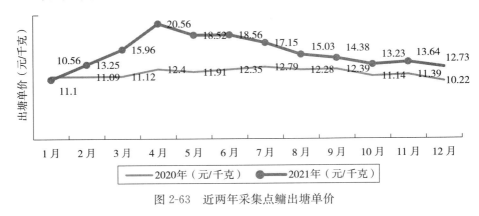

图 2-63　近两年采集点鳙出塘单价

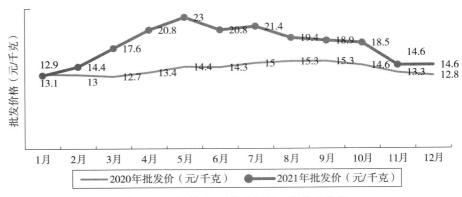

图 2-64　近两年马王堆市场鳙月度批发价格

（3）2021 年采集点鲫月度出塘价格　同比从年初开始高于 2020 年，到 6 月达到全年峰值 19.45 元/千克，同比涨幅高达 45.58％，9—11 月价格出现小幅反转，综合单价涨幅只有 5.16％。从批发市场数据反映的价格情况有差异（图 2-65、图 2-66）。

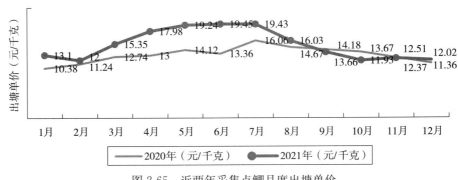

图 2-65　近两年采集点鲫月度出塘单价

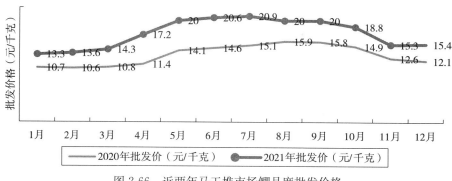

图 2-66 近两年马王堆市场鲫月度批发价格

三、2022 年养殖渔情预测

1. 出塘量预计将有增加，出塘收入预计稳中有降 根据养殖渔情监测点生产情况，2021 年养殖渔情监测点出塘量较 2020 年有所增加。同时，监测点苗种投放量增幅更大，全年饲料投入也有一定增加，年底存塘量变化不会太大，2022 年水产品市场供需能得到保障。预计 2022 年，监测点出塘量将有一定量的增加，由于水产品价格将理性回落，2022 年出塘收入同比 2021 年预计稳中有降。

2. 生产投入预计稳中有所调整 2021 年，在水产品价格上涨的刺激带动下，监测点饲料、苗种投入的大幅增加，养殖户对渔业生产投入信心倍增。但是 2022 年，水产品市场价格难以维持 2021 年的水平，效益预期和投入信心预计将下调，养殖面积在政策层面将基本稳定，加上大宗投入品饲料还有价格下降空间，苗种投入预计也难以保持 2021 年的增幅水平，人员投入、基础设施投入等成本将基本保持平衡外，2022 年总的生产投入预计将稳中有所调整。

3. 水产品价格预计会有所理性回落 2022 年，水产品市场消费需求受疫情影响难有大的增幅。尽管 2021 年监测点销售量有所增加，苗种投放量增幅更大，存塘压力仍然比较大。从监测点水产品出塘价格上半年涨幅大、下半年涨幅逐渐明显收窄，部分品种出塘价格在年末甚至出现反转的情况来看，2022 年上半年水产品价格与 2021 年相比，预计会有一定幅度的调整；下半年与 2021 年预计基本持平，不同品种间价格的可能会有所起伏。总体来说，2022 年水产品价格同比 2021 年，预计会有所理性回落。

4. 病害发生和损失预计将有所减少 2022 年，在气候环境正常的情况下，特别是在大力倡导推广健康养殖、生态养殖和精养鱼池升级改造等大背景下，渔业病害发生和损失情况预计将有所减少。

（湖南省畜牧水产事务中心）

广东省养殖渔情分析报告

一、养殖渔情分析

根据广东省水产养殖渔情信息采集数据分析，2021 年全省水产养殖生产总体态势良好，主要生产指标同比出现增长，主要养殖水产品苗种投放同比有所下降；出塘量、出塘收入、出塘综合价格同比稳中略增，供应较为充足；受灾损失总体相对有所下降；养殖企业和渔农户们生产积极性有所提高，增加养殖生产投入。

1. 主要指标变动情况 2021 年，全省水产养殖渔情信息监测品种共有 17 个。其中，罗非鱼、加州鲈、乌鳢鱼、南美白对虾（海水）、青蟹、牡蛎、扇贝 7 个品种销售额和销售数量同比增加，增加幅度最大的是加州鲈，销售额增加 2 168.28%、销售量增加 2 339.12%；鳙、鲫、黄颡鱼、南美白对虾（淡水）、海水鲈、石斑鱼、卵形鲳鲹 6 个品种出塘量和出塘收入同比减少，下降幅度最大的是鲫，销售额减少 74.56%、销售量减少 75.42%；草鱼销售额增加 15.21%、销售量减少 17.25%；鲢销售额减少 8.32%、销售量增加 4.13%；鳜销售额增加 1.20%、销售量减少 15.43%（表 2-29）。

表 2-29 全省渔情监测品种销售额和销售数量情况

养殖品种	销售额（万元）			销售数量（万千克）		
	2020 年	2021 年	增减率（%）	2020 年	2021 年	增减率（%）
草鱼	527.78	608.06	15.21	36.47	30.18	−17.25
鲢	8.41	7.71	−8.32	1.21	1.26	4.13
鳙	94.66	73.93	−21.90	7.62	4.02	−47.24
鲫	18.87	4.80	−74.56	1.18	0.29	−75.42
罗非鱼	6 246.13	7 630.11	22.16	773.21	856.12	10.72
黄颡鱼	678.40	473.02	−30.27	33.32	22.52	−32.41
加州鲈	138.90	3 150.64	2 168.28	5.24	127.81	2 339.12
鳜	524.50	530.79	1.20	9.85	8.33	−15.43
乌鳢	3 601.55	8 142.25	126.08	231.55	469.21	102.64
南美白对虾（淡水）	1 373.45	1 281.90	−6.67	34.69	25.72	−25.86
海水鲈	1 291.89	809.25	−37.36	74.52	43.78	−41.25
石斑鱼	1 691.45	1 358.34	−19.69	27.73	20.90	−24.63
卵形鲳鲹	1 469.81	868.97	−40.88	48.69	33.81	−30.56
南美白对虾（海水）	6 561.08	9 832.01	49.86	199.15	275.68	38.43
青蟹	1 328.07	1 445.60	8.85	5.79	6.21	7.25
牡蛎	461.60	1 387.61	200.51	40.88	136.70	234.39
扇贝	62.69	274.46	337.81	13.68	52.13	281.07

2. 监测品种出塘综合价格同比上涨，各品种涨跌幅度不一 2021 年，草鱼、鳙、鲫、

罗非鱼、黄颡鱼、鳜、乌鳢、南美白对虾（淡水）、海水鲈、石斑鱼、南美白对虾（海水）、青蟹、扇贝13个品种的综合出塘价格同比都有上涨，涨幅为1.50%～47.91%；鲢、加州鲈、卵形鲳鲹、牡蛎4个品种的综合出塘价格稍有下跌，跌幅为6.98%～14.87%（表2-30）。

表 2-30 全省渔情监测品种综合出塘价格

养殖品种	综合平均出塘价格（元/千克）		
	2020年	2021年	增减率（%）
草鱼	14.47	20.15	39.25
鲢	6.93	6.14	−11.40
鳙	12.42	18.37	47.91
鲫	16.05	16.45	2.49
罗非鱼	8.08	8.91	10.27
黄颡鱼	20.36	21.00	3.14
加州鲈	26.50	24.65	−6.98
鳜	53.25	63.72	19.66
乌鳢	15.55	17.35	11.58
南美白对虾（淡水）	39.59	49.84	25.89
海水鲈	17.34	18.48	6.57
石斑鱼	61.00	65.01	6.57
卵形鲳鲹	30.19	25.70	−14.87
南美白对虾（海水）	32.94	35.67	8.29
青蟹	229.21	232.64	1.50
牡蛎	11.29	10.15	−10.10
扇贝	4.58	5.27	15.07

3. 养殖生产投入同比大幅增加 2021年，全省渔情监测采集点生产投入28 118.59万元，同比增加6.70%。其中，物质投入22 777.49万元，同比增加7.04%，占生产投入的84.90%；服务支出2 455.85万元，同比增加8.86%，占生产投入的8.73%；人力投入2 885.26万元，同比增加2.36%，占生产投入的10.26%（表2-31）。

表 2-31 全省渔情监测品种生产投入情况

指标	金额（万元）		
	2020年	2021年	增减率（%）
生产投入	26 354.04	28 118.59	6.70
（一）物质投入	21 279.33	22 777.49	7.04
1. 苗种投放费	3 604.48	3 145.85	−12.72
投苗情况	3 126.21	2 995.97	−4.17
投种情况	478.27	149.88	−68.66

（续）

指标	金额（万元）		
	2020 年	2021 年	增减率（％）
2. 饲料费	14 522.75	16 469.60	13.41
原料性饲料	2 689.27	1 843.39	−31.45
配合饲料	11 819.48	14 626.21	23.75
其他	14.00	0.00	−100.00
3. 燃料费	75.01	73.86	−1.53
柴油	68.34	71.95	5.28
其他	6.67	1.91	−71.36
4. 塘租费	2 779.03	2 891.11	4.03
5. 固定资产折旧费	30.05	31.58	5.09
6. 其他	268.02	165.48	−38.26
（二）服务支出	2 255.89	2 455.85	8.86
1. 电费	1 524.95	1 624.99	6.56
2. 水费	54.35	49.50	−8.92
3. 防疫费	363.56	389.14	7.04
4. 保险费	11.26	3.29	−70.78
5. 其他服务支出	301.77	388.93	28.88
（三）人力投入	2 818.82	2 885.25	2.36

4. 生产损失同比下降　2021 年，全省养殖渔情监测采集点水产养殖灾害同比下降，灾害造成经济损失 90.01 万元，同比减少 36.47％。其中，以病害为主，造成经济损失 84.65 万元，同比减少 26.61％；其他灾害造成经济损失 4.20 万元，同比减少 78.42％；原生的自然灾害造成的经济损失 1.16 万元，同比减少 83.14％（表 2-32）。

表 2-32　全省渔情监测品种生产损失情况

损失种类	金额（万元）		
	2020 年	2021 年	增减率（％）
受灾损失	141.68	90.01	−36.47
1. 病害	115.34	84.65	−26.61
2. 自然灾害	6.88	1.16	−83.14
3. 其他灾害	19.46	4.20	−78.42

二、特点和特情分析

（1）2021 年上半年，水产品价格特别是淡水产品价格上涨较大。主要原因：一是饲料价格上涨，造成成本上升；二是疫情造成进口水产品大幅缩减，造成水产品供应偏少；三是长江十年休禁渔和湖泊水库禁养政策，造成华中地区淡水鱼供应量缩减，广东省北运出鱼量增加，推高广东地区年后淡水鱼价格。

（2）2021 年，全省生产投入同比增加 6.70％，物质投入大概占生产投入的 81％；2021 年，水产品价格上涨较大，养殖户对水产养殖业行情看好，积极调整养殖模式。物质投入费用上涨，对养殖企业和养殖户发展生产带来一定的成本压力。

（3）2021 年，水产品受灾损失比 2020 年同期减少。主要原因在于 2021 年没有发生台风等特大自然灾害，主要是养殖病害和其他灾害。病害主要集中在鱼类的出血病、烂鳃病、细菌性败血症等。

三、2022 年养殖渔情预测

根据全省养殖渔情采集点的反映情况，预计 2022 年，包括养殖渔情采集点在内的全省水产养殖经济形势，将会保持稳定发展趋势，各项经济指标也将稳定增长，呈现全面增产增收的局面。

（广东省农业技术推广中心）

广西壮族自治区养殖渔情分析报告

一、采集点基本情况

2021 年，广西全区在宾阳县、大化县、东兴市、港北区、桂平市、合浦县、临桂区、宁明县、钦州市、铁山港区、上林县、覃塘区、藤县、兴宾区、玉州区和宾阳县 16 个市（区、县）设置了 35 个采集点，覆盖沿海地区和内陆主要养殖地区。监测品种共 9 个，其中，淡水养殖品种 6 个（草鱼、鲢、鳙、鲫、罗非鱼、鳖）；海水主要养殖品种 3 个（卵形鲳鲹、南美白对虾、牡蛎）。养殖方式包括淡水池塘、海水池塘、深水网箱、筏式、底播等。

二、养殖渔情分析

1. 出塘量和销售额总体增加 2021 年，全区采集点水产品出塘总量 2 649.41 吨，增幅 18.41％；销售总额 5 300.97 万元，增幅 48.01％。

（1）淡水鱼类 2021 年，广西全区采集点淡水鱼类出塘量 829.04 吨，增幅 11.09％；销售额 1 298.90 万元，增幅 55.33％。其中，以鲫的出塘量和销售额最大，分别占淡水鱼类总出塘量和销售额的 66.53％和 75.83％。2021 年鲫的出塘量为 551.54 吨，同比增长 25.64％；销售额为 985.00 万元，同比增长 78.22％。草鱼、鲢、鳙 3 个品种的出塘量和销售额，与 2020 年相比均有不同程度的减少，出塘量减幅分别为 21.20％、49.06％和 58.96％，销售额减幅分别为 5.85％、44.26％和 47.71％。原因是 2020 年受新冠肺炎疫情的影响，成品鱼市场行情低迷，不少养殖户选择压塘。2021 年，投苗量减少，导致出塘量随之减少。

（2）海水鱼类 全区的海水养殖以深水抗风浪网箱养殖卵形鲳鲹为主，随着广西向海经济的发展，投放深水网箱的规模进一步扩大。2021 年，卵形鲳鲹出塘量 1 010.00 吨，增幅 152.50％；销售额 1 753.60 万元，增幅 213.14％。

（3）海水虾蟹类 全区的海水虾蟹类主要是南美白对虾。2021 年，南美白对虾的出塘量和销售额与 2020 年基本持平，出塘量和销售额分别为 469.70 吨和 1 427.29 万元。

（4）海水贝类 全区的海水贝类主要代表品种是牡蛎和蛤。受铁山港区和廉州湾海区养殖规划的发布和蚝排清理的影响，2021 年牡蛎的养殖面积大幅减少，牡蛎出塘量仅为 286.00 吨，减幅 53.61％。2021 年蛤的养殖量有所回升，出塘量 12.10 吨，增幅 45.78％；销售额 26.00 万元，增幅 101.24％（表 2-33）。

表 2-33 2020 年和 2021 年监测点出塘量和销售额情况对比

类别	品种名称	销售额（万元）			出塘量（吨）		
		2020 年	2021 年	增减率（％）	2020 年	2021 年	增减率（％）
淡水鱼类	草鱼	105.52	99.35	−5.85	87.33	68.82	−21.20
	鲢	22.55	12.57	−44.26	34.12	17.38	−49.06

（续）

类别	品种名称	销售额（万元）			出塘量（吨）		
		2020 年	2021 年	增减率（%）	2020 年	2021 年	增减率（%）
淡水鱼类	鳙	50.87	26.60	−47.71	68.84	28.25	−58.96
	鲫	552.70	985.00	78.22	438.97	551.54	25.64
	罗非鱼	104.56	175.38	67.73	117.05	163.05	39.30
淡水其他	鳖	100.77	522.55	418.56	8.01	42.57	431.41
海水鱼类	卵形鲳鲹	560.00	1 753.60	213.14	400.00	1 010.00	152.50
海水虾蟹类	南美白对虾	1 456.65	1 427.29	−2.02	458.50	469.70	2.44
海水贝类	牡蛎	614.87	272.63	−55.66	616.46	286.00	−53.61
	蛤	12.92	26.00	101.24	8.30	12.10	45.78

2. 出塘价格呈淡水鱼类上涨、海水鱼虾贝类下降的趋势　淡水鱼类的综合平均出塘单价为 11.94 元/千克，同比上涨 25.42%。各淡水鱼品种的价格均有上涨，其中，以鲫的价格上涨浮动最大，2021 年鲫综合单价为 17.86 元/千克，比 2020 年上涨 5.27 元/千克；草鱼、鳙、罗非鱼综合单价分别比 2020 年上涨 2.36 元/千克、2.03 元/千克和 1.83 元/千克；鳖的价格有所回落，2021 年鳖综合单价为 122.76 元/千克，同比下降 3.04 元/千克。海水鱼虾贝类的综合单价均略有下降，牡蛎和南美白对虾综合单价分别为 9.53 元/千克和 30.39 元/千克，同比下降了 0.44 元/千克和 1.38 元/千克。部分品种的价格对比如图 2-67 至图 2-73 所示。

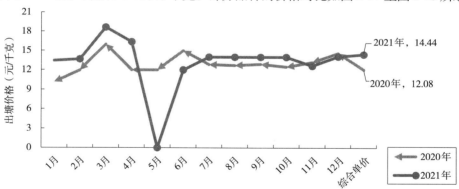

图 2-67　2020—2021 年养殖渔情采集点草鱼平均出塘价格

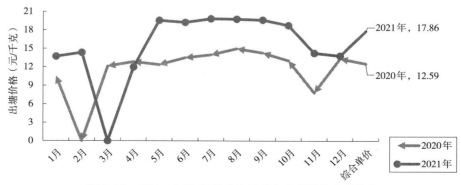

图 2-68　2020—2021 年养殖渔情采集点鲫平均出塘价格

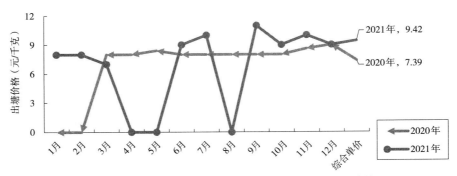

图 2-69　2020—2021 年养殖渔情采集点鳙平均出塘价格

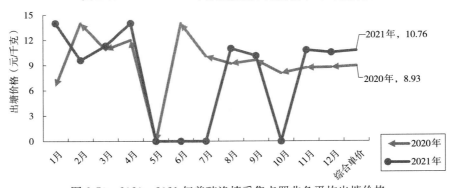

图 2-70　2020—2021 年养殖渔情采集点罗非鱼平均出塘价格

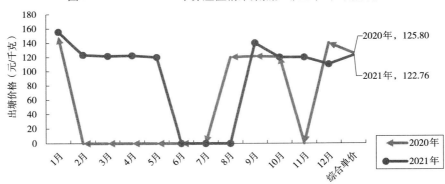

图 2-71　2020—2021 年养殖渔情采集点鳖平均出塘价格

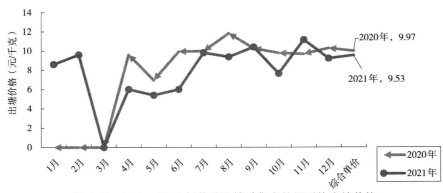

图 2-72　2020—2021 年养殖渔情采集点牡蛎平均出塘价格

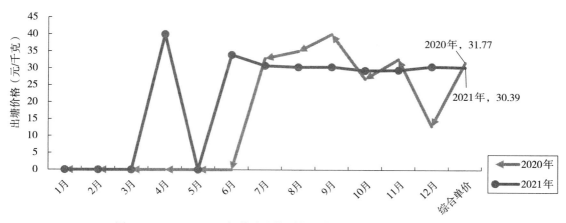

图 2-73　2020—2021 年养殖渔情采集点南美白对虾平均出塘价格

3. 养殖生产投入同比有所减少　2021 年，养殖渔情监测采集点生产投入 4 856.41 万元，同比减少 40.09%。其中，苗种费 1 305.28 万元，同比减少 53.28%，占投入比重的 26.88%；饲料费 2 252.78 万元，同比减少 45.46%，占投入比重的 46.39%；人力投入 637.97 万元，同比增加 7.61%，占投入比重的 13.14%；塘租费 286.06 万元，同比增长 67.62%，占投入比重的 5.89%；燃料费 71.35 万元，同比增长 2.26%，占投入比重的 1.47%；水电费、防疫费和保险等服务支出费 147.34 万元，同比减少 18.67%，占投入比重的 3.03%；固定资产折旧费 145.29 万元，同比减少 6.05%，占投入比重的 2.99%（表 2-34）。

表 2-34　养殖渔情采集点生产投入情况

指标	金额（万元）		
	2020 年	2021 年	增减率（%）
生产投入	8 105.76	4 856.41	−40.09
（一）物质投入	7 331.77	4 071.10	−44.47
1. 苗种投放费	2 793.61	1 305.28	−53.28
投苗情况	2 742.32	1 164.74	−57.53
投种情况	51.29	140.54	174.01
2. 饲料费	4 130.85	2 252.78	−45.46
原料性饲料	2 693.52	1 158.22	−57.00
配合饲料	1 434.95	1 092.28	−23.88
其他	2.38	2.28	−4.20
3. 燃料费	69.78	71.35	2.26
柴油	68.38	70.58	3.22
其他	1.40	0.78	−44.29
4. 塘租费	170.66	286.06	67.62
5. 固定资产折旧费	154.65	145.29	−6.05

（续）

指标	金额（万元）		
	2020 年	2021 年	增减率（%）
6. 其他费用	12.22	10.34	-15.38
（二）服务支出	181.16	147.34	-18.67
1. 电费	115.49	94.51	-18.17
2. 水费	12.59	5.23	-58.46
3. 防疫费	27.41	31.59	15.25
4. 保险费	0.55	0.40	-27.27
5. 其他费用	25.12	15.61	-37.86
（三）人力投入	592.83	637.97	7.61
1. 雇工	275.30	282.33	2.55
2. 本户（单位）人员	317.53	355.64	12.00

4. 受灾损失大幅下降 2021 年，全区养殖渔情监测点灾害造成损失 7.85 万元，同比减少 68.80%。其中，以病害损失为主，受灾经济损失 4.62 万元，同比减少 53.98%；自然灾害经济损失 2.74 万元，同比减少 80.39%；其他灾害造成的经济损失 0.49 万元，同比减少 57.39%（表 2-35）。

表 2-35 养殖渔情监测点受灾损失情况

损失种类	金额（万元）		
	2020 年	2021 年	增减率（%）
受灾损失	25.16	7.85	-68.80
1. 病害	10.04	4.62	-53.98
2. 自然灾害	13.97	2.74	-80.39
3. 其他灾害	1.15	0.49	-57.39

三、特点和特情分析

1. 生产投入与产出 2020 年年底，由于受新冠肺炎疫情的影响，水产品交易大幅减少，水产品压塘十分严重。2021 年，疫情影响减弱，餐饮等消费市场逐步复苏，淡水鱼迎来好的行情，特别是鲫和草鱼的价格大幅上涨，盈利空间增大。这就形成了 2021 年生产投入较 2020 年减少 40.09%、而销售额却增加 48.01% 的现象。

2. 水产品价格 2021 年，全区淡水鱼价格齐涨，海水鱼类价格也有所上涨。2021 年，卵形鲳鲹综合单价为 17.36 元/千克，增幅 24.00%；而鳖和南美白对虾的价格稳定有降，同比分别下降了 2.42%、4.34%；海水贝类价格与 2020 年持平，保持在 10 元/千克。

3. 全区设施渔业的发展 随着全区各地落实养殖水域滩涂规划禁养区政策，以及永久基本农田保护红线的划定，严重挤压了水产养殖发展空间。为稳定渔业生产，保障水产品市场供应，全区加大对内陆设施渔业和向海经济的开发力度，重点发展陆基圆形池、集装箱循环水生态养殖和工厂化循环水养殖等设施渔业，沿海地区大力发展深水抗风浪网箱养殖。设施渔业养殖异军突起，占据全区水产养殖的重要位置，极大补充了市场对水产品的需求。

四、2022 年养殖渔情预测

由于 2021 年大宗淡水鱼出塘价格上涨，激发养殖户的养殖热情。2022 年，大宗淡水鱼类苗种投放量将会有一定幅度地增长；海水鱼类也会因政策和资金的支持，投苗量将保持稳定增长趋势。从市场需求方面分析，2022 年水产品市场供应充足，水产品价格稳中有所回落，水产养殖生产形势总体较为乐观。

（广西壮族自治区水产技术推广站）

海南省养殖渔情分析报告

一、采集点基本情况

1. 采集区域和采集点   2021 年，海南省养殖渔情信息采集区域主要分布在 14 个市（县），分别是文昌市、琼海市、儋州市、临高县、定安县、屯昌县、琼中县、万宁市、海口市、乐东县、澄迈县、保亭县、白沙县和陵水县；全省渔情信息采集点共有 28 个，相比 2020 年减少 5 个采集点（其中，白沙 2 个、澄迈 1 个、儋州 1 个和琼海 1 个）。

2. 主要采集品种和养殖方式   2021 年，主要采集品种海水鱼类有卵形鲳鲹、石斑鱼；虾蟹类有南美白对虾（海、淡水）、青蟹；大宗淡水鱼类有鲢、鳙、鲫；淡水名特优鱼类有罗非鱼。养殖方式以池塘养殖和网箱养殖为主。

3. 采集点产量和面积   2021 年，28 个采集点养殖面积和成品出售产量分别为：海水池塘养殖面积为 2 389.95 亩，出塘量为 6 283.19 吨；淡水池塘养殖面积 3 126 亩，出塘量为 60 165.12 吨；深水网箱养殖水体为 126.81 万米^3，出塘量为 6 083.58 吨。

二、养殖渔情分析

1. 2021 年水产品出塘量同比下降   2021 年，28 个采集点出塘量为 13 151.20 吨，减幅为 18.62%。其中，海水养殖鱼类石斑鱼出塘量为 72 吨，同比增幅为 19.76%；卵形鲳鲹出塘量为 6 083.58 吨，同比减幅为 31.12%。大宗淡水鱼类的鳙出塘量同比减少，减幅为 86.49%；鲢、鲫出塘量同比增加，增幅分别为 81.07% 和 41.76%；淡水名特优鱼类罗非鱼出塘量同比减少，减幅为 3.61%。淡水南美白对虾、海水南美白对虾和海水池塘养殖青蟹的出塘量同比都有所减少，减幅分别为 19.59%、32.06% 和 14.15%（表 2-36）。

表 2-36　**2021 年与 2020 年同期采集点成鱼（鱼、虾、蟹）出塘量情况**

养殖品种	出塘量（吨）		
	2021 年	2020 年	增减率（%）
石斑鱼、卵形鲳鲹	6 155.58	8 892.62	−30.78
鲢、鳙、鲫	88.38	66.75	32.40
罗非鱼	6 774.59	7 028.55	−3.61
南美白对虾（淡水）	5.05	6.28	−19.59
南美白对虾（海水）	56.12	82.6	−32.06
青蟹	71.48	83.26	−14.15

2. 2021 年水产品销售收入同比下降   2021 年，全省采集点水产品销售收入为 19 029.44 万元，减幅 27.72%。其中，海水鱼类的石斑鱼和卵形鲳鲹 2021 年销售收入 11 726.95 万元，同比减少 39.93%；青蟹、南美白对虾（海水）销售收入同比分别下降 6.96% 和 6.23%。大宗淡水鱼类的鲢、鳙、鲫销售收入为 72.40 万元，同比增加 3.08%；

淡水名特优鱼类罗非鱼销售收入同比增长 10.98％；南美白对虾（淡水）销售收入同比增加 12.33％（表 2-37）。

表 2-37　2021 年与 2020 年采集点成鱼（鱼、虾、蟹）销售收入情况

品种	销售收入（万元）		
	2021 年	2020 年	同比增减幅度（％）
石斑鱼、卵形鲳鲹	11 726.95	19 523.60	−39.93
南美白对虾（海水）	312.44	333.20	−6.23
青蟹	973.55	1 046.39	−6.96
鲢、鳙、鲫	72.40	70.24	3.08
罗非鱼	5 923.23	5 337.13	10.98
南美白对虾（淡水）	20.87	18.58	12.33

3. 综合平均出塘单价涨跌趋势　如表 2-38 所示，淡水养殖罗非鱼、鲫、南美白对虾（淡水）、南美白对虾（海水）和青蟹综合平均出塘单价均呈现上涨趋势；而海水鱼类石斑鱼和卵形鲳鲹呈现下降趋势。其中，淡水养殖罗非鱼综合平均出塘单价为 8.74 元/千克，同比上涨 15.15％；南美白对虾（淡水）综合平均出塘单价为 41.27 元/千克，同比上涨 39.47％；南美白对虾（海水）综合平均出塘单价为 55.67 元/千克，同比上涨 38.00％；青蟹综合平均出塘单价为 136.20 元/千克，同比上涨 8.37％。海水养殖石斑鱼综合平均出塘单价为 28.4 元/千克，同比下跌 81.09％；卵形鲳鲹综合平均出塘单价为 18.94 元/千克，同比下跌 10.15％

表 2-38　2021 年与 2020 年各采集点水产品综合平均出塘单价

品种名称	综合平均出塘单价（单位：元/千克）		
	2021 年	2020 年	增减率（％）
鲢	6.47	7.56	−14.42
鳙	8.04	10.79	−25.49
鲫	18.74	17.97	4.28
罗非鱼	8.74	7.59	15.15
南美白对虾（淡水）	41.27	29.59	39.47
石斑鱼	28.4	150.2	−81.09
卵形鲳鲹	18.94	21.08	−10.15
南美白对虾（海水）	55.67	40.34	38.00
青蟹	136.20	125.68	8.37

4. 养殖生产投入　2021 年，全省养殖渔情信息采集生产总投入 26 791.51 万元，同比减少 7.29％。其中，饲料费 21 366.39 万元，占生产投入的 79.75％，同比降低 7.98％；苗种费 2 733.54 万元，占生产投入的 10.20％，同比增加 0.90％；燃料费 261.23 万元，占生产投入的 0.98％；塘租费 278.47 万元，占生产投入的 1.04％；人力费 1 526.55 万元，占生产投入的 5.70％，同比下降 4.16％（表 2-39）。

表 2-39　养殖渔情监测品种生产投入

指标	金额（万元）		
	2021 年	2020 年	增减率（%）
生产投入	26 791.45	28 899.58	−7.29
（一）物质投入	24 817.58	26 793.34	−7.37
1. 苗种投放费	2 733.54	2 709.14	0.90
投苗情况	2 733.54	2 705.17	1.05
投种情况	0	3.96	−100.00
2. 饲料费	21 366.39	23 219.75	−7.98
原料性饲料	592.39	585.48	1.18
配合饲料	20 774	22 634.27	−8.22
3. 燃料费	261.23	152.51	71.29
4. 塘租费	278.47	502.55	−44.59
5. 固定资产折旧费	171.71	180.49	−4.86
6. 其他费用	6.24	28.91	−78.42
（二）服务支出	447.32	513.46	−12.88
1. 电费	317.53	324.73	−2.22
2. 水费	7.53	9.42	−20.06
3. 防疫费	57.27	51.59	11.01
4. 保险费	3.10	2.20	40.91
5. 其他费用	61.89	125.52	−50.69
（三）人力投入	1 526.55	1 592.78	−4.16
1. 雇工	476.64	604.59	−21.16
2. 本户（单位）人员	1 049.91	988.19	6.25

5. 2021 年生产损失上升　2021 年，养殖渔情信息采集点受灾损失 10 569.59 万元，同比增长 601.51%。损失类型主要分为病害和自然灾害两个方面。其中，病害损失 7 312.59 万元；自然灾害损失 3 257.00 万元（表 2-40）。

表 2-40　2021 年养殖渔情监测品种生产损失情况

损失种类	金额（万元）		
	2021 年	2020 年	增减率（%）
受灾损失	10 569.59	1 506.69	601.51
1. 病害	7 312.59	790.58	824.97
2. 自然灾害	3 257.00	631.97	415.37
3. 其他灾害	0	84.14	−100

损失较大的监测品种为卵形鲳鲹，经济损失 10 522 万元，占总经济损失的 99.55%。主要受台风和病害影响，网箱养殖卵形鲳鲹逃逸、发病死亡较多。

总之，2021年海南省养殖渔情主要特点为，海水养殖品种价格相比于2020年均有所下降，主要因为受疫情影响，旅游、餐饮等终端消费大幅减少，海水养殖产品交易减少，价格持续下跌；养殖受台风和养殖病害影响，损失较大。

三、2022年养殖渔情预测

（1）根据全省养殖渔情监测点情况，2021年全省养殖生产投入下降、苗种投入增长放缓，养殖病害损失较大。预计2022年，全省养殖发展会较为平稳。

（2）2021年受疫情影响，饲料等原材料价格不断上涨。预计2022年，饲料价格会持续上涨；而养殖水产品价格上升空间较小，水产养殖行业利润会进一步压缩。建议加强养殖病害预防，降低养殖密度，确保养殖效益。

（海南省海洋与渔业科学院）

四川省养殖渔情分析报告

2021 年，四川省在安岳、安州、富顺、东坡、彭州、仁寿 6 个县共设置 27 个养殖渔情信息采集点。采集面积 3 943 亩，采集品种包括草鱼、鲤、黄颡鱼、加州鲈、泥鳅、鲑鳟。

一、出塘情况

1. 出塘量与销售额　2021 年采集点出塘总量 1 211.5 吨，销售总额 2 584.7 万元，比 2020 年出塘量和销售额分别增加 9.8%、26.6%。其中，加州鲈增幅较大，出塘量和销售额增幅分别达 208.6%、225.1%；草鱼出塘量减少 22.4%，销售额增加 2.3%；其余品种出塘量和销售额均有不同程度增加（图 2-74 和图 2-75）。

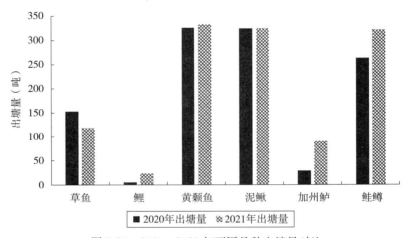

图 2-74　2020—2021 年不同品种出塘量对比

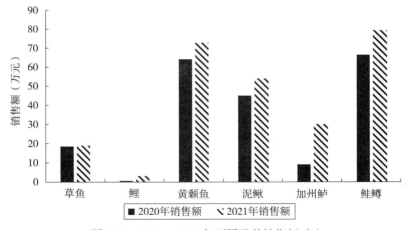

图 2-75　2020—2021 年不同品种销售额对比

2. 出塘价格　从 2020—2021 年综合出塘价格走势图可以看出，2020 年综合出塘价格总体呈现稳中有降趋势，年末降到最低点；2020年12月开始价格连续上涨，至2021年6月达到最高点，随后出现缓慢下降，但总体来说仍处于高位运行（图2-76）。

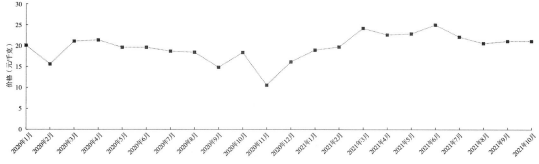

图 2-76 2020—2021年综合出塘价格走势图

从采集点各品种出塘价格分析，除鲑鳟、鲤出塘价格与2020年持平外，其余品种出塘价格均有不同程度提高，其中草鱼出塘价格提高达31.9%（图2-77）。

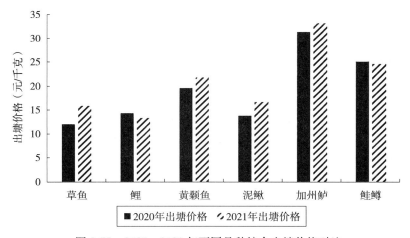

图 2-77 2020—2021年不同品种综合出塘价格对比

从采集点不同品种不同月份出塘价格分析，草鱼出塘价格先升后降，目前已跌至年初水平；鲤出塘价格年初上涨后一直处于高位水平；黄颡鱼出塘价格全年波动不大；泥鳅出塘价格也是先升后降，目前处于较低位置；加州鲈和鲑鳟较年初价格略有提高。

二、生产投入

采集点近三年生产投入总体呈现逐年上涨趋势，每年5—10月是生产旺季，生产投入（饲料、苗种）明显增加。

采集点2021年生产总投入2 069.6万元，主要分为物质投入、服务支出、人力投入，其中物质投入占72.7%（饲料费占82.3%，苗种费占11.7%，塘租费占5.7%）；人力投入占16.7%，服务支出占10.6%（图2-78）。

值得注意的是，与2020年相比，采集点2021年苗种投放情况发生较大变化。投种比2020年增加161.3%，投苗比2020年减少61.3%。

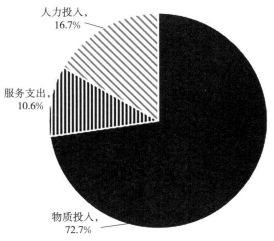

图 2-78 2021 年生产投入和物质投入饼状图

三、受灾损失情况

采集点近三年受灾损失总体呈现逐年上升趋势，受灾损失主要集中在每年 7—9 月。2021 年采集点受灾损失共计 150.5 万元，全部为病害损失，比 2020 年增加 44.2%。

四、生产形势分析

1. 成本效益分析 2021 年出塘总量 1 211.5 吨，销售总额 2 584.7 万元，生产总投入 2 069.6 万元，亩年均净利润为 1 306 元（因个别鱼生长期为 2 年或更久，存塘鱼无法核算，实际纯利润应更高）。

2. 出塘价格和生产投入变化分析 2021 年采集点出塘价格总体呈上升趋势。2021 年 6 月综合出塘价格是 2020 年底的 2 倍多。养殖户生产热情高涨，为缩短养殖周期，倾向于投放大规格鱼种，全年鱼种投放量比 2020 年增加 161.3%；尽管 7 月开始价格略有回调，但仍处于高位运行，饲料等生产性投入持续增加，全年生产投入和出塘量均较 2020 年增加，生产形势较好。

3. 2022 年出塘价格及生产形势预测 2021 年 5—7 月苗种投放量多，9—10 月秋苗补投数量少，年底出塘价格和出塘量仍维持高位运行。预计 2022 年上半年出塘量和综合出塘价格总体维持稳定，市场行情持续看好。就单个品种而言，草鱼存塘量少、价格低，2022 年价格有望回升；加州鲈存塘量少、出塘量多，年底价格回落明显，预测 2022 年价格企稳回升；鲤、黄颡鱼、泥鳅、鲑鳟价格会有一定波动，但总体维持稳定。

（四川省水产局）

第三章 2021 年主要养殖品种渔情分析报告

草鱼专题报告

一、采集点基本情况

2021 年,全国水产技术推广总站在湖北、广东、湖南等 15 个省份开展了草鱼的渔情信息采集工作,共设置采集点 110 个。采集点共投放了价值 44 437 387 元的苗种,累计生产投入 233 609 427 元;出塘量 17 301 681 千克,销售额 266 400 805 元。全国草鱼出塘均价 15.4 元/千克。采集点养殖方式主要以池塘套养为主。

二、生产形势分析

1. 生产投入情况 2021 年,全国采集点累计生产投入 233 609 427 元,同比上升 58.73%。其中,物质投入 209 255 436 元,同比上升 64.33%;服务支出 12 473 666 元,同比上升 31.28%;人力投入 11 880 325 元,同比上升 14.93%。物质投入中,苗种费投入 44 437 387 元,同比上升 58.46%;饲料费 147 806 404 元,同比上升 75.93%;燃料费 115 185 元,同比下降 22.68%;塘租费 12 812 661 元,同比上升 19.71%;固定资产折旧费 3 766 582 元,同比下降 11.55%;其他费用 317 217 元,同比上升 91.65%。服务支出中,电费 5 342 022 元,同比下降 7.67%;水费 285 248 元,同比上升 10.96%;防疫费 6 313 710元,同比上升 114.24%;保险费 38 057 元,同比下降 34.06%;其他费用 494 629元,同比上升 8.95%。人力投入中,监测采集点本户(单位)人员费用 5 302 032 元,同比下降 9.62%;雇工费用 6 578 293 元,同比增长 47.16%(表 3-1)。

表 3-1 2020—2021 年全国草鱼生产投入情况对比

项目	2020 年	2021 年	增减率(%)
生产投入(元)	147 174 465	233 609 427	58.73
一、物质投入(元)	127 335 846	209 255 436	64.33
1. 苗种费(元)	28 043 448	44 437 387	58.46
2. 饲料费(元)	84 016 683	147 806 404	75.93
3. 燃料费(元)	148 972	115 185	−22.68
4. 塘租费(元)	10 702 853	12 812 661	19.71
5. 固定资产折旧费(元)	4 258 371	3 766 582	−11.55
6. 其他物质投入(元)	165 519	317 217	91.65

（续）

项目	2020 年	2021 年	增减率（％）
二、服务支出（元）	9 501 934	12 473 666	31.28
1. 电费（元）	5 786 086	5 342 022	−7.67
2. 水费（元）	257 062	285 248	10.96
3. 防疫费（元）	2 947 093	6 313 710	114.24
4. 保险费（元）	57 717	38 057	−34.06
5. 其他服务支出费（元）	453 976	494 629	8.95
三、人力投入（元）	10 336 685	11 880 325	14.93
1. 本户（单位）人员费用（元）	5 866 625	5 302 032	−9.62
2. 雇工费用（元）	4 470 060	6 578 293	47.16

　　2021 年全国采集点草鱼生产投入中，物质投入占比 89.57％，服务支出占比 5.34％，人力投入占比 5.09％（图 3-1）。物质投入中，苗种费占比 21.24％，饲料费占比 70.63％，燃料费占比 0.06％，塘租费占比 6.12％，固定资产折旧费占比 1.80％，其他物质投入占比 0.15％。服务支出中，电费占比 42.83％，水费占比 2.29％，防疫费占比 50.62％，保险费占比 0.30％，其他服务支出费占比 3.96％。人力投入中，监测采集点本户（单位）人员费用占比 44.63％，雇工费用占比 55.37％。

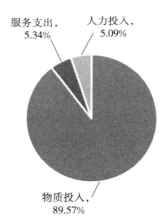

图 3-1　2021 年全国草鱼生产投入占比

　　2. 产量、收入及价格情况　2021 年，全国采集点草鱼全年出塘量 17 301 681 千克，同比上升 4.17％；销售额 266 400 805 元，同比上升 48.73％。草鱼出塘高峰期主要集中在 1 月、2 月、9 月、10 月、11 月和 12 月；出塘淡季集中在 3 月、4 月、5 月、6 月、7 月和 8 月。其中，10 月出塘量最大，达 4 360 967 千克，同比上升 13.82％；销售额 266 400 805 元，同比上升 48.73％（表 3-2）。

表 3-2 2020 年、2021 年 1—12 月全国草鱼出塘量和销售额

月份	出塘量（千克）		出塘量增减率（%）	销售额（元）		销售额增减率（%）
	2020 年	2021 年		2020 年	2021 年	
1	1 857 145	1 858 687	0.08	18 252 208	23 670 656	29.69
2	998 426	1 395 344	39.75	9 479 059	19 422 615	104.90
3	1 166 851	774 008	−33.67	11 698 893	11 500 820	−1.69
4	521 190	185 838	−64.34	6 428 084	3 459 816	−46.18
5	477 045	226 699	−52.48	6 101 692	4 457 680	−26.94
6	318 718	399 553	25.36	3 928 380	7 557 086	92.37
7	574 549	580 029	0.95	6 885 505	10 269 428	49.15
8	668 770	571 621	−14.53	8 263 800	8 781 487	6.26
9	1 665 420	2 240 325	34.52	17 871 070	41 837 904	134.11
10	3 831 339	4 360 967	13.82	38 411 180	70 742 683	84.17
11	1 684 814	2 288 700	35.84	17 905 046	31 374 416	75.23
12	2 844 319	2 419 910	−14.92	33 896 602	33 326 214	−1.68
合计	16 608 586	17 301 681	4.17	179 121 519	266 400 805	48.73

2021 年，全国采集点草鱼全年出塘均价达 15.4 元/千克，同比增长 42.86%。1—12 月，草鱼出塘价稳定在 12.74～19.66 元/千克。其中，5 月出塘价最高，达 19.66 元/千克；1 月出塘价最低，仅为 12.74 元/千克（图 3-2）。

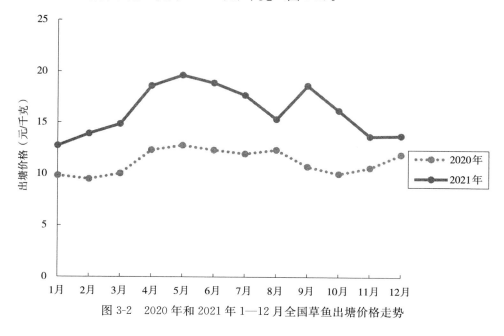

图 3-2 2020 年和 2021 年 1—12 月全国草鱼出塘价格走势

三、结果分析

1. 生产投入分析 全年草鱼生产投入中，物质投入、服务支出、人力投入均呈大幅上升趋势。说明 2021 年新冠肺炎疫情相对稳定，草鱼生产逐渐恢复，投入增加。物质投入中，燃料费和固定资产折旧费同比下降；苗种费、饲料费、塘租费、其他费用同比上升。原因可能是受养殖周期和疫情影响，池塘续租费用小幅上涨；另外，适宜规格的苗种供给不足，2021 年草鱼苗种投入成本增加；同时，随着大豆、豆粕等大宗商品的涨价，2021 年饲料成本普遍上涨。服务支出上升，其中，防疫费用大幅上升，说明 2021 年草鱼病害比较严重，部分采集点冬季没有干塘晒池消毒或清塘消毒不彻底、春季水质管理不到位，加上年初持续低温以及气温大幅波动，一定程度加速了水产病害集中暴发。人力投入上升，其中，本户（单位）人员费用小幅下降，雇工费用大幅上升，符合雇工成本上升的趋势。

生产投入中，物质投入占比最大，其次是服务支出。物质投入中，饲料费占比最大，其次是苗种费占比，与 2020 年相比，饲料费占物质投入比重小幅上升；服务支出中，防疫费用占比最大，其次是电费占比，2021 年草鱼病害普遍较为严重，防疫支出占比有上升的趋势；人力投入中，雇工费用比本户（单位）人员费用占比高。

2. 产量、收入及价格分析 2021 年，采集点草鱼出塘量变化不大，总销售额、均价同比大幅上升。从 2021 年各月份的情况来看，采集点草鱼出塘旺季集中在 1 月、2 月、9月、10 月、11 月、12 月，特别是 10 月，出塘量达到峰值；出塘淡季则在 4—8 月。2021年，采集点草鱼出塘量基本符合集中上市的规律，出塘时间较 2020 年更集中，特别是 9月、10 月、11 月、2 月出塘量同比上升；12 月则受 9 月、10 月、11 月出塘增加的影响，同比小幅下降。2021 年，草鱼出塘价格普遍高于 2020 年。其中，5 月出塘价最高，1 月最低。主要原因可能是随着消费市场的复苏，草鱼的需求增加，受新冠疫情的影响，草鱼的存塘量不足，供给短时间内难以完全满足市场，草鱼价格上涨。同时，9—10 月为草鱼传统出塘旺季，鱼价处于全年高位，一定程度上带动了草鱼集中出塘上市，符合全年出塘量的变化趋势。

四、2022 年养殖渔情预测

根据 2021 年草鱼养殖的生产投入、出塘量、总销售额的变化情况，预计 2022 年草鱼生产将逐渐恢复，养殖规模会有小幅上升，苗种、成鱼的市场供需逐渐稳定。但受到国际环境的影响，大宗商品价格短期难以回落，2022 年生产投入将持续上涨。因此，2022 年草鱼价格预计小幅下降，但仍保持相对较高的价位。

1. 升级养殖模式 我国草鱼养殖主体大多仍采用传统的养殖模式，草鱼品质逐渐难以满足市场需求。推广池塘生态高效养殖模式、池塘种青养鱼、池塘集约化"跑道养殖"、池塘品质调控、小区型池塘工程化高效养殖模式、渔稻综合种养模式等新型养殖模式，虽然初期投入成本高，但能有效降低养殖过程中劳动力等要素成本，提高产品收益，养殖水质得到改善，出塘草鱼品质更好，具备更强的社会示范、推广和带动效益，能更好满足市场对优质优价草鱼的需求。

2. 提倡种青养殖　近年来，饲料原料价格的不断上涨，草鱼养殖的饲养成本长期居高不下。建议相对偏远地区养殖户种植黑麦草、小米草和苏丹草等作为天然饵料，替代饲料投喂，能极大地降低了饲料成本，提高生产效益。青草饲料投喂草鱼，易于草鱼消化吸收，可减少草鱼脂肪肝、肠炎等病害的发生，从而减少渔药的投入，养成的草鱼形体美、口感好、营养丰富、无公害，市场认可度高。

3. 加强种质提升　草鱼养殖大多仍是野生种的直接利用，拥有亲鱼的遗传背景不清、繁育群体数量参差不齐、小群体近亲繁殖等情况普遍存在。多年多代繁育群体进入天然水域，导致草鱼种质抗逆性差、生长性状退化、产量下降，种质问题成为制约草鱼产业持续健康稳定发展的核心要素，亟待加强对草鱼的种质资源的利用和良种选育。

4. 做好疫病防控　2021年草鱼病害情况仍然严重，肠炎病、出血病、烂鳃病、赤皮病等在各地均有暴发，防疫费居高不下，制约了草鱼产业发展。病害防治，重点加强防控，养殖户要彻底地做好清淤、消毒工作，把好鱼苗质量关，对亲鱼进行灭活疫苗的注射。引进的鱼苗最好从有质量保障的苗种基地进行引种，控制鱼苗放养比例，把好饲料质量关，合理投喂，从源头减少病害的发生。

（程咸立）

鲢、鳙专题报告

一、鲢专题报告

（一）采集点基本情况

2021 年，全国水产技术推广总站在湖北、广东、湖南等 15 个省份开展了鲢的渔情信息采集工作，共设置采集点 110 个。采集点共投放了价值 4 227 474 元的苗种，累计生产投入 23 827 259 元；出塘量 3 360 560 千克，销售额 22 388 200 元。全国鲢出塘均价为 6.66 元/千克。采集点养殖方式主要以池塘套养为主。

（二）生产形势分析

1. 生产投入情况　2021 年，全国鲢采集点累计生产投入 23 827 259 元，同比减少 22.70%。其中，物质投入 17 369 723 元，占比 72.90%；服务支出 2 119 584 元，占比 8.90%；人力投入 4 337 952 元，占比 18.21%（图 3-3）。在物质投入中，苗种费占比 24.34%；饲料费投入占比 66.55%；燃料费投入占比 1.03%；塘租费占比 5.24%；固定资产折旧费占比 2.64%；其他费用占比 0.2%。在服务支出中，电费占比 71.62%；水费占比 3.43%；防疫费占比 16.6%；保险费占比 0.24%；其他服务支出占比 8.11%。人力投入中，雇工费用占比 52.14%；本户（单位）人员费用占比 47.86%。

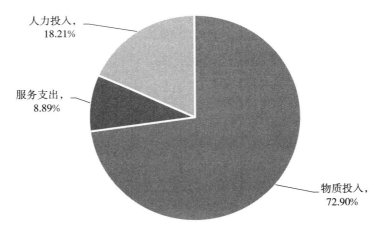

图 3-3　2021 年全国鲢生产投入占比

从图 3-3 数据分析可知，一是在生产投入中，物质投入占比最大，达到 72.90%；其次是人力投入，占比 18.21%，两项合计占全部投入的 91.11%。二是在物质投入中，饲料费占比最大，达到 66.55%；其次是苗种费，占比 24.34%。三是在服务支出方面，电费投入占比最大，达到 71.62%；其次是防疫费，占比达 16.6%。四是人力投入支出方面，其中，本户（单位）人员费用占比大幅下降，雇工费用占比大幅上升，人力投入，特别是雇工投入同比仍有较大上升，基本反映了人工成本，特别是雇工成本逐年提升的趋势。

2. 产量、收入及价格情况 2021年，全国采集点鲢出塘量3 360 560千克，同比上升0.97%；销售额22 388 200元，同比上升13.94%；出塘价格全国平均为6.66元/千克，同比上升12.88%。全年采集点鲢的价格运行情况，基本上反映了市场供需关系的变化规律。2021年，采集点的价格运行为4.12~9.07元/千克，月份统计数据基本反映了真实的市场价格变化。2021年，全国出塘量最高的是1月，其次是11月，最低的是4月；销售额最高的是11月，其次是12月，最低的是4月。出塘量与销售额的变化规律，与鲢一般在冬季集中上市的生产特点完全相符（表3-3）。

表3-3 2020年、2021年1—12月全国鲢出塘价、出塘量和销售额

月份	出塘价（元/千克）		出塘量（千克）		销售额（元）	
	2020年	2021年	2020年	2021年	2020年	2021年
1	4.93	4.12	511 456	672 469	2 523 965	2 767 387
2	4.57	5.66	277 061	281 134	1 265 865	1 590 510
3	4.96	7.39	361 368	205 349	1 794 129	1 518 198
4	4.06	8.73	199 323	67 615	809 592	590 259
5	8.43	8.97	79 789	103 066	672 419	924 201
6	6.30	9.07	33 534	166 451	211 153	1 510 505
7	6.63	8.70	63 016	182 388	418 022	1 586 752
8	6.11	8.28	80 340	287 626	490 857	2 381 433
9	6.32	8.08	176 232	196 432	1 114 309	1 587 536
10	6.74	6.61	385 558	294 456	2 599 675	1 947 483
11	6.77	6.66	664 171	480 552	4 498 076	3 199 136
12	6.55	6.58	496 424	423 022	3 251 354	2 784 800

二、鳙专题报告

（一）采集点基本情况

2021年，全国水产技术推广总站在湖北、广东、湖南等15个省份开展了鳙的渔情信息采集工作，共设置采集点110个。采集点共投放了价值5 840 292元的苗种，累计生产投入27 157 619元；出塘量2 706 274千克，销售额33 807 816元。全国鳙出塘均价为12.49元/千克。采集点养殖方式主要以池塘套养为主。

（二）生产形势分析

1. 生产投入情况 2021年，全国采集点累计生产投入27 157 619元，同比减少37.12%。其中，物质投入20 616 108元，占比75.91%；服务支出2 050 550元，占比7.55%；人力投入4 490 961元，占比16.54%（图3-4）。在物质投入中，苗种费占比28.33%；饲料费占比65.48%；燃料费占比0.57%；塘租费占比5.01%；固定资产折旧费占比0.56%；其他费用占比0.05%。在服务支出中，电费占比69.5%；水费占比

3.99%；防疫费占比 16.61%；保险费占比 0.26%；其他费用占比 9.64%。人力投入中，雇工费用占比 55.48%；本户（单位）人员费用占比 44.52%。

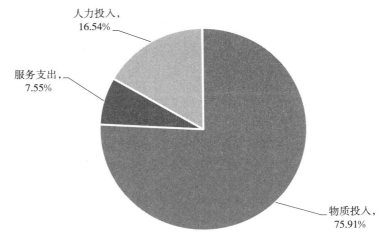

图 3-4 2021 年全国鳙生产投入占比

从以上数据分析可知，一是在生产投入中，物质投入占比最大，达到 75.91%；其次是人力投入，占比 16.54%，两项合计占全部投入的 92.45%。二是在物质投入中，饲料费占比最大，达到 65.48%；其次是苗种费，占比 28.33%。三是在服务支出方面，电费投入占比最大，达到 69.5%；其次是防疫费，占比 16.61%。四是人力投入支出方面，其中本户（单位）人员费用占比大幅下降，雇工费用占比大幅上升，人力投入，特别是雇工投入同比仍有较大上升，基本反映了人工成本，特别是雇工成本逐年提升的趋势。

2. 产量、收入及价格情况 2021 年，全国采集点鳙出塘量 2 706 274 千克，较 2020 年同比下降 7.82%；销售额 33 807 816 元，同比上升 24.75%；出塘价格全国平均为 12.49 元/千克，同比上升 15.65%。全年采集点鳙的价格运行情况，基本上反映了市场供需关系的变化规律。2021 年，采集点的价格运行为 10.29～18.83 元/千克，月份统计数据基本反映了真实的市场价格变化（表 3-4），符合 2021 年大宗淡水鱼价格普遍上升的形势。出塘量最高的是 1 月，其次是 2 月，最低的是 9 月；销售额最高的是 1 月，其次是 2 月，最低的是 9 月。出塘量与销售额的变化规律，与鳙一般在冬季集中上市的生产特点完全相符。

表 3-4 2020 年、2021 年 1—12 月全国鳙出塘价、出塘量和销售额

月份	出塘价（元/千克）		出塘量（千克）		销售额（元）	
	2020 年	2021 年	2020 年	2021 年	2020 年	2021 年
1	10.41	10.29	389 955	866 785	4 058 775	8 917 620
2	10.65	11.72	251 499	410 677	2 678 811	4 811 520
3	10.28	15.33	459 758	220 327	4 726 295	3 377 273
4	10.51	18.83	105 189	83 672	1 105 506	1 575 128
5	12.89	15.56	96 492	114 307	1 243 364	1 778 123

（续）

月份	出塘价（元/千克）		出塘量（千克）		销售额（元）	
	2020 年	2021 年	2020 年	2021 年	2020 年	2021 年
6	12.64	17.11	54 582	126 528	689 923	2 165 255
7	11.92	17.10	86 598	66 641	1 032 317	1 139 353
8	11.89	12.40	102 640	76 158	1 220 762	944 231
9	11.46	13.39	98 393	58 558	1 127 443	784 107
10	10.43	12.57	232 583	206 478	2 424 848	2 596 293
11	10.85	13.27	259 095	195 837	2 810 688	2 599 447
12	10.67	11.13	373 288	280 306	3 981 515	3 119 466

三、2022 年养殖渔情预测

1. 市场供应量会有所增加　2021 年，全国采集点鲢出塘量同比上升 0.97%，出塘价格同比上升 12.88%；鳙出塘量同比下降 7.82%，出塘价格同比上升 15.65%。根据以上数据分析，2022 年，鲢、鳙市场供应量会有所增加。主要原因：一是 2021 年鲢、鳙出塘价格同比上升 14% 左右，鲢、鳙价格维持高位，对提升养殖户投苗的积极性起到了较大的促进作用；二是豆粕、鱼粉等饲料原料价格上涨较快，必然带动饲料价格的上涨，会抵消草鱼、黄颡鱼、团头鲂等摄食性鱼类价格上涨带来的红利，为提高经济效益，养殖户必然会增加鲢、鳙为代表的滤食性鱼类放养数量。

2. 苗种供应充足　根据 2021 年鲢、鳙生产数据分析，2022 年春季鲢、鳙苗种市场供应充足。主要原因：一是 2021 年春季鲢、鳙苗种出现供不应求，苗种价格较 2020 年上升 2 成左右，苗种生产厂家经济效益显著提升，生产积极性会进一步提高；二是 2021 年长江流域未遭受明显的洪涝灾害，苗种生产没有受到洪涝灾害的影响。

3. 价格总体高位运行　根据 2021 年鲢、鳙市场价格数据分析，2022 年鲢、鳙市场价格将维持高位运行。主要原因：一是随着生活水平的提高，人们更加关注身体健康，绿色生态优质鲢、鳙的需求量逐年增加；二是受通货膨胀的影响，如果鲢、鳙没有出现市场供应量暴涨，价格维持高位运行是必然的现象。

（汤亚斌）

鲤专题报告

一、基本情况

1. 采集点基本情况 2021 年，全国有 8 个省份采集了鲤养殖信息，分别为河北省、辽宁省、吉林省、江苏省、浙江省、山东省、四川省和河南省。

2. 全年养殖情况 根据 2021 年调研结果分析，全国鲤销售呈正常趋势。3 月鲤出塘价格最低，只有 10.08 元/千克，但全国出塘量年度最高，达 2 361.985 吨；6 月鲤出塘价格最高，达到 17.96 元/千克，但全国出塘量较低，只有 48.88 吨；7 月以后价格回落（图 3-5、图 3-6）。受后疫情时代刺激消费等因素的影响，2021 年鲤消费市场表现良好，但饲料价格上涨、土地租金上涨等因素，也导致经营利润被进一步挤压。不断严格的环保政策，也使得鲤养殖面积同比下降。高效环保的养殖新模式，受到越来越多的养殖户欢迎。

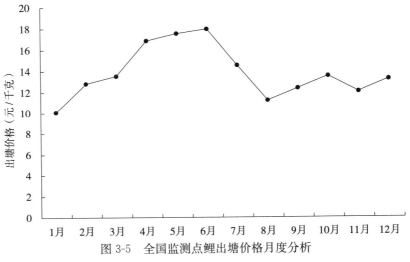

图 3-5　全国监测点鲤出塘价格月度分析

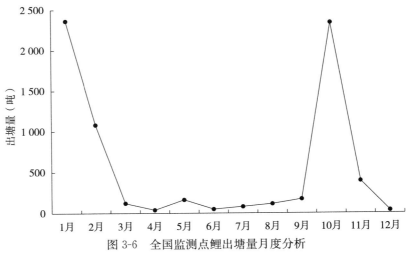

图 3-6　全国监测点鲤出塘量月度分析

3. 采集指标变化情况

（1）出塘量及出塘收入 2021年1—12月，全国采集点共出售商品鲤6 946.41吨，销售收入8 502.99万元。与2020年相比，分别上涨了21.63%和57.29%。虽然销售量还未恢复到2019年的水平，但受价格影响，销售收入已基本持平（表3-5）。

表3-5 近3年鲤出塘量和出塘收入

月份	2021年		2020年		2019年	
	销售量（吨）	销售收入（万元）	销售量（吨）	销售收入（万元）	销售量（吨）	销售收入（万元）
1	2 361.98	2 381.24	464.45	426.36	2 903.25	2 478.85
2	1 080.27	1 384.56	167.60	140.99	758.84	697.09
3	121.29	164.03	41.63	34.66	137.74	132.55
4	39.49	66.60	954.13	886.07	349.21	309.79
5	163.66	287.01	201.99	224.04	395.91	409.37
6	48.88	87.78	77.37	90.43	121.30	132.07
7	80.41	116.87	66.58	75.64	51.81	53.79
8	114.16	128.00	30.74	33.41	157.63	171.45
9	171.55	211.96	614.51	561.83	445.08	453.30
10	2 336.95	3 155.88	2 450.19	2 275.40	3 138.79	2 904.31
11	393.20	473.42	478.38	501.69	559.52	603.26
12	34.57	45.64	163.54	155.53	1 072.70	875.91
合计	6 946.41	8 502.99	5 711.10	5 406.03	10 091.78	8 768.44

（2）出塘价格 2021年鲤塘边价格变化趋势与2019—2020年略有差异，年初和年尾价格偏低，价格高点也在6月，达到17.96元/千克，年度平均价格也是近3年最高（表3-6）。

表3-6 近3年鲤塘边价格变化

单位：元/千克

年份	月份											
	1	2	3	4	5	6	7	8	9	10	11	12
2021	10.08	12.82	13.52	16.87	17.54	17.96	14.53	11.21	12.36	13.5	12.04	13.20
2020	9.80	10.31	8.60	8.60	10.00	9.90	9.90	9.90	9.80	9.60	10.03	10.11
2019	10.66	10.62	10.84	9.19	8.24	10.64	7.43	10.30	9.97	8.78	10.16	9.28

各省份鲤采集点价格显示如表3-7。山东省塘边价格最高，年平均价格为15.67元/千克，最高价格出现在7月，为30元/千克；河北省和江苏省的鲤塘边价格偏低，最低只有9.6元/千克。但2021年总体价格较2020年相比，显著提高。

表3-7 2021年1—12月各省份鲤塘边价格

单位：元/千克

省份	月份												平均单价
	1	2	3	4	5	6	7	8	9	10	11	12	
全国	10.08	12.82	13.52	16.87	17.54	17.96	14.53	11.21	12.36	13.50	12.04	13.20	12.24
河北	9.60	13.42	13.00	0.00	18.00	0.00	15.00	10.00	10.07	12.00	10.00	13.60	10.98
辽宁	11.00	0.00	17.20	18.60	17.20	18.44	18.60	0.00	0.00	13.59	12.28	0.00	13.03
吉林	0.00	0.00	0.00	16.00	17.05	20.00	16.00	14.00	13.59	16.00	0.00	0.00	15.62
江苏	9.84	10.00	0.00	0.00	11.00	0.00	0.00	0.00	0.00	0.00	0.00	0.00	9.95

（续）

省份	月份												平均单价
	1	2	3	4	5	6	7	8	9	10	11	12	
浙江	0.00	0.00	0.00	0.00	0.00	0.00	0.00	0.00	14.00	0.00	0.00	0.00	14.00
山东	10.63	10.90	12.80	14.00	18.44	17.21	30.00	27.40	0.00	10.31	15.00	0.00	15.67
河南	10.76	12.09	0.00	0.00	17.93	16.80	11.20	10.40	10.60	11.70	12.20	0.00	11.78
四川	13.56	12.85	16.00	16.00	24.00	17.22	24.00	24.00	14.20	12.87	12.00	12.00	13.34

（3）生产投入情况　2021 年 1—12 月，采集点鲤生产投入占比见图 3-7。物质投入占 88.38%，服务支出占 8.15%，人力投入占 3.47%。

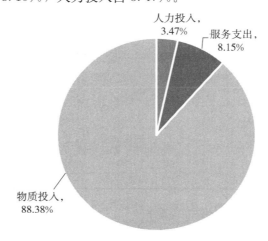

图 3-7　2021 年采集点鲤生产投入占比

（4）生产损失情况　2021 年 1—12 月，采集点鲤受灾损失 250.8 万元。其中，病害损失 150.14 万元，自然灾害损失 99.76 万元，集中在 5—8 月，原因是水温升高，导致鲤病害增加。2021 年 1—12 月，采集点鲤生产损失数据见表 3-8。

表 3-8　2021 年 1—12 月采集点鲤生产损失情况

单位：万元

损失	月份												合计
	1	2	3	4	5	6	7	8	9	10	11	12	
受灾损失	0	0	0	0	27.20	1	43.72	178.88	0	0	0	0	250.80
病害	0	0	0	0	27.20	1	2.20	120.64	0	0	0	0	150.14
自然灾害	0	0	0	0	0	0	41.52	58.24	0	0	0	0	99.76
其他灾害	0	0	0	0	0	0	0	0	0	0	0	0	0

二、结果与分析

1. 养殖成本增加，利润空间压缩　根据近 3 年养殖成本核算，全国平均鲤养殖成本为 10.60 元/千克左右。2019—2020 年受养殖面积压缩、疫情等多种因素影响，鲤养殖基本处于赔钱状态。2021 年，整体水产品价格有所上涨，鲤全国塘边价格平均达到 13.8 元/千克，利润率 23.19%。后疫情时代，人民群众报复性消费造成的市场缺口是原因之一。根据市场表现，这种形势在2022年可能会有所变化。

2. 养殖形势严峻　鲤作为中国餐桌上的常见水产品，一般由各地水产养殖基地直供周边。但受季节变化的影响，南方（四川省、湖北省等）秋冬季节鲤集中出塘，销往北方，导致价格偏低。同时，受政策因素影响，沿黄地区郑州、洛阳等地大面积退养，鲤养殖大量减少，特别是郑州"7·20"洪涝灾害后，上至洛阳、下至开封，养殖户受损惨重。

3. 鲤养殖的地域性特点　受消费习惯和市场供求关系及销售价格的影响，鲤主养和混养都有明显的地域性特点。在沿黄省区，以黄河鲤为主养品种，由于鲤养殖技术稳定成熟、苗种容易获得，市场销售价格每隔几年都有一个高点出现。2021年，鲤出塘价格明显提高，这是多年未出现的情况，极大地激发了鲤养殖户的积极性，多年来高投入、高产量、低效益的鲤养殖方式重新散发出活力，更加促进了养殖户对新技术、新模式的需求。

三、存在的问题

1. 养殖环境恶劣　部分鲤养殖户为追求更高的经济效益，科学养殖意识淡化，对品种、养殖密度、投入品使用等环节漠不关心，造成水质严重恶化，产品质量下降。随着养殖技术的发展，鲤亩产每年都有新的突破，沿黄地区普遍为2 500～5 000千克/亩。高产的背后，付出的是环境代价，如过量的饲料投入，导致未被充分消化吸收的饲料会沉入水体底部。随着时间的推移，沉积物发酵造成缺氧环境，不仅会对鲤养殖产生影响，而且还引起水体发臭，影响整体感观。

2. 养殖病害根除不彻底　在鲤养殖过程中，容易产生多种疾病，如烂鳃病、鳞立病、肠炎等。这种常见疾病起始很容易预防和治疗，但经常由于养殖户操作不当，造成巨大的损失。养殖过程中产生疾病的很大原因是养殖水体的恶化，这样的水体中存在着大量的致病微生物，导致养殖品种产生疾病。养殖户遇到这样的情况，经常是大量的泼洒药物，虽然只是一时解决了病害，但水体进一步恶化，过不了多久又会出现其他的问题，形成恶性循环，最终造成严重后果。

3. 日常管理不到位　个别养殖户为了追求更高的经济效益，增加鲤放养量，在饲养过程中，不能准确把握饲料用量。饲料投喂过量，不能被鱼体完全消化利用，导致养殖成本增加，还会造成水质恶化；而饲料投喂不足，又会导致养殖品种摄食不够，影响正常生长。因此，如何科学合理地进行饲养，是鲤养殖最重要的步骤。

四、鲤养殖趋势及前景预测

鲤是我国广泛养殖、性状优良、市场需求高的品种之一，截至目前，经全国水产原良种审定委员会审定和公布，适宜推广的鲤鱼品种有40个。全国淡水养殖主要鱼类产量中，2017年鲤位居第四，产量300.43万吨；2018年位居第四位，产量296.2万吨；2019年位居第四位，产量288.5万吨产量；2020年位居第四位，产量289.7万吨。

鲤营养丰富，蛋白质含量高，深受广大人民群众的喜爱，是日常餐桌上必备的美味佳肴之一。至2016年，我国鲤淡水养殖产量稳中有升，但近两年由于鲤商品鱼价格一直低迷，养殖形势严峻，养殖产量稳中有降。2019—2020年，呈现持续下降的趋势；2021年，受水产品市场影响，鲤价格上涨，可能激发养殖户的养殖热情。因此2021年后，鲤产量可能会有所上涨。

鲤养殖主要分布在我国的黄河流域、辽宁地区以及部分南方地区，在南方以配套养殖为主。2020 年，辽宁省鲤产量达 31.7 万吨，位居全国首位；其次黑龙江省鲤产量为 22.6 万吨；山东省鲤产量为 20.9 万吨；河南省鲤产量为 20.5 万吨，分别位居第三和第四（图 3-8）。

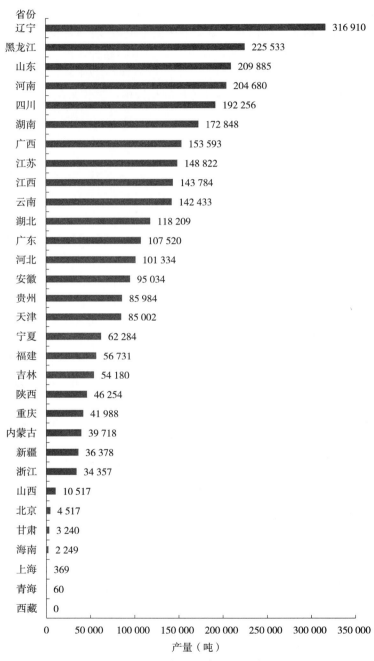

图 3-8　2020 年我国各省份鲤产量

资料来源：《2021 年中国渔业统计年鉴》

五、发展建议

鲤作为大宗淡水鱼的主要品种之一，为满足人民群众对水产品的需求做出了贡献。根据新时期水产养殖业绿色发展要求，结合现代水产健康养殖技术，提出以下鲤养殖业绿色发展意见和建议：①要重视苗种培育，在推广优良品种的同时，坚持不懈地进行品种选育，挑选优良的遗传性状，提高鲤苗种的抗病抗逆能力，改善鱼肉品质，提升经济价值；②要加大新技术、新模式的推广力度，推广科学合理的养殖模式，引导渔民科学养殖，一方面要符合国家环保政策，另一方面提高养殖效率；③要继续深化"品牌"宣传，依次打造区域性、全国性销售品牌，开发吃鱼文化，提高鲤消费观念，拓展市场；④要加大鲤深加工，贴合时代，开发预制菜产品。

（胡建平　郜小龙）

鲫专题报告

2021 年，全国鲫养殖渔情信息采集区域涉及河北、辽宁、吉林、江苏、浙江等 16 个省份的、采集县 52 个、采集点 90 个。

一、生产情况

1. 采集点出塘量、收入同比减少　全国采集点鲫出塘总量为 4 690 939 千克，同比减少 20.35％；出塘收入 7 240.30 万元，同比减少 15.96％。出塘量大幅减少的原因是，采集点及采集面积有所调整，鲫病害暴发严重，造成养殖过程死亡率高（表 3-9）。

表 3-9　2020—2021 年鲫监测点出塘量和收入情况

省份	出塘收入（元）			出塘量（千克）		
	2020 年	2021 年	增减率（％）	2020 年	2021 年	增减率（％）
全国	86 157 503	72 402 998	−15.96	5 889 316	4 690 939	−20.35
江苏	57 434 886	31 233 012	−45.62	3 977 788	2 043 025	−48.64
江西	2 590 991	5 329 271	105.68	124 364	321 955	158.88
湖北	125 680	111 750	−11.08	10 575	7 900	−25.30
湖南	6 650 514	12 522 636	88.30	497 028	890 234	79.11
四川	248 000	186 950	−24.62	12 840	6 600	−48.60
安徽	2 500 981	4 064 260	62.51	158 298	239 730	51.44
浙江	4 107 876	786 698	−80.85	186 202	56 819	−69.49
河南	1 635 000	1 700 000	3.98	98 600	98 900	0.30
山东	106 701	133 090	24.73	12 679	10 735	−15.33

2. 养殖模式发生根本性变化　调研中发现，鲫养殖结构调整明显，以主养鲫为主的地区逐步减少，混养的比例加大，主要与大宗淡水鱼、名特优鱼类及虾蟹类等其他名特优水产品混养。以广东地区为例，采用草鱼、罗非鱼、鲫混养模式，鲮、鲫、鳙混养模式，南美白对虾、罗氏沼虾、鲫混养模式，加州鲈、鲫混养模式，原鲫与其他品种混养模式中，鲫苗种投放比例呈减少的态势；以江苏地区为例，以前混养模式多是以草鱼、鲫混养，银鲫的放养为 1 000 尾/亩，现在逐渐减少到 300～400 尾/亩，同时，选择草鱼、黄金鲫和草鱼、鲫鱼混养的比例在上升。多品种养殖模式的出现，主要是挖掘养殖水体潜力，提高养殖效益，增强抵御市场风险的能力。也有养殖户转养湘云鲫、黄金鲫等，杂交品种黄金鲫抗病能力和长速优势明显，养殖户转养很快，但黄金鲫口感、售价远不及银鲫，市场接受程度不高。可见，银鲫为主导的价格体系仍会高位运行。

3. 综合出塘价格同比上涨　采集点数据显示，鲫 1—12 月全国综合出塘价格为 15.44 元/千克，同比上涨 5.11％；7 月全国综合出塘价格为 20.65 元/千克，同比上涨 12.96％。从全国采集数据分析，海南、四川和吉林单价最高，分别为 18.71 元/千克、28.33 元/千克、19.93 元/千克；河北、浙江和山东单价最低，分别为 12.14 元/千克、

13.85元/千克、12.4元/千克；吉林、福建、广西和四川单价涨幅最大，分别为36.13％、24.42％、41.4％和46.71％（表3-10）。

表3-10　2020—2021年鲫监测点出塘价格情况

省份	出塘价格（元/千克）		
	2020年	2021年	增减率（%）
全国	14.69	15.44	5.11
河北	9.79	12.14	24.00
辽宁	15.29	14.21	−7.06
吉林	14.64	19.93	36.13
江苏	14.44	15.29	5.89
浙江	22.06	13.85	−37.22
安徽	15.80	16.95	7.28
福建	14.29	17.78	24.42
江西	20.83	16.55	−20.55
山东	10.42	12.40	19.00
河南	16.58	17.19	3.68
湖北	11.88	14.15	19.11
广东	16.05	16.45	2.49
广西	12.63	17.86	41.41
海南	17.97	18.71	4.12
四川	19.31	28.33	46.71
湖南	13.38	14.07	5.16

全年鲫价格呈过山车式波动。分析原因：①养殖面积减少，各地出于环保目的，不断扩大禁限养区范围，大面积拆除围栏和网箱等大宗淡水鱼养殖设施。②养殖结构调整，鲫混养比例加大及转产增加，导致实际养殖数量减少。③季节性供应偏紧，就养殖周期来看，投放鱼苗后，经过约4个月的成长，达到成鱼规格后出塘销售，因此，3月起出塘量相对较少。同时，2021年春节前鱼价处于高位，不少养殖户在年前集中清塘上市，也造成后期市场上供应量偏紧。④病害发生严重。近年来，湖北、江苏、珠三角等主产区鲫病害频发且死亡率高，导致产量下降。⑤养殖成本上升。在需求带动和疫情影响的多重作用下，国际大豆、玉米价格持续上涨，水产饲料价格水涨船高，推动大宗淡水鱼养殖饲料成本增加，防治病害的成本和池塘水质修复成本也有不同程度地上涨。鲫价格上涨一直到7月达到高峰期，9月上旬秋鱼上市后价格才慢慢回落，11—12月企稳但依然高于2020年同期。

4. 养殖成本呈上升趋势　2021年1—12月，全国采集点数据显示：鲫养殖投入成本7 536.85万元，同比增长15.74％。分为物质投入6 565.42万元、服务支出399.50万元、人力支出571.93万元。其中，占比较大的养殖成本为饲料费4 723.31万元，同比增长25.34％；苗种费1 162.58万元，同比增长1.16％；人力投入571.93万元，同比增长

14.46 %；塘租费 369.21 万元，同比减少 1.25%；固定资产折旧费 265.16 万元，同比减少 0.84%。

根据调查，大部分省份苗种价格均有所上涨，上涨 5%～10%，个别地区甚至达到 20%以上。养殖池塘租金呈现下降趋势，特别是异育银鲫主产区的塘租出现了明显的下降，一般达到 10%左右。配合饲料受国际市场主要饲料原料成本的上涨，与 2020 年同期相比，饲料平均每吨上涨 200～300 元。其他成本与 2020 年相比，变化不大。

5. 病害及自然灾害频发，经济损失严重 从全国监测点情况来看，鲫从 2019 年起，大红鳃、鳃出血病、孢子虫等病害蔓延，4—5 月放苗后死亡率高，江苏、湖北、珠三角等主产区养殖产量持续下滑。据 2021 年江苏省病害测报数据，监测面积 5 570.54 公顷，总发病面积 1 770.78 公顷，总发病率 31.79%，主要是大红鳃、鳃出血病、造血器官坏死病、孢子虫等病害。调研中发现，有的塘口死亡率甚至达 100%。在发病区域中，冻死的鲫占比达 26.25%。江苏省上半年苗种投放后，死亡率高达 50%～60%。2021 年，河南、山东等地区水灾，还有广西梧州地区疑似水体污染等不明原因的死鱼事件，造成损失较大。

二、2022 年生产形势预测

从全国鲫养殖生产形势分析，鲫产业链条已经十分完善，江苏、湖北、广东等主产区基本可满足全国消费需求。近年来，三大主产区均受鳃出血、大红鳃、孢子虫等病害困扰。鲫产业格局已经发生转变，产量的恢复性增长需要一个周期。预测未来较长时间内，鲫供应仍持续紧缺，价格持续乐观。

建议各级政府渔业主管部门、水产科学研究院所、高校、养殖龙头企业加大研发，应对鲫病害难题。全国鲫产业正面临关键性转型，一旦突破，前景十分可期。

（王明宝）

罗非鱼专题报告

一、主产区分布及总体情况

罗非鱼养殖区域主要集中在南方，包括广东、广西和海南，大部分商品鱼经加工后出口其他国家和地区。罗非鱼养殖主要采用投喂人工配合饲料的精养方式，养殖模式主要有普通池塘精养、大水面池塘精养等。

2021年，全国罗非鱼养殖渔情测报工作在3个罗非鱼主产区设置了11个采集点。其中，广东省6个、广西壮族自治区2个、海南省3个，与2020年相比，信息采集点减少4个。

2021年，渔情采集点罗非鱼综合单价为8.86元/千克，与2020年相比，增长了12.72%；出塘量15 498.90吨、销售收入13 728.72万元，分别较2020年增长4.17%和17.46%。总体来讲，2021年全国罗非鱼生产状况良好，市场供应充足，市场价格上扬，生产企业积极性提高。

二、生产形势及特点

2021年，采集点罗非鱼销售总额13 728.72万元，生产投入11 510.57万元，各类补贴36.50万元，灾害损失约0.63万元（表3-11）。

表3-11 全国罗非鱼采集点生产情况

单位：万元

| 省份 | 销售额 | 生产投入 | | | | 补贴收入 | 受灾损失 |
		总投入	物质投入	服务支出	人力投入		
全国	13 728.72	11 510.57	10 620.67	405.74	484.16	36.50	0.63
广东	7 630.11	5 468.41	4 994.46	161.16	312.78	0.00	0.00
广西	175.38	157.01	140.57	4.36	12.08	0.00	0.63
海南	5 923.23	5 885.15	5 485.63	240.22	159.30	36.50	0.00

1. 生产投入加大，饲料占比较高 2021年，罗非鱼生产投入11 510.57万元，较2020年增长21.97%。生产成本中，饲料费9 115.49万元，占比79.19%；塘租费786.40万元，占比6.83%；人工费484.16万元，占比4.21%；苗种费投入606.72万元，占比5.27%；其他各类费用517.80万元，占比4.50%。全国采集点罗非鱼生产投入费最多的是海南省，为5 885.15万元；其次是广东省，为5 468.41万元；广西壮族自治区为157.01万元（图3-9）。

2. 投苗、投种费用翻倍 2021年，全国罗非鱼采集点投苗4 530.44万尾、投种7 500千克，总费用606.72万元，较2020增加101.58%。2021年，投苗、投种总费用最多的是海南省，为436.28万元；其次是广东省，为158.70万元，广西壮族自治区为11.74万元（表3-12）。

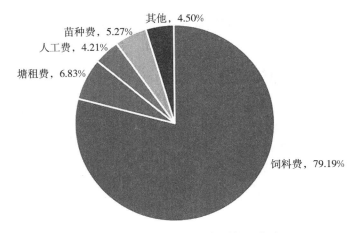

图 3-9 罗非鱼生产成本各项投入占比

表 3-12 罗非鱼采集点投苗、投种情况

省份	投苗、投种总金额（万元）	投苗		投种	
		数量（万尾）	金额（万元）	重量（千克）	金额（万元）
全国	606.72	4 530.44	594.82	7 500.00	11.90
广东	158.70	1 648.00	153.10	4 000.00	5.60
广西	11.74	11.70	5.44	3 500.00	6.30
海南	436.28	2 870.74	436.28	0.00	0.00

与 2020 年（2 721.20 万尾）相比，2021 年的投苗量增加 66.49%，但是费用翻倍。主要是由于疫情影响减少，生产复苏，生产主体积极性提高，市场需求旺盛，苗种供应紧张，市场价格上涨。

3. 商品鱼产量小幅增加，市场价格上扬 2021 年，全国采集点销售罗非鱼 15 498.90 吨，销售额 13 728.72 万元，与 2020 年相比，分别增加 4.17% 和 17.46%。其中，产量最高的是广东省，出塘量 8 561.25 吨，销售额 7 630.11 万元；其次是海南省，出塘量 6 774.60 吨，销售额 5 923.23 万元（表 3-13）。

表 3-13 2020—2021 年罗非鱼销售情况

省份	出塘量（吨）			销售额（万元）		
	2020 年	2021 年	增减率（%）	2020 年	2021 年	增减率（%）
全国	14 877.75	15 498.90	4.17	11 687.82	13 728.72	17.46
广东	7 732.15	8 561.25	10.72	6 246.13	7 630.11	22.16
广西	117.05	163.05	39.30	104.56	175.38	67.73
海南	7 028.55	6 774.60	−3.61	5 337.13	5 923.23	10.98

2021 年，全国罗非鱼采集点综合单价 8.86 元/千克，与 2020 年（综合单价 7.86 元/千克）相比，增长了 12.72%。2021 年，全国罗非鱼采集点成鱼出塘价格最高的是广西壮族自治区，综合单价为 10.76 元/千克；其次是广东省，综合单价为 8.91 元/千克；

最低是海南省，综合单价为8.74元/千克。

2021年，罗非鱼价格上扬，全年呈现出先抑后扬的趋势，全国综合单价基本维持在8.48~9.38元/千克（图3-10）。

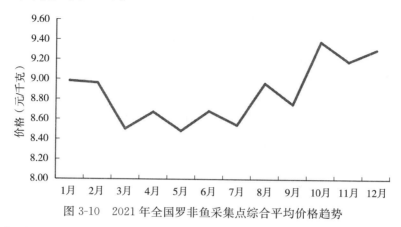

图3-10 2021年全国罗非鱼采集点综合平均价格趋势

4. 灾害损失少 2021年，全国罗非鱼采集点产量灾害损失合计61千克，经济损失合计0.63万元。

总体来看，罗非鱼养殖技术比较成熟，灾害损失少。

三、存在的主要问题与建议

1. 罗非鱼主要依赖外销，国内消费市场兴起 我国罗非鱼出口产品主要销往欧美国家，但由于国际市场受各种因素影响较大，往往变幻无常，需要积极开拓稳定的国内市场。罗非鱼产业需要转型，利用好中国庞大的消费市场，解决销路问题，加快与餐饮业融合，研发热销品，寻找内销市场增长点。

近年来，我国罗非鱼产量持续回增，但外销却逐年减少，主要是由于国内市场开始发展起来。部分外销型水产加工企业转型为内销过半的食品供应链平台，逐渐打造自有品牌；广东省吴川市大力发展烤鱼产业，加速整合全产业链，大力推广"吴川烤鱼"品牌；随着脆肉罗非鱼饲料的成功研发和规模化养殖的成功，脆肉罗非鱼一跃成为水产养殖的新宠，特别是在珠三角、云贵川等市场，供不应求，广西、福建、江西、浙江等地也开始形成了良好的养殖规模。

2. 养殖尾水治理有待提高，倡导绿色发展 目前，罗非鱼养殖技术比较成熟，门槛低，大多数地区以龙头企业为中心，向周边辐射带动农户发展。由于农户分布零散，生产随意性大，养殖尾水排放是目前比较突出的问题。与此同时，由于池塘布局不合理，养殖用水成为产业发展的一大难题，诸多地方严重缺水，只能依靠下雨；养殖生产行为并不规范，缺乏对养殖尾水的净化处理，造成养殖环境的日益恶化，增加养殖病害发生风险。

全国各地养殖水域滩涂规划编制和发布基本完成，需更进一步加强养殖尾水治理工作，不追求高、大、上，因地制宜，建设养殖尾水处理设施，减少环境污染。随着农业农村部、生态环境部、自然资源部等十部委《关于加快推进水产养殖业绿色发展的若干意见》印发，渔业绿色发展不再是概念，生态健康养殖模式逐渐发展成为水产养殖的主流方式。标准化生产企业要起到带头作用，辐射带动周边渔业生产走向标准化、产业化，建立一套可操作性强的健康养殖技术体系，提高产品质量；政府部门需要加强对罗非鱼产品的质量安全监管，建立健全水产品质量安全检测制度。

3. 外来物种影响水域生态，加强罗非鱼监测与防控　罗非鱼产业的发展带来了经济效益，也影响了诸多水域生态。罗非鱼原产于非洲，生长适应性强，引进国内后，由于人为放生、人为丢弃、养殖逃逸以及其他人为干扰等因素，造成大范围扩散。近年来，罗非鱼已逐渐成为我国南方水域的常见种，在珠江流域、海南岛诸河、华南沿海诸河等水系均有分布，在部分河段甚至成为鱼类群落中的优势种，有的水域罗非鱼的资源量甚至超过了其他鱼类的总和。罗非鱼的扩散和入侵，不仅降低了渔业捕捞量和渔民收入，也给生物多样性以及水生生物系统的结构和功能构成了严重的威胁。因此，在加强养殖管理的情况下，加强罗非鱼监测与防控技术开发，保护水生态环境，保护水生生物多样性。

四、2022 年生产形势预测

1. 罗非鱼价格将小幅上涨　2022 年，受寒潮影响，部分地区罗非鱼养殖和苗种繁育受灾严重，罗非鱼苗种生产将延迟，苗种价格上涨，商品鱼价格将会小幅上涨，渔民增收形势将有所改善。

2. 罗非鱼链球菌病将持续影响产业发展　罗非鱼链球菌病将会长期存在，并影响产业发展。在夏季高温时段，生产和管理欠规范的养殖户易暴发罗非鱼链球菌病，特别是高密度养殖的生产单位，应注意做好防范和安全处置。

（骆大鹏）

黄颡鱼专题报告

2021年，全国黄颡鱼养殖渔情信息采集区域涉及江苏、浙江、安徽、江西、湖北、广东、四川和湖南8个省份，共有23个采集点，养殖面积9 058亩。与2020年相比，增加了1个采集点（江苏省射阳县康宇水产技术有限公司），增加养殖面积200亩。

一、生产情况

1. 销售情况

（1）出塘量和销售额　各采集点全年黄颡鱼出塘量2 634.15吨，销售额6 141.18万元，除去2021年新增采集点外，出塘量为2 431.11吨，销售额5 527.49万元。与2020年相比，出塘量和销售额同比增长16.90%和16.52%。从地区来看，浙江省出塘量和销售额最高，分别是914.87吨和1 936.58万元。全国黄颡鱼采集点2020年和2021年出塘量、销售额对比情况见表3-14。从时间来看，10—12月是黄颡鱼出塘量高峰，平均出塘量达到423.36吨，平均销售额达到942.42万元。1—12月，全国黄颡鱼采集点2020年和2021年出塘量、销售额占比情况见表3-15。

表 3-14　2020—2021年全国黄颡鱼采集点出塘量和销售额对比

省份	出塘量（吨）		增长率（%）	销售额（万元）		增长率（%）
	2020 年	2021 年		2020 年	2021 年	
江苏	0	203.04	—	0	613.69	—
浙江	522.52	914.87	75.09	1 233.26	1 936.58	57.03
安徽	307.60	285.70	−7.12	854.42	809.06	−5.31
江西	386.49	522.45	35.18	940.31	1 245.27	32.43
湖北	47.98	63.30	31.93	97.53	140.85	44.42
广东	333.25	225.20	−32.42	678.40	473.02	−30.27
四川	326.83	332.64	1.78	641.47	727.68	13.44
湖南	155.04	86.95	−43.92	298.33	195.04	−34.62
合计	2 079.71	2 634.15	26.66	4 743.72	6 141.18	29.46

注：出塘量和销售额的增长率在剔除2021年新增采集点后分别为16.90%和16.52%。

表 3-15　2020—2021年1—12月全国黄颡鱼采集点出塘量和销售额对比

月份	出塘量（吨）		增长率（%）	销售额（万元）		增长率（%）
	2020 年	2021 年		2020 年	2021 年	
1 月	196.69	252.39	28.32	471.02	508.24	7.90
2 月	111.42	227.37	104.07	277.16	506.54	82.76
3 月	145.47	108.43	−25.46	347.06	266.38	−23.25
4 月	117.47	102.68	−12.59	280.45	264.41	−5.72
5 月	68.34	185.72	171.76	144.26	525.49	264.27
6 月	122.17	126.47	3.52	291.1	362.7	24.60
7 月	162.28	47.57	−70.69	296.99	114.09	−61.58
8 月	69.85	210.34	201.13	158.95	500.65	214.97

（续）

月份	出塘量（吨）		增长率（%）	销售额（万元）		增长率（%）
	2020 年	2021 年		2020 年	2021 年	
9 月	208.07	103.12	−50.44	528.24	244.42	−53.73
10 月	288.56	293.21	1.61	702.89	719.33	2.34
11 月	308.41	415.95	34.87	649.57	989.19	52.28
12 月	280.94	560.93	99.66	596.04	1 139.74	91.22
合计	2 079.71	2 634.15	26.66	4 743.72	6 141.18	29.46

（2）出塘价格 采集点全年综合平均出塘价格 23.31 元/千克，同比增长 2.19%。从地区看，江苏省综合平均出塘价格最高，为 30.22 元/千克；安徽省位列第二，平均价格为 28.32 元/千克。全国黄颡鱼采集点平均出塘价格 6 月达到监测期内峰值，为 28.68 元/千克。全国黄颡鱼采集点平均出塘价格见图 3-11。1—12 月全国黄颡鱼采集点平均出塘价格情况见图 3-12。

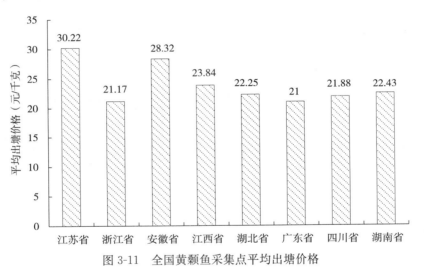

图 3-11 全国黄颡鱼采集点平均出塘价格

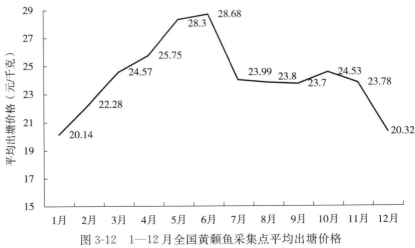

图 3-12 1—12 月全国黄颡鱼采集点平均出塘价格

2. 生产投入情况　黄颡鱼采集点全年生产投入共计 4 753.29 万元。其中，物质投入、服务支出、人力投入分别为 4 069.76 万元、390.66 万元、292.87 万元，占比分别为 85.62%、8.22%、6.16%。全国黄颡鱼采集点生产投入占比见图 3-13。

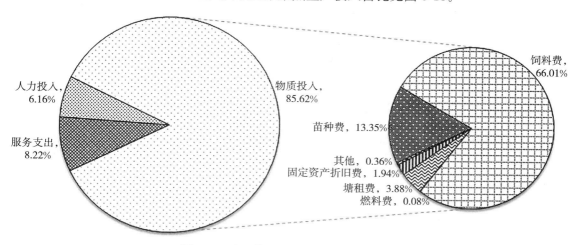

图 3-13　全国黄颡鱼采集点生产投入占比

（1）物质投入　采集点全年物质投入共计 4 069.75 万元，是生产投入的主要组成部分，占比 85.62%。其中，苗种费和饲料费分别为 634.38 万元和 3 137.66 万元，占比分别为 13.35% 和 66.01%。与 2020 年相比，苗种费和饲料费分别增长 92.95%、39.74%。

（2）服务支出　采集点全年服务支出共计 390.66 万元，占生产投入的 8.22%。其中，以电费和防疫费为主，分别为 259.69 万元和 120.58 万元。与 2020 年相比，分别增长了 6.23% 和 18.85%。

（3）人力投入　采集点全年人力支出共计 292.87 万元。其中，雇工、本户（单位）人员费用分别为 180.98 万元、111.89 万元，分别占比为 61.80%、38.20%。

（4）苗种投入　2021 年，全国黄颡鱼采集点投苗共 110.42 亿尾、投种 66.8 吨，分别为 2020 年的 2.75 倍和 3.34 倍。

（5）受灾损失　2021 年，黄颡鱼受灾经济损失共计 32.95 万元，均为病害经济损失。与 2020 年相比，全国黄颡鱼采集点受灾经济损失下降了 55%。

二、2021 年渔情分析

1. 养殖效益良好　2021 年，全国黄颡鱼采集点的销售量、销售额和出塘价格均呈现上升现象。出塘旺季集中在 10—12 月，出塘淡季在 3—4 月。其中，7 月出塘价格有明显下降，7 月的出塘量和销售额也因此降低，养殖户有压塘意向。除浙江省外，其余采集省份均有收益。分析原因，浙江省黄颡鱼采集点为混养，所报生产投入数据为混养品种总投入，而销售收入仅为黄颡鱼收入。

2. 生产成本增加　黄颡鱼采集点数据显示，生产投入呈现明显上升趋势，主要表现在苗种费和饲料费，投放金额较 2020 年分别上升了 92.95% 和 39.74%。一方面是长江十年禁渔等政策影响；另一方面消费者对黄颡鱼等名优品种的需求量有所增加，引起出塘价格上涨，养殖户生产积极性提高，增大投苗量。饲料成本的上涨，也导致生产投入的增加。需要注意的是，随着养殖量增加，2022 年的黄颡鱼市场竞争将会更趋激烈，需警惕后续行情回落。

3. 受灾损失降低　2020 年，受不明病害和天气影响，全国黄颡鱼养殖生产出现严重损失；2021 年，全国黄颡鱼采集点的受灾损失呈现大幅度回落。说明随着水产技术推广工作的不断深入，各养殖主体水生动物疫病的防控意识、养殖技术也不断提高，因此，病害损失有明显减少。

三、2022 年生产形势预测

1. 价格稳中有涨　随着新冠肺炎疫情防控进入常态化，加上旺盛的市场需求，黄颡鱼的流通和消费将会出现上升。经历了 2021 年年底的出塘高峰，2022 年上半年存塘量有限，市场处于供不应求状态，预计黄颡鱼价格可能会出现稳定上涨，随着下半年出塘量增加，价格会有一定回落。同时，饲料价格、劳动力等成本也在不断上涨，养殖户的利润空间将缩减。

2. 预防病害暴发　近年来，多地暴发黄颡鱼大面积不明原因死亡，损失惨重。2022年，黄颡鱼养殖仍面临着病害威胁。因此，应注意加强饲养管理，做好水质管理、科学投饵，加强监测预警等预防措施，科学防治养殖病害。

（莫茜　王俊）

鳜专题报告

一、基本情况

全国有 3 个省份设置了以鳜养殖为主的生产信息采集点，分别为安徽省、广东省和湖南省。其中，安徽省有 4 个采集点、广东省有 3 个采集点、湖南省有 3 个采集点；部分省份养殖主体将鳜作为配养品种，也有信息采集。

二、生产情况

1. 采集点养殖情况

（1）鳜苗种投放与商品鱼出塘情况　2021 年，全国渔情信息采集点鳜苗种投入费用共 232.32 万元，同比增加 33.34%；商品鱼出塘量 424.06 吨，同比减少 7.01%；商品鱼销售收入 2 976.73 万元，同比增加 28.77%；所采集鳜的出塘综合价格为 70.20 元/千克，同比上升 38.49%。

（2）生产投入情况　2021 年，鳜采集点生产总投入 1 665.08 万元，同比增加 3.14%；物质投入 1 309.61 万元，同比增加 2.21%。其中，苗种费 232.32 万元，同比增加 33.34%；饲料费 947.98 万元，同比增加 3.59%；燃料费等 0.95 万元，同比减少 61.12%；塘租费 111.40 万元，同比减少 38.39%；防疫费 37.98 万元，同比减少 7.94%；人力投入 166.04 万元，同比增加 5.44%；固定资产折旧费 7.03 万元，同比增加 28.11%；保险费 1.00 万元，同比增加 400%。

（3）生产损失情况　2021 年，鳜采集点病害造成损失 6.05 万元，同比增加 15.31%；未发生自然灾害损失；其他灾害造成水产品损失 0.34 万元，同比减少 87.68%。

2021 年，采集点经济损失 6.38 万元，同比减少 96.69%（表 3-16）。

表 3-16　2020—2021 年鳜生产情况对比

项目	金额（元）		
	2020 年	2021 年	增减率（%）
一、生产与销售	—		—
销售情况（合计）	23 115 896	29 767 256	28.77
二、生产投入	16 143 214	16 650 847	3.14
（一）物质投入	12 813 473	13 096 085	2.21
1. 苗种投放费	1 742 336	2 323 220	33.34
投苗情况	1 742 336	1 962 920	12.66
投种情况	0	360 300	
2. 饲料费	9 150 922	9 479 752	3.59
原料性饲料	3 449 804	3 900 680	13.07
配合饲料	548 129	587 800	7.24
其他	5 152 989	4 991 272	−3.14
3. 燃料费	24 426	9 498	−61.12

（续）

项目	金额（元）		
	2020 年	2021 年	增减率（％）
柴油	680	1 280	88.24
其他	23 746	8 218	−65.39
4. 塘租费	1 808 282	1 114 012	−38.39
5. 固定资产折旧	54 847	70 265	28.11
6. 其他	32 660	99 338	204.16
（二）服务支出	1 755 049	1 894 393	7.94
1. 电费	1 003 772	1 174 342	16.99
2. 水费	263 218	201 960	−23.27
3. 防疫费	412 556	379 811	−7.94
4. 保险费	2 000	10 000	400
5. 其他费用	73 503	128 280	74.52
（三）人力投入	1 574 692	1 660 369	5.44
1. 雇工	500 836	380 160	−24.09
2. 本户（单位）人员	1 073 856	1 280 209	19.22
三、各类补贴收入	0	0	
四、受灾损失	1 929 997	63 828	−96.69
1. 病害	52 437	60 466	15.31
2. 自然灾害	1 850 000	0	−100
3. 其他灾害	27 560	3 362	−87.80

（4）生产投入构成情况 从 2021 年生产投入构成来看，投入比例大小依次为饲料费占 56.93％，苗种费占 13.95％，人力投入费占 9.97％，电费占 7.05％，塘租费占 6.69％，防疫费占 2.28％，水费占 1.21％，固定资产折旧费占 0.42％，保险费占 0.06％，燃料费占 0.06％（图 3-14）。

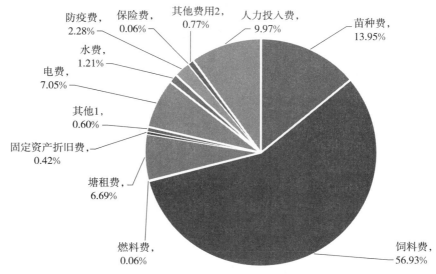

图 3-14 2021 年鳜采集点生产投入情况

（5）2021 年水产品价格特点　采集点鳜 2021 年全年价格（除 8 月以外）有 11 个月出塘价格明显高于 2020 年同期水平。因为蟹鳜混养模式中，鳜集中上市时间为 1 月，出塘价格低于 50 元/千克；其他月份均高于 50 元/千克。其中，6 月和 7 月出塘价格更是超过 100 元/千克（图 3-15）。

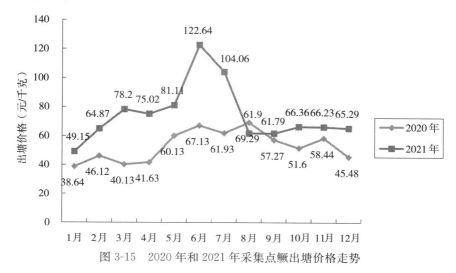

图 3-15　2020 年和 2021 年采集点鳜出塘价格走势

2. 2021 年渔情分析

（1）饲料费和苗种费占生产投入比重超过 70%　从 2021 年鳜生产投入构成来看，饲料费和苗种费两项合计占比 70.88%，仅饲料费一项占比达 56.93%。

从 2020 年鳜生产投入构成来看，饲料费和苗种费两项合计占比 67.48%，饲料费一项占比为 56.69%。

从 2021 年和 2020 年的生产投入对比来看，饲料费在生产投入上占绝对的第一位，所占比例均超过 50%，这与鳜以摄食活饵料鱼为主的生物学特性密切相关；2021 年，苗种费所占比例较 2020 年高 3.16%；2021 年电费所占比例较 2020 年高 0.83%，主要原因是为维持较好的水质，鳜养殖过程中增氧机使用时间增长，导致电费增加。

（2）苗种费用大幅增加的主要因素　2021 年，鳜采集点苗种投入费用共 232.32 万元，比 2020 年的 174.23 万元同比增加 33.34%。主要原因来自以下几个方面：一是鳜商品鱼市场价格走高，导致对优质鳜苗种需求增加，拉动苗种价格上涨所致；二是鳜养殖经济效益明显，推动鳜苗种投放密度加大和养殖面积的扩大；三是 2020 年部分苗种繁育基地鳜病害较为严重，苗种体质较弱，规格苗种培育成活率较低，优质鳜苗种供应偏紧；四是总体物价通货膨胀的传导作用，水涨船高，苗种价格也随之上涨。

（3）水产品损失减少的主要措施　2021 年，采集点鳜经济损失 6.38 万元，比 2020 年的 193.00 万元同比减少 96.69%。水产品损失大幅减少的主要措施有：一是科学养殖用药行动深入到渔业生产一线，鳜病害预防工作做得好，减少鳜因病害造成水产品的损失；二是用于投喂鳜的饵料鱼科学养殖水平提高，减少了饵料鱼病原性的传播；三是鳜新品种和优质苗种得以推广应用，鳜养殖过程中的抗病应急能力提升。

（4）鳜价格以上涨为主基调　采集点鳜 2021 年全年有 11 个月（除 8 月以外）价格明

显高于 2020 年同期水平，全年鳜价格以上涨为主基调，仅 1 月因为蟹鳜混养，鳜集中上市价格低于 50 元/千克。

（5）养殖盈亏情况　所有鳜监测点合计养殖面积为 3 267 亩（包括主养和套养）。2021 年，商品鱼出塘量 424.06 吨，按照简单平均法计算，平均每亩出售鳜商品鱼 129.80 千克；商品鱼销售收入 2 976.73 万元，平均每亩销售收入为 9 111.51 元；采集点生产总投入 1 665.08 万元，也即是生产总成本，平均每亩成本为 5 096.66 元；总利润为 1 311.65万元，平均亩利润为 4 014.85 元，投入产出比为 1∶1.79。从鳜采集点的情况来看，养殖盈利较为丰厚，投入产出比较高。

三、2022 年生产形势预测

1. 鳜商品鱼出塘价格　2021 年，鳜出塘价格整体以上涨为主，必然引发社会各方对鳜产业的追逐。特别是鳜生产投资规模在 2022 年肯定会扩大，但受制于鳜优质苗种数量限制，鳜养殖对水环境条件要求较高，养殖过程中技术难点较多，饵料鱼的配套供应和价格上涨等因素的限制，预测 2022 年鳜总产量将稳步上升，出塘价格呈现稳中有涨的趋势。

2. 鳜颗粒饲料使用　随着 2021 年鳜配合颗粒饲料养殖鳜试验取得成功，展望 2022 年会有更多的养殖企业进行尝试。但鳜颗粒饲料养殖模式刚开始破冰之旅，该模式试验示范推广还有很长的路要走。

（奚业文）

加州鲈专题报告

一、基本情况

全国有3个省份设置了以加州鲈养殖为主的信息采集点，分别为广东省、浙江省和福建省。其中，广东省有4个采集点、浙江省有2个采集点、福建省有1个采集点，7个采集点面积1 930亩；部分省份加州鲈作为配养品种，也有信息采集。

二、生产情况

1. 采集点养殖情况

（1）苗种投放与商品鱼出塘情况　2021年，全国渔情信息采集点加州鲈苗种投入费用共833.63万元，同比增加58.81%；商品鱼出塘量2 734.33吨，同比增加166.57%；商品鱼销售收入7 548.45万元，同比增加143.22%；所采集加州鲈的出塘综合价格为27.61元/千克，同比减少8.76%。

（2）生产投入情况　2021年，采集点生产总投入5 013.95万元，同比减少12.00%；物质投入4 434.30万元，同比减少14.64%。其中，苗种费833.63万元，同比增加58.81%；饲料费3 175.44万元，同比减少26.67%；塘租费330.90万元，同比增加7.63%；电费173.64万元，同比增加13.61%；水费4.59万元，同比增加10 106.67%；防疫费72.21万元，同比减少15.55%；人力投入291.32万元，同比增加38.00%；固定资产折旧费90.01万元，同比增加429.09%；2021年保险费3.39万元。

（3）生产损失情况　2021年，采集点病害造成损失38.41万元，同比增加72.31%；自然灾害损失为0，其他灾害造成水产品损失0。

2021年，采集点经济损失38.41万元，同比增加35.41%（表3-17）。

表3-17　2020年和2021年加州鲈生产情况对比

项目	金额（元）		
	2020年	2021年	增减率（%）
一、生产与销售销售情况（合计）	31 035 725	75 484 515	143.22
二、生产投入	56 974 975	50 139 450	−12.00
（一）物质投入	51 948 893	44 342 968	−14.64
1. 苗种投放	5 249 117	8 336 306	58.81
投苗情况	4 929 617	8 289 474	68.16
投种情况	319 500	46 832	−85.34
2. 饲料	43 304 507	31 754 361	−26.67
原料性饲料	9 980 460	3 397 276	−65.96
配合饲料	33 317 771	28 347 325	−14.92
其他	6 276	9 760	55.51
3. 燃料	100	100	0

（续）

项目	金额（元）		
	2020 年	2021 年	增减率（%）
柴油	0	0	
其他	100	100	0
4. 塘租费	3 074 340	3 309 000	7.63
5. 固定资产折旧	170 120	900 084	429.09
6. 其他	150 709	43 117	−71.39
（二）服务支出	2 915 093	2 883 252	−1.09
1. 电费	1 528 330	1 736 364	13.61
2. 水费	450	45 930	10 106.67
3. 防疫费	855 047	722 095	−15.55
4. 保险费	0	33 900	
5. 其他费用	531 266	344 963	−35.07
（三）人力投入	2 110 989	2 913 230	38.00
1. 雇工	1 104 570	1 032 290	−6.54
2. 本户（单位）人员	1 006 419	1 880 940	86.89
三、各类补贴收入	0	0	
四、受灾损失	283 648	384 080	35.41
1. 病害	222 898	384 080	72.31
2. 自然灾害	0	0	
3. 其他灾害	60 750	0	−100

（4）生产投入构成情况　从 2021 年生产投入构成来看，投入比例大小依次为饲料费占 63.33%，苗种费占 16.63%，塘租费占 6.60%，人力投入费占 5.81%，电费占 3.46%，防疫费占 1.44%，水费占 0.09%，固定资产折旧费占 1.80%，保险费占 0.07%，燃料费占 0.00%（图 3-16）。

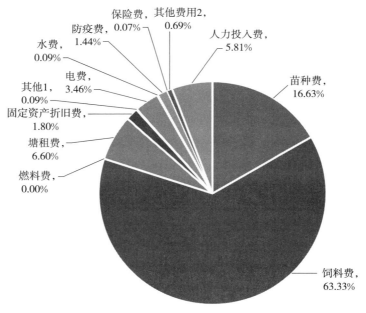

图 3-16　2021 年加州鲈采集点生产投入情况

（5）2021年水产品价格特点 采集点2021年1—4月和7—9月，合计7个月出塘价格显著低于2020年同期水平；5—6月和10—12月，合计5个月出塘价格略高于2020年同期水平。2021年最高出塘价格为35.19元/千克，最低出塘价格为20.39元/千克，综合出塘单价为27.61元/千克。

2020年，最高出塘价格为50.58元/千克，最低出塘价格为19.84元/千克，综合出塘单价为30.26元/千克（图3-17）。

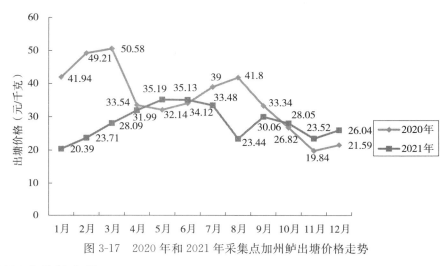

图3-17 2020年和2021年采集点加州鲈出塘价格走势

2. 2021年渔情分析

（1）饲料费和苗种费占生产投入的比重超过70% 从2021年生产投入构成来看，饲料费和苗种费两项合计占比79.96%，仅饲料费一项占比达63.33%。

（2）2021年饲料费明显降低的主要因素 2021年，加州鲈采集点饲料费共3 175.44万元，同比减少26.67%。主要原因来自以下几个方面：一是全国科研、教学、生产企业和推广等单位的持续研究，对加州鲈生物学特点和习性了解逐渐加深，建立在加州鲈营养学基础上的配合饲料容易被加州鲈摄食和吸收，加州鲈配合饲料替代率明显提升，有些采集点全程投喂配合饲料，与冰鲜鱼等相比，使用配合饲料成本大大降低；二是加州鲈采集点落实水产绿色健康养殖"五大行动"取得成效，即选择优质抗病生长速度快的大规格加州鲈苗种，合理确定加州鲈密度，采取池塘生态健康养殖模式，对养殖池塘进行标准化改造，合理布局尾水治理区域或设备，使养殖用水更符合加州鲈生长的需要，科学减量用药，使加州鲈的饲料系数降低，饲料的转化效率更高。

（3）水产品损失增加的主要原因 2021年，采集点经济损失38.41万元，同比增加35.41%。水产品损失大幅增加的主要原因有：一是加州鲈优质苗种不能满足养殖的需求，部分养殖单位被迫选用质量一般的加州鲈苗种，甚至是带有致病性病原的苗种，养殖中后期养殖对象发生病害，造成经济损失；二是由于部分地区池塘进排水系统设计不够科学，增加了鲈病害的传播，增加养殖中后期加州鲈发病的概率；三是部分配合饲料配方设计不够科学，所采用原材料质量把关不严，导致长期摄食该饲料的加州鲈抗病能力下降。

（4）养殖盈亏情况 所有采集点合计养殖面积为1 930亩（包括主养和套养）。2021

年，商品鱼出售数量 2 734.33 吨，按照简单平均法计算，平均每亩出售加州鲈商品鱼 1 416.75 千克；商品鱼销售收入 7 548.45 万元，平均每亩销售收入为 39 111.14 元；采集点生产总投入 5 013.95 万元，也即是生产总成本，平均每亩成本为 25 979.02 元；总利润为 2 534.50 万元，平均亩利润为 13 132.12 元，投入产出比为 1 : 1.51。从加州鲈采集点的情况来看，养殖盈利较为丰厚，投入产出比较高。

三、2022 年生产形势预测

1. 加州鲈产量预测　2021 年，加州鲈出塘价格与 2020 年相比呈现下降趋势，但综合出塘价格仍然达到 27.61 元/千克。通过养殖渔情采集点盈亏情况分析，平均亩利润为 13 132.12 元，在淡水养殖池塘中属于高利润的养殖品种，必将吸引更多的水产养殖从业人员选择这一养殖品种；已经取得丰厚利润的养殖单位，将继续进行该品种的养殖，或扩大生产规模；因此，预测 2022 年加州鲈的养殖产量将再上一个新台阶，在全国目前产量 60 万吨的基础上，向 70 万吨的目标迈进。

2. 加州鲈商品鱼出塘价格　一方面随着加州鲈苗种繁育、鱼种培育、成鱼养殖、配合饲料全程替代技术的不断普及，加州鲈生产投资规模在 2022 年肯定会扩大；另一方面考虑社会消费量的不断扩大，市场需求量也将同步上升，综合考虑经济发展等多方面因素，估计消费量的增幅会低于供应量的扩展幅度。因此，预测 2022 年加州鲈出塘价格会呈现稳中有降的趋势。

3. 加州鲈颗粒饲料使用　2021 年，农业农村部深入推进实施水产绿色健康养殖技术推广"五大行动"，推进配合饲料替代幼杂鱼相关工作，取得了显著成效。2021 年参与实施配合饲料替代幼杂鱼行动的养殖大口黑鲈试验基地，配合饲料替代率达到 94%，试验基地周边养殖者也逐步接受使用配合饲料养殖这一理念。因此，可以肯定配合颗粒饲料替代冰鲜鱼行动，在加州鲈池塘养殖模式中将得到全面推广，养殖者将会选择哪一个饲料厂家或哪一个品牌的配合饲料问题。

（奚业文）

乌鳢专题报告

一、生产形势分析

1. 出塘量和销售收入同比增加，价格呈现稳步增长走势　2021 年，乌鳢采集点出塘量 10 537.63 吨，同比增长 28.56%；销售收入 2.11 亿元，同比增长 47.84%。综合销售平均价格为 20.07 元/千克，同比增长 15.01%。2021 年上半年，受新冠肺炎疫情影响，乌鳢价格较低；9 月以后，稳定在 20 元/千克以上，最高达到 22.55 元/千克（表 3-18，图 3-18）。

表 3-18　2021 年各省份采集点乌鳢出塘情况

省份	出塘量（吨）	出塘收入（万元）	平均出塘单价（元/千克）
广东	4 692.12	8 142.25	17.35
江西	109.25	204.23	18.69
浙江	541.15	1 037.94	19.18
山东	5 187.71	11 747.69	22.62
湖南	7.40	16.64	22.51

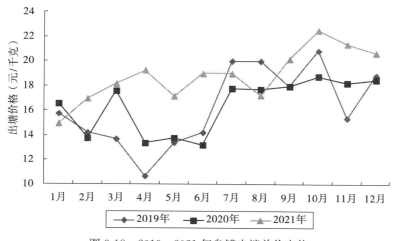

图 3-18　2019—2021 年乌鳢出塘单价走势

2. 苗种投放量同比减少

（1）投苗量同比减少　受疫情影响，2021 年乌鳢投苗量 2 510.06 千克，同比减少 23.59%；苗种费 3 004.39 万元，同比减少 7.18%。

（2）苗种供应有集中趋势　以山东省为例，乌鳢苗种主要是来自微山县鲁桥镇。在另一养殖重点地区的东平县，由于乌鳢是"孵化容易育苗难"，其苗种的 60%～70% 也是来自微山县。从来源看，微山县生产的 78.20% 的乌鳢苗种来自自繁自养，还有 21.80% 的苗种来自湖鱼育苗。

（3）苗种规格　就整个山东地区来看，80％的养殖单位选择投放 3～5 厘米和 3 厘米以下的乌鳢苗种。主要原因是，近年来乌鳢价格较低，利润空间小，乌鳢苗种价格较贵且价格与规格成正比，养殖户出于苗种成本考虑而选择规格较小的乌鳢苗进行养殖。

3. 生产投入同比增加　2021 年，采集点生产投入共 11 522.60 万元，同比增加 2.65％。主要包括物质投入、服务支出和人力投入三大类，分别占比为 94.36％、3.57％和 2.07％。在物质投入大类中，苗种费、饲料费、塘租费、其他分别占比 26.07％、66.22％、1.72％、0.35％。服务支出大类中，电费、防疫费、其他费用分别占比 0.86％和 2.58％、0.12％。乌鳢养殖主要成本为饲料和苗种投入，约占养殖生产投入的 92％。其中，饲料占比达 66％以上，同比增长 6.71％。各生产成本比例如图 3-19 所示。

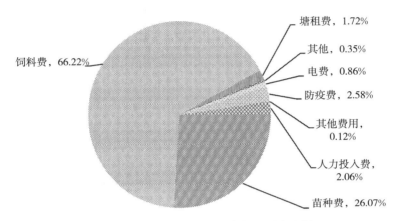

图 3-19　2021 年乌鳢生产投入要素比例

4. 生产损失同比降低　从采集点数据看，2021 年乌鳢经济损失仅 589 元，同比下降 97.37％。病害防治效果显著，初步分析与开展配合饲料替代幼杂鱼行动、优化养殖环境及病防技术下乡等有直接关系。

二、2022 年生产形势预测

2022 年，乌鳢价格较稳定。全国范围内，乌鳢养殖规模仍相对稳定。在加工流通和消费环节，受疫情影响存在较大不确定性因素。自长江"十年禁渔"政策实施以来，南方淡水鱼需求缺口较大。另外，近几年乌鳢价格低迷，局部区域养殖乌鳢规模有所缩减，总产量有所下降。故预计 2022 年，乌鳢价格能够保持在 2021 年的平均价格水平之上。

三、存在的问题

1. 种质退化严重　目前，乌鳢苗种批量繁育技术尚未有实质性的进展，大部分生产者由于成本因素，采用自繁自育方式进行苗种生产。部分乌鳢养殖所需的苗种来源于野生环境，由于每代亲鱼之间的亲缘关系越来越近，引起种质退化，导致养殖成鱼规格差异较大，抗逆性减弱，饵料系数增加，间接影响到肉质口感。

2. 产品附加值较低　长期以来，乌鳢产业形成了"池塘-批发市场-消费终端"的消费链模式。产业链条相对较短，产品形式也以鲜活水产品为主，预处理少、生鲜消费多。此外，受众消费群体有限，造成产品附加值较低，在养殖利润空间日益缩减的趋势下，乌鳢养殖生产积极性受到一定影响。

四、对策建议

1. 强化良种生产及推广体系　在做好原种种质保存的基础上，依托基层渔业技术推广体系，有计划地推广杂交鳢、抗细菌病等良种的选育技术。在监管层面，严格执行苗种生产许可制度，加强对各类育苗场的监管。使养殖户充分认识原、良种在养殖生产中的关键作用，避免种质混杂引起的种质下降。

2. 创新养殖模式　由于乌鳢经济价值较高，耐低氧并且适宜高密度养殖。在当前水产养殖绿色发展要求下，应积极探索池塘工程化循环水养殖技术、陆基集装箱推水养殖技术等新型养殖模式。这些模式不仅可以通过净化池、生态塘等功能区进行尾水处理，也可以利用湿地、稻田等进行尾水净化，有助于水体的循环利用和养殖尾水的达标排放，有效避免了水产养殖环境污染。

3. 推广配合饲料替代技术　深入开展乌鳢对蛋白质、脂肪、糖类、维生素、无机盐和有机酸等营养物质需求的基础研究，重点推广配合饲料替代幼杂鱼，替代率应不低于50％。开展配合饲料养殖乌鳢的转食驯化示范，广泛宣传人工配合饲料，消除养殖户疑虑。依托基层渔业技术推广体系改革与补助等项目，给予适当的物化补贴，减轻养殖户在购买配合饲料时的资金压力。

4. 重视病害防控　除市场价格波动外，病害损失依然是影响乌鳢生产经济效益的重要因素。在日常管理中，要坚持预防为主、防治结合的原则，利用光合细菌、芽孢杆菌等微生态制剂进行水质底质改良，利用石榴皮、五倍子、黄芩、山茱萸、地榆和芦荟等渔用中草药进行疫病防控。同时，监管部门应加大对孔雀石绿、硝基呋喃、氯霉素等禁用药物的监督查处力度，保障水产品质量安全，避免水产品质量安全事件对整个产业的影响和打击。

5. 提升产品加工水平　与大宗淡水鱼相比，乌鳢的市场价格相对较高，其消费对象大多为中青年消费者。由于消费群体的生活节奏较快，以往以活水鱼为主的产品形式已不能满足消费需求。当前需要更多的开袋即食或经过预处理加工的快捷水产品，进一步丰富鱼片、鱼丸、鱼肉松等产品加工形式。此外，应深入乌鳢药用保健、美容护肤、皮制品原料等非食用功能的基础研究，加大开发利用深度和广度，最大限度地挖掘乌鳢的潜在价值，延长乌鳢产业链。

（刘　朋）

鲑鳟专题报告

一、采集点基本情况

全国鲑鳟鱼养殖信息采集点主要集中在辽宁、吉林两个省，共设置 5 个鲑鳟采集点。由于部分采集点的上报数据不全，2021 年养殖渔情分析仅以吉林省设置的 3 个信息采集点的实际调查数据进行。

吉林省 3 个鲑鳟养殖信息采集点分别为：临江市金鲨冷水鱼养殖农民专业合作社，养殖水域面积 10.5 亩；白山市森源养殖有限责任公司，养殖水域面积 10.5 亩；抚松县泉水名贵鱼养殖有限公司，养殖水域面积 7.5 亩。3 个采集点均为 2021 年新创建培育的省级水产良种场，鲑鳟养殖品种主要包括细鳞鲑、太门哲罗鲑、鸭绿江茴鱼、花羔红点鲑、远东红点鲑（白点鲑）、美洲红点鲑（七彩鲑）、虹鳟（二倍体和全雌三倍体）和金鳟等，养殖方式均为流水水泥池塘。

二、生产形势

1. 苗种投放情况 吉林省 3 个采集点，2021 年共投放苗种 130 万尾，同比增加 62.5%。投苗量增加的主要因素是，进入 1 月以来，满足市场消费的标鱼需求量呈现上升趋势，鲑鳟价格回暖。但因 2020 年各养殖主体鲑鳟存塘量均不足，无法有效满足市场供应，养殖主体通过增加投苗量，来预期实现效益的提升。在 3 个采集点投放的苗种中，细鳞鲑、太门哲罗鲑、鸭绿江茴鱼、花羔红点鲑、远东红点鲑（白点鲑）、美洲红点鲑（七彩鲑）、虹鳟（二倍体）和金鳟均为自繁自育的方式投入养殖生产，共计投放 120 万尾；虹鳟（全雌三倍体）为外购发眼卵进行人工孵化的方式进行养殖生产，投放 10 万尾。

2. 出塘情况 2021 年，3 个采集点共出塘鲑鳟 49 269 千克，同比增加 46.63%，全年出塘苗种近 100 万尾，除了正常用于商品鱼生产的销售之外，以增殖放流出塘的苗种占比较大，分别为 20% 和 80%。在 1 月，由于临近春节，市场消费需求短暂上升，美洲红点鲑（七彩鲑）、虹鳟（二倍体、三倍体）和金鳟等品种出塘量达到一个小高峰，采集点共出塘适宜规格的商品鱼近 5 000 千克；2—4 月，出塘量出现回落，与市场消费量下降、企业留存一定量的商品鱼预期涨价、提升销售效益等因素有关；5 月开始，随着进入主养殖期，每月出塘量逐渐递增，出塘规格主要以苗种为主，大部分用于增殖放流和大规格苗种培育生产；10—12 月，为减少冬季期间养殖成本投入和库存压力，采集点除预留 2022 年必要的生产量外，会集中出塘部分苗种和成鱼，出塘量出现显著增加的态势，最高出塘量达到 8 350 千克。

3. 鲑鳟养殖和销售情况 3 个采集点鲑鳟鱼养殖类型均为苗种培育和成鱼养殖。在现有已开发养殖品种中，只有虹鳟（全雌三倍体）从国外和甘肃省水产研究所及中国水产科学研究院黑龙江水产研究所引进发眼卵进行人工培育外，其余品种均为采集点利用自有亲本开展自繁自育生产。考虑市场需求和养殖周期、投入产出比等客观因素，总体来说，美洲红点鲑（七彩鲑）和虹鳟（全雌三倍体）养殖规模和养殖量较大，占所有已养殖品种总产量的60％以上；在销售方面，受2020年存塘量下降、市场需求及投苗量增加的影响，虹鳟（全雌三倍体）、金鳟、美洲红点鲑（七彩鲑）、哲罗鲑等大众品种成鱼和苗种的需求量不断提高，市场价格呈现出上半年稳步攀升、下半年略有回落的不同程度波动，符合先升后降的预期发展趋势，但总体价格高于2020年。从1月的平均价格19.07元/千克，到6月的30.22元/千克；7—12月，价格逐月下降，12月降至19.29元/千克。采集点全年共实现销售金额1 094 380元，同比增加128.74％；平均单价为22.21元/千克，同比增长55.97％。细鳞鲑、花羔红点鲑、鸭绿江茴鱼等土著品种，相比虹鳟（金鳟）等常规品种养殖周期较长、养殖成本较高，再加上其地域分布的特殊性，大规格苗种和成鱼产量不高，生产的大部分苗种以增殖放流的形式在省内销售。在满足本地需求基础上，少部分大规格苗种和成鱼同时也供应黑龙江、辽宁等省份，但整体销售量不大，价格维持在80～100元/千克。

4. 养殖成本情况 养殖成本主要包括物质投入、服务支出和人力投入三大部分，分别占比52.75％、4.70％和42.55％。其中，在物质投入方面，由于采集点投放的苗种大部分为自繁自育，所以饲料成为占比较大的支出。鉴于饲料原料成本的提升，饲料价格销售均价为11 000元/吨左右，部分添加虾青素等功能性成分的饲料价格一般高出2 000～3 000元/吨。但不同饲料生产厂家由于原料进口渠道、进口方式、蛋白含量等的不同，价格略有差异。目前，随着鲑鳟专用饲料加工工艺的提升和饲料本身营养配比均衡的特点，同时配合精准投喂技术的应用，全年养殖周期饵料系数可控制在1.3以内，部分品种饵料系数达到1～1.2。此外，在服务支出方面，电费仍为较大支出，占比达到90.15％。人力投入方面，3个采集点均以本场长期雇用的人员为主要劳动力，在主要生产季节，会临时雇用少量人员辅助开展生产，两者占比分别为66.63％和33.64％。

5. 病害发生情况 吉林省3个采集点中，临江市金鲨冷水鱼养殖农民专业合作社年初引进虹鳟（全雌三倍体）发眼卵5万粒，培育鱼苗4万尾。但在3月感染发生了传染性造血器官坏死病，通过采取定期消毒、减少投喂量等措施，降低了苗种死亡率，至7月仅剩余苗种2万尾。其他2个采集点未发生病毒性疫病。在其他可监测可治疗疾病方面，采集点养殖鱼类死亡量较2020年显著下降，同比下降近40％。主要原因：一是在省总站近年来组织实施的《鲑鳟健康养殖技术》《精准用药技术示范》等省级水产技术推广项目的示范带动下，企业人员健康养殖的生产意识不断提升，采集点在病害防疫方面，从养殖条件改善、疫病防控措施、苗种生产管理和人员知识更新及技术能力提升等方面都相较以往有了大幅提升，为有效预防鲑鳟疫病发生和控制提供了条件保障；二是2021年，吉林省将3个采集点列为水产绿色健康养殖技术推广"五大行动"中水产养殖用药减量行动的省级推广骨干基地，通过应用药敏试验，针对性开展疫病防控，有效预防和提升了水霉病、溃烂病等真菌性和细菌性疾病及三代虫等寄生虫性疫病的发生和蔓延。

三、存在的问题

1. 养殖利润空间不断缩减，企业养殖热情不高 近年来，国际国内多重不确定因素增多，同时，随着养殖用劳动力、饲料原料等刚性投入成本上升的带动，及持续受市场需求不稳定和新冠肺炎疫情对渔业行业的负面影响，鲑鳟销售困难，养殖利润也越来越少。

目前这种趋势不仅没有减缓，反而有所加重。企业对鲑鳟的养殖前景和预期效益都心存顾虑，缺少信心来稳定提高养殖投入。部分采集点一直未达到设计产量要求，甚至还有意降低苗种投放量和减少饲料等养殖成本投入，以规避或降低压塘等养殖风险的发生。

2. 现有养殖品种认可度不高，缺乏适销对路的养殖品种和高附加值的销售形态 采集点已开展养殖的虹鳟（金鳟）、七彩鲑等品种受地域、气候、水温的影响，养殖成本远高于其他周边省份，销售价格与周边省份相比又较低，缺乏有力的市场竞争力。大部分土著品种虽然具有较好的养殖性状和发展潜力，且产品品质较好，但除了本地外，省外市场的认可度不高，整体开发力度较小。在销售形式上，现有养殖品种多以鲜活形式进行单一状态销售，产品的深加工能力不足，无法进一步提升产品的附加值，制约了产业的高效发展。

3. 亲本质量不高，支撑后续发展的能力尚显不足 吉林省 3 个采集点由于在保种和疫病防控等方面缺乏资金扶持，部分用于繁育的土著品种亲本开始出现种质退化，免疫力低下，亲本每年用于生产后死亡量较高，对今后苗种生产带来不利影响。同时，苗种生长周期缩短，性成熟时间提前，从受精到仔鱼培育等各阶段成活率也较低，往往靠提高生产量来提升存塘数量，苗种质量普遍不高。

4. 推动产业发展的原生动力严重不足 由于采用流水池塘进行养殖生产，对基础设施的投入较大，有的采集点池塘数量受水量、土地的限制，养殖面积无法扩大，养殖产量无法增加。虽然随着设施渔业的发展，对上述自然资源的依赖性降低，但上马或改造新的发展模式，一次性投入成本较大，单靠企业自身发展无以为继，养殖单位除保证正常的养殖费用外，没有充裕的资金开展实施。地方政府虽然出台了支持鲑鳟产业发展的规划和建议，但各级财政均比较困难，在政策、资金扶持方面，力度严重不足，甚至没有，无法为产业持续发展提供稳定的基础保证。

四、2022 年生产形势预测

通过对采集点的调研了解和业内消息分析，受国内国际多重不确定因素的影响，2022年养殖行业包括鱼粉等在内的主要原料价格、饲料价格预计会出现不同程度地上涨。虽然2021 年鲑鳟的养殖量和销售价格均较 2020 年有所提升，但市场需求的标鱼仍处于供小需大的不平衡状态。同时，由于新冠肺炎疫情的影响，部分需要依靠引进的品种，尤其是虹鳟（全雌三倍体）发眼卵的进口渠道、进口数量及运输等受限，导致生产单位各段龄苗种养殖"断档"问题比较突出。虽然国内部分科研院所在三倍体虹鳟制种技术上取得了突破性进展，可以向社会提供一定数量苗种（发眼卵），但规模不大，且质量不高，满足不了企业的正常养殖需求。

（李　壮　杨质楠）

海水鲈专题报告

一、监测点设置情况

2021年，全国海水鲈鱼养殖渔情监测网在浙江、广东和福建3个省设置了7个监测点，监测面积有海水池塘10公顷，普通网箱104 083米²。

二、生产形势的特点分析

1. 销售额、销售数量、综合销售价格 全国海水鲈养殖监测点养殖销售数量、销售额、综合单价分别为741.40万千克、3.03亿元和40.82元/千克。其中，销售数量最多的是福建省，占比74.26%；其次是山东省，占比18.25%；浙江省，占比4.81%；广东省，占比2.67%。综合单价最高是山东省51.46元/千克，最低是广东省18.48元/千克。

海水鲈是优质高端水产品，是传统高档食用鱼。现代水产养殖技术的快速发展，使得海水鲈产业从业者成功掌握了该鱼人工驯化和繁养殖技术。在原种保有、良种选育和种苗繁育基础上，人们开发起了该鱼商业性增养殖。如池塘、网箱和工厂化养殖成为该鱼的主导模式，一改人们主要依赖海捕获得海水鲈的传统途径，使得海水鲈产业不断发展。当下海水鲈产业拥有一个全国统一的大市场，具有庞大持续性的市场需求。2021年，海水鲈市场的总需求持续攀高，出塘量相较2020年提高37.56%。其中，海水鲈采集点出塘增产以山东省（同比增加94.88%）和福建省（同比增加47.42%）为主。受苗种病害及供应不足的影响，广东省成鱼产量同比下降41%。由于供不应求，全国海水鲈单价同比上涨8.77%。其中，浙江省上涨最多为25.82%，广东省6.57%，福建省2.49%。广东省珠海市位于珠江口地区的咸淡水交汇处，为海水鲈生产提供了得天独厚的自然条件，是中国海水鲈养殖、加工、流通的重要城市，也是我国海水鲈最大的养殖区与加工主产区，平均亩产达到4 000千克/亩。

2021年，全国海水鲈养殖渔情监测点市场单价走势平稳，基本维持在40元/千克左右浮动；根据监测点反馈数据，1—12月山东、浙江、福建省价格平稳。其中，山东省单价较高，维持在44～58元/千克；浙江和福建省单价在40元/千克左右；广东省销售单价偏低，最高不到25元/千克（表3-19）。

表3-19 2021年监测省份海水鲈销售单价情况

单位：元/千克

省份	1月	2月	3月	4月	5月	6月	7月	8月	9月	10月	11月	12月
浙江	31.60	0.00	0.00	0.00	0.00	40.00	38.00	0.00	0.00	42.00	0.00	42.01
福建	38.81	37.83	40.20	39.55	40.00	41.00	40.64	41.00	42.39	41.87	41.35	40.09
山东	54.00	55.00	58.00	54.00	54.00	54.00	44.00	48.00	54.00	52.00	55.00	57.00
广东	17.65	0.00	0.00	0.00	0.00	0.00	24.80	0.00	0.00	0.00	18.80	18.24

而销售量却呈大幅度波动状态，特别是进入 11 月之后，海水鲈销售量直线攀升（图 3-20）。

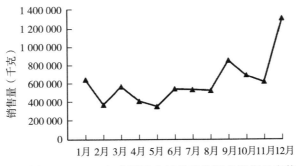

图 3-20　2021 年全国海水鲈养殖监测点销售量走势

2. 养殖生产投入情况　2021 年，全国海水鲈养殖监测点生产投入 1.38 亿元。其中，物质投入 1.23 亿元，占总投入的 89.13％。而在物质投入构成中，饲料 10 762.46 万元，苗种费 519.50 万元，固定资产折旧费 962.25 万元，燃料费 38.29 万元，塘租费 17.40 万元。以上数据表明，该鱼养殖最大宗的物化资本投入是饲料费和固定资产折旧费。服务支出 241.03 万元，占生产投入的 1.75％。在服务支出构成中，电费 203.37 万元，水费 19.86 万元，防疫治病费 17.81 万元。表明海水鲈养殖不但是高物耗的行业，更是一个高能耗的行业，如增氧机、投饲机一类的现代渔业机械设备得到广泛运用。人力投入 1 301.23 万元。在人力投入构成中，本户（单位）人员工资 1 153.83 万元，雇工工资 147.40 万元。表明该鱼养殖基本生产经营单位为家庭或者公司，其中主要是专业户。

3. 养殖损失　2021 年，全国海水鲈养殖监测点养殖损失 54.25 万元。其中，病害损失 41.47 万元，主要集中在 4—7 月；自然灾害损失 0 万元；其他灾害损失 12.78 万元。相对监测点 30 263.05 万元的销售额，养殖灾害损失比重相对较小。养殖损失中，病害损失占比最高为 76.44％，主要是由于 4—7 月浙江省采集点虹彩病毒及一些寄生虫类病虫害的集中暴发，给养殖主体带来了较大的冲击。

三、2022 年生产形势预测

目前，海水鲈作为海水池塘和抗风浪网箱主要养殖品种之一，品质好，产量高，市场前景良好，海水鲈养殖产业将保持现有的增长态势。随着我国大力发展深远海养殖产业，海水鲈更是受到极大的关注。我国每年出口海水鲈 3 万吨左右，主要出口到日本、韩国、新加坡以及欧洲一些国家和地区。其中，对日本和韩国的出口量占总出口量的 80％以上。随着海水鲈市场从建立到逐步扩大，支撑产业发展的关键技术、配套体系、组织架构等已经基本建立，并在不断地完善和优化。

在国家海水鱼产业技术体系的技术支撑和全国性协会的组织协调下，产业的空间布局和运作模式将会进一步优化，产业发展前景极其广阔。海水鲈的养殖技术发展至今，在养殖管理和苗种方面较为成熟，养殖方式也逐渐趋同，因此，保证产品质量是保持市场竞争优势和赢得市场的关键。广东省内一些水产养殖龙头企业正在加快筹建海水鲈省级良种场，海水鲈苗种生产不断向标准化、规模化和专业化发展。包括中国水产科学研究院南海水产研究所在内多家研究所、高校和企业正加快联合攻关，培育生长快、抗病抗逆强、品质优的海水鲈新品种。国家有关水产养殖政策的出台，将进一步带动海水鲈的生态养殖、深水网箱养殖等养殖模式加快升级，实现海水鲈养殖的绿色、健康、高效和可持续发展。

（何志超）

大黄鱼专题报告

一、主产区分布

我国大黄鱼养殖主产区为福建省。《中国渔业统计年鉴》数据显示，2020 年我国大黄鱼养殖产量 25.4 万吨。其中，福建省 20.5 万吨、浙江省 3.2 万吨、广东省 1.7 万吨，分别占 80.7%、12.6%、6.7%（图 3-21）。大黄鱼养殖模式，主要有筏式网箱养殖、围网养殖、深海网箱养殖等。大黄鱼养殖对沿海经济发展、增加就业机会和乡村振兴起到重要作用，带来了巨大的经济和社会效益。

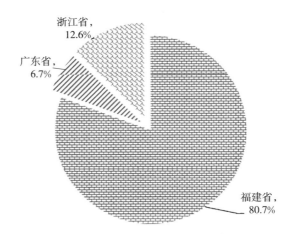

图 3-21　我国大黄鱼养殖产量占比

2021 年，全国大黄鱼养殖信息采集点集中在福建、浙江两个省，共设置 12 个采集点。其中，福建省采集点 7 个，分布 3 个主产县（福鼎市、霞浦县、蕉城区）；浙江省采集点 5 个，分布 3 个主产县（苍南县、椒江区、象山县）。这些区域采集点的生产情况代表性较强，采集点的信息基本可反映大黄鱼养殖的总体渔情。

二、全国养殖生产形势

1. 育苗量增加，苗种价格下跌　2021 年，全长 4 厘米以上的大黄鱼苗种生产量约 36.2 亿尾。其中，福建蕉城 15 亿尾、福鼎 15 亿尾、罗源 2.9 亿尾、霞浦 1.5 亿尾，浙江苍南和象山共 1.8 亿尾（表 3-23）。4～5 厘米的大黄鱼苗 0.1 元/尾，由于育苗量增加，价格下跌。育苗场约 110 个，其中，苗种场数量居前三的地区分别为蕉城 48 个、福鼎 36 个、罗源 16 个。

2. 大黄鱼价格小幅上涨，养殖户扭亏为盈　根据全国养殖渔情监测系统大黄鱼的生产投入数据，饲料费用占总生产投入的 84.6%，苗种费用占总生产投入的 5.1%，人员用工费用占总生产投入的 4.5%，其他费用占总生产投入的 5.7%，其他费用包括固定资产折旧、渔药、水电燃料、保险和水域租金等费用（图 3-22）。

对福建省宁德市蕉城区某大黄鱼养殖公司的调研数据显示，每千克大黄鱼成本至少需要25元，其中饲料费22元，人员工资1元，苗种费1元，其他的水电费、水域租金、贷款利息等1元，与上述全国养殖渔情监测系统大黄鱼生产投放占比数据基本吻合。

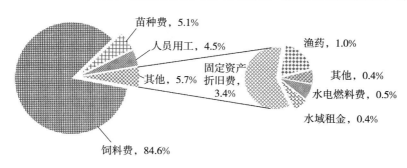

苗种费，5.1%
人员用工，4.5%
渔药，1.0%
其他，5.7%
固定资产折旧费，3.4%
其他，0.4%
水电燃料费，0.5%
水域租金，0.4%
饲料费，84.6%

图3-22　大黄鱼生产投入占比

大黄鱼价格主要受规格和季节的影响。不同规格的大黄鱼，市场价格略有不同，规格越大，价格越高。由于台风、病害等多重因素，一年内大黄鱼市场行情在不同季节呈现较大波动。春节期间，市场对大黄鱼需求上升，价格开始上涨，到6月左右普遍会迎来一波回落。秋季水温适宜，大黄鱼生长速度快，禁渔期市场上海水鱼供应量缩减。2020年，由于新冠肺炎疫情造成交通运输不便和餐饮消费的低迷，导致大黄鱼价格处于较低水平。大黄鱼养殖经历了低迷亏损行情后，2021年大黄鱼价格小幅上涨，养殖户扭亏为盈。

3. 配合饲料产量、销售量和价格同比上涨　大黄鱼养殖过程中直接投喂冰鲜幼杂鱼，不仅影响海洋生物的多样性，而且对养殖水域环境造成污染。据相关研究表明，每节约1万吨冰鲜杂鱼饵料，可减少氮排放量114吨，减少磷排放量17吨。2021年，福建全省大黄鱼配合饲料销售量约12万吨，其中，宁德地区约10万吨，销售价格为0.8万~1.4万元/吨。由于国家大力推广配合饲料替代幼杂鱼，配合饲料产量、销售量有所增加。同时，由于原材料价格上涨还紧缺，配合饲料价格同比上涨。配合饲料的使用，不仅减少对捕捞杂鱼的依赖，减轻近海捕捞对渔业资源的压力，同时减少氮磷的排放，保护渔业生态环境，生态效益显著。

4. 气候条件比较适宜，病害发生同比较少　综合大黄鱼养殖情况，2021年大黄鱼养殖过程中的主要病害有内脏白点病、刺激隐核虫病、白鳃病、虹彩病毒病等。1—4月多为内脏白点病，小苗阶段的盾纤毛虫病；6月下旬暴发刺激隐核虫病，造成鱼类摄食量下降；7—8月中苗患白鳃病，小苗出现虹彩病毒病；9—12月因水温下降病害减少，鱼苗多患溃疡病，出现烂头烂尾现象；12月上旬，少部分鱼苗出现内脏白点病。

三、2022年生产形势预测

总体来看，大黄鱼市场价格主要受规格、季节等导致的供需变化等因素影响。从市场需求看，中国人素有喜食大黄鱼的传统，国内大黄鱼市场稳定。随着全国疫情防控进入常态化，在流通环节和终端消费市场的带动下，预计2022年高品质大黄鱼需求量将增大，价格或将稳中有升。

四、存在的问题

1. 良种选育进展缓慢　近年来，水产新品种培育和产出速度加快，迄今通过全国水产原种和良种审定委员会审定的水产新品种已达 240 个，但是大黄鱼新品种仅有 3 个，分别是大黄鱼"东海 1 号"、大黄鱼"闽优 1 号"和大黄鱼"甬岱 1 号"，远不能满足大黄鱼产业发展的需求。

2. 人工饲料滞后　大黄鱼传统养殖，主要使用冰鲜幼杂鱼和人工配合饲料两类。投喂冰鲜杂鱼是"以小鱼养大鱼"，给原本已处于资源枯竭的海洋渔业资源造成了更大的生态压力。但是，全程使用人工配合饲料养殖还存在一些技术难点，导致大黄鱼养殖生长速度慢和鱼体规格偏小等问题。

3. 产品附加值低　长期以来，大黄鱼产业链相对较短，产品形式也以冰鲜产品为主，精深加工处理少，产品附加值较低。在养殖利润空间缩减的趋势下，大黄鱼养殖生产积极性受到一定影响。

五、对策建议

1. 强化良种生产　亟待从产业的良种需求出发，调动更多大黄鱼育种技术力量，建立大黄鱼育种协同创新机制，针对关键经济性状设计长期系统性选育工程，全面提升大黄鱼良种的选育能力。在监管层面，严格执行苗种生产许可制度，加强对大黄鱼育苗场的监管。使养殖户充分认识原、良种在养殖生产中的关键作用，避免种质混杂引起的种质退化。

2. 加大配合饲料基础研究　饲料投入是大黄鱼养殖成本中占比最大的一项，饲料成本是导致利润空间压缩的关键因素。深入开展大黄鱼配合饲料基础研究，逐步消除养殖户只有使用杂鱼才能把大黄鱼养好的观念，进一步推广配合饲料替代冰鲜幼杂鱼。

3. 提升产品加工水平　拉长大黄鱼产业链条，鼓励发展大黄鱼精深加工，既增加大黄鱼的消耗量，又提高大黄鱼的附加值。大黄鱼产品价格上去了，收购价自然水涨船高，养殖户利益也就得到了保障。以大黄鱼全产业链标准化为突破口，资金支持聚焦大黄鱼良种提质、加工提升、品牌增值等重点环节，通过调结构、提品质、塑品牌，推动大黄鱼优势特色产业做大做强做优。

4. 推出大黄鱼价格指数保险　大黄鱼价格指数保险，是指当大黄鱼的市场价格低于目标价格时，视为保险事故发生，保险人按约定负责赔偿，帮助养殖户减损。宁德大黄鱼收购预检制度，即合作企业在收购大黄鱼前，先取样送宁德渔业协会对大黄鱼药残指标进行快速检测，检测合格后通知合作企业进行收购。渔业协会在 2018 年试点基础上，2019—2021 年累计检测 16 000 多批次，确保了大黄鱼质量安全，实现大黄鱼价格稳定。

（黄洪龙）

大菱鲆专题报告

一、产业概况

按照《2021年中国渔业统计年鉴》数据显示，2020年我国鲆鱼类产量达到11.10万吨。辽宁、山东省的产量分别达到5.20万吨和4.03万吨，占比分别达46.85%和36.31%，河北、江苏、福建、广东省的产量占比分别为6.04%、4.89%、4.37%和1.37%；天津市和浙江省也有零星分布。近年来，大菱鲆价格较低，养殖效益不高，产业规模缩减。通过2021年配合饲料使用量，折算全国大菱鲆产量约为4万吨，比高峰期12万吨产量缩减了约60%。

二、养殖生产概况

1. 出塘价格同比增长 大菱鲆综合销售价格为49.17元/千克，同比增长32.21%。2020年，受新冠肺炎疫情影响，大菱鲆价格长时间处于近几年较低的水平；随着疫情影响的减小，市场需求量增加，大菱鲆价格有所上涨（图3-23）。

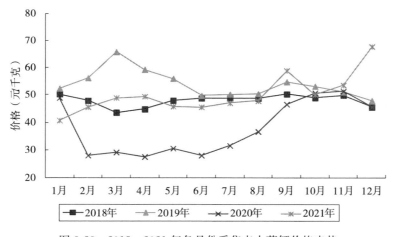

图3-23 2018—2021年各月份采集点大菱鲆价格走势

2. 出塘量和出塘收入同比明显增加 采集点出塘量278.84吨，同比增长15.05%。主要以条重600克的标鱼和统货为主，销售收入1 370.93万元，同比增长52.08%（图3-24、图3-25）。

3. 生产投入同比增加 采集点生产投入共1 895.79万元，同比增加7.27%，主要包括物质投入、服务支出和人力投入三大类，分别占比为58.84%、23.09%和18.07%。在物质投入大类中，苗种费、饲料费、塘租费、固定资产折旧费分别占比5.99%、44.82%、1.60%和1.33%；服务支出大类中，电费、水费、防疫费分别占比18.70%、2.63%和1.33%（图3-26）。分析可见，大菱鲆养殖生产投入主要是饲料费、电费、人工和苗种费。其中，苗种费投入同比增长6.01%，饲料费投入同比增长8.35%。

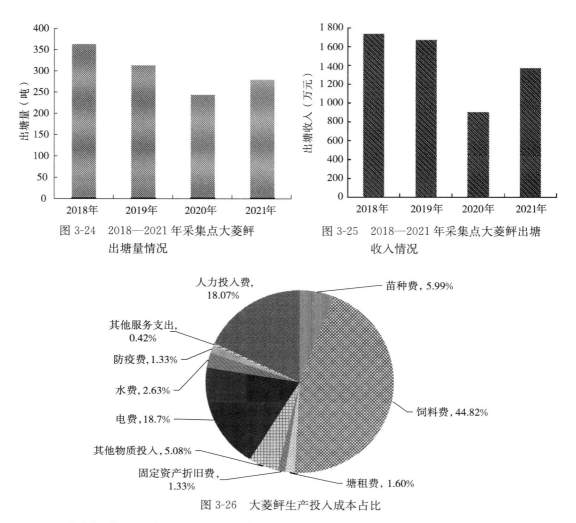

图 3-24　2018—2021 年采集点大菱鲆出塘量情况

图 3-25　2018—2021 年采集点大菱鲆出塘收入情况

图 3-26　大菱鲆生产投入成本占比

4. 生产损失同比大幅增加　从采集点数据看，大菱鲆全年产量损失 54.12 吨；直接经济损失 216.19 万元，同比增长 85.78%。辽宁省损失 34.10 吨，经济损失 129.16 万元，同比增长 2 072.58%；江苏省损失 19.50 吨，经济损失 85 万元，同比减少 22.02%；山东省损失 0.52 吨，经济损失 2.03 万元，同比增长 42.85%。从山东省养殖户问卷调查来看，在 8—9 月，养殖水温偏高，大菱鲆养殖出现病害多发情况，平均损失占 20%～30%，个别养殖户甚至出现绝产的情况。从总体上看，大菱鲆病害较往年严重，主要是大菱鲆出血病造成，生产损失较往年明显加重。

三、新冠肺炎疫情影响

2020 年，受到新冠肺炎疫情的影响，鲜活运输物流也受到影响，全国酒店消费和家庭消费骤减，导致大菱鲆价格下跌，养殖户积极性也受到了影响。2021 年，随着疫情影响的减小，市场需求量增加，出塘综合单价同比增长 32.21%，处于近几年价格的平均水平，产业发展有一定程度的回暖迹象。

四、产业发展面临主要问题

1. 种质退化 近年来，大菱鲆种质退化问题突出，当前的苗种生产所用亲本主要是养殖的大规格亲鱼。大菱鲆总体产业规模不大，没有原种引进情况下，尚未建立完整的苗种选育机制，优质苗种较为缺乏。

2. 养殖产品质优价低，利润空间小 近年来，大菱鲆成鱼价格一直不高，偶尔有一定程度反弹，但持续时间不长，长时间维持在成本附近，部分养殖户逐渐被淘汰。随着养殖规模的缩减，新技术的推广应用，养殖技术不断规范，产品质量明显提升，但是成鱼价格仍没有起色。2021年，价格虽有所上涨，但是又发生出血病灾害，养殖成活率降低了20%以上，多数养殖户也没有盈利。

3. 大菱鲆销售模式单一，抗风险能力不足 大菱鲆自引进以来，一直是比较高端的产品。但受两次"大菱鲆药残事件"影响，价格迅速下跌，由每千克300元跌至百十元，再跌至50元以下。长期以来，大菱鲆销售的路径没有发生任何改变，仍旧是销售活鱼，主要是销往酒店，而且对养殖规格有很严格的要求，主要是500克左右的规格。大规格的鱼，品质更佳，但却没有市场，而加工企业因受媒体片面报道的影响，对于大菱鲆加工积极性不高。

五、建议与对策

1. 开展大菱鲆种业创新攻关 加强顶层设计，明确战略发展定位，凝练育种、繁育与养殖关键共性技术，强化科研合作，联合科研院所、高校及产业创新团队等，开展育种合作研究，有效提升育种创新能力和水平。加强原良种场、商业育种平台等种业基地建设，提升优质苗种的生产能力。

2. 加强疾病预防及检测体系建设 从采集点数据看，大菱鲆病害造成的生产损失依然不容忽视。目前，我国养殖大菱鲆已有10余种明显的疾病流行。其中，以细菌性疾病对产业的危害尤为突出。在日常生产中，根据水质条件、换水量、苗种规格、饲料质量等因素合理确定养殖密度，保持优良的养殖水环境，科学使用微生态制剂等。在此基础上，应装备必要的水质测定、疾病诊断仪器设备和工具等，建立疾病检测实验室，为健康养殖和疾病监控提供条件。

3. 推进标准化生产 全面推行健康、安全养殖的操作规范，重点加强对养殖生产行为的管理，建立养殖生产档案管理制度，对苗种、饲料、渔药等投入品和水质环境实行监控，促使产品生产经营的各个环节都要遵循相应的标准。还要依据ISO 9000质量标准体系，推行质量认证工作，在全行业贯彻HACCP制度，实现产品标准化。探索建立大菱鲆相关团体标准，加强行业自律。充分依托渔业推广体系，开展大菱鲆健康养殖技术的指导和培训，不断提高养殖生产者的素质。

4. 重视节能减排技术的应用 随着环保督查工作的开展，今后对养殖水域污染的防御和治理力度逐年增大。反映到大菱鲆养殖上，其环保成本压力加大。为此，应开展工厂化循环水、多品种生态健康养殖、微生态制剂水质调控等节能减排技术的推广，有效减少养殖生产的污染物排放，加强环保基础建设投资，通过报刊、网络和培训等各种形式，增强管理者、生产者和基层渔民的节能减排意识。

5. 着力挖掘消费市场　目前，大菱鲆还没有形成全国性的消费市场。从地域上看，消费市场主要集中在南方大中型沿海城市，北方和内陆地区消费起步较晚。从消费主体上看，酒店消费仍然是主体，家庭消费较少。从业者应加大大菱鲆的营销宣传，积极拓展电子商务、生鲜超市等新型销售渠道。开发加工预制品，重点挖掘家庭消费潜力，为大菱鲆增添新的发展动能。

（李鲁晶）

石斑鱼专题报告

一、养殖生产及渔情采集点概况

石斑鱼是我国南方沿海地区养殖的重要经济物种，主产区分布在广东、海南、福建和广西，山东、河北、天津、浙江等地区有少量养殖。《中国渔业统计年鉴》数据显示，2020年全国海水养殖石斑鱼产量为192 045吨，各省份产量比重见图3-27。2010—2020年，我国海水养殖石斑鱼产量呈逐年上升之势（图3-28）。石斑鱼养殖对沿海地区经济发展、推进乡村振兴战略的实施起到重要作用。

目前，石斑鱼养殖的品种主要有青石斑鱼（包括斜带石斑鱼和点带石斑鱼）、鞍带石斑鱼、褐点石斑鱼、东星斑（豹纹鳃棘鲈）、老鼠斑（驼背鲈）及杂交品种珍珠龙胆石斑、云龙石斑、杉虎斑等。其中，青石斑、鞍带石斑、东星斑、珍珠龙胆石斑、杉虎斑等为主要养殖品种，约占总产量的80%以上。石斑鱼养殖模式主要有池塘养殖、网箱养殖和工厂化养殖3种。工厂化养殖模式因不受天气与海域变化等因素的影响，近年来，在广东、山东、浙江、天津等省份悄然兴起，全国工厂化养殖石斑鱼规模在逐渐扩大。

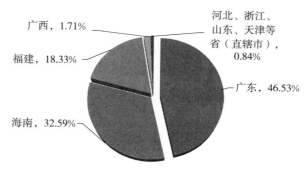

图3-27　2021年全国海水养殖石斑鱼产量分布

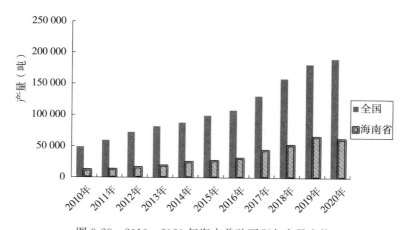

图3-28　2010—2020年海水养殖石斑鱼产量走势

2021 年，全国石斑鱼养殖渔情信息采集点主要设置在广东、海南和福建 3 个省份，共有 9 个采集点。其中，海南省有 3 个采集点，分布于 3 个市（县）；广东省有 3 个采集点，分布于 3 个市（县）；福建省为 3 个采集点，均在 1 个县。

二、养殖生产形势分析

1. 生产投入情况　2021 年，随着新冠肺炎疫情防控进入常态化阶段，石斑鱼市场交易流通量逐步回升，石斑鱼的价格也呈现上升势头，激发了养殖者的积极性，扩大了养殖规模，使养殖产量增加。采集点数据显示，2021 年石斑鱼生产投入 16 488 481 元，同比增长 33.04%；苗种投入 3 390 500 元，同比增长 6.96%；苗种价格比 2020 年同期也略上升。石斑鱼养殖主产区中，广东、福建省的养殖规模与产量均较 2020 年明显增长。

2. 出塘量、销售收入情况　采集点数据显示，2021 年石斑鱼出塘量 384 786 千克，同比增长 14.96%；销售收入 28 092 675 元，同比增长 45.62%。综合全国各地石斑鱼养殖实际情况，虽然受疫情、寒潮等因素的影响，但因市场行情好转，养殖户积极性高，产量稳中有涨。同时，石斑鱼市场价格虽有涨跌，但总体呈上升趋势，因此，销售收入较 2020 年有较大的涨幅。以主产区广东省为例，2021 年采集点石斑鱼出塘量为 208 950 千克，同比增长 19.85%；而销售收入为 13 583 420 元，同比增长 27.93%，销售收入较产量增长的幅度大。

3. 成鱼价格变化情况　2021 年，石斑鱼全年价格跌宕起伏，上下半年各有 1 个小高峰。以海南地区石斑鱼市场为例，2021 年 1 月，珍珠龙胆石斑鱼（0.5～0.75 千克规格）平均出塘价格为 56 元/千克、青石斑平均价格为 58 元/千克、鞍带石斑鱼（10 千克以上规格）平均价格则为 58 元/千克，与 2020 年同比平均上涨约 5 元/千克；2—3 月，因存塘量少，加上受春节消费的推动，市场需求量大，价格猛涨，珍珠龙胆石斑鱼（0.5～0.75 千克规格）平均出塘价格为 65 元/千克、青石斑平均价格为 68 元/千克、鞍带石斑鱼（10 千克以上规格）平均价格则为 64 元/千克，与 2020 年同比平均上涨约 20 元/千克；4—5 月，价格开始有所下跌，但受"五一"的消费刺激作用，价格下跌后又迅速上涨，仍然维持在较高位；6—8 月是消费淡季，加之疫情使部分地区流通受到影响，价格有所下跌；9—12 月因存塘量少，还受国庆节的拉动，价格呈现小幅上涨，珍珠龙胆石斑鱼（0.5～0.75 千克规格）平均出塘价格为 72 元/千克、青石斑平均价格为 70 元/千克、鞍带石斑鱼（10 千克以上规格）平均价格则为 63 元/千克。2021 年，石斑鱼平均出塘价格走势见图 3-29。而价位较高的东星斑、老鼠斑，则整体价格呈现稳中略降的趋势。数据对比显示，经历了 2020 年的疫情困境后，2021 年石斑鱼市场逐渐复苏，市场需求量逐渐扩大，价格持续高企（图 3-30）。

4. 鱼苗价格同比上涨，前低后高　2020 年年底，随着国内新冠肺炎疫情得到稳定控制，生产、流通、消费逐渐恢复，石斑鱼市场行情逐渐好转，养殖户放苗积极性提高，鱼苗需求量上升，苗种价格也逐渐回升。进入 2021 年，由于天气、病害等因素的影响，石斑鱼鱼苗孵化率偏低，致使鱼苗未能稳定供应，加之早苗肠道微孢子病、神经性坏死病害严重，造成投苗成活率较低，导致后期苗种供应出现短缺现象，从而也推高了苗价。以海南省为

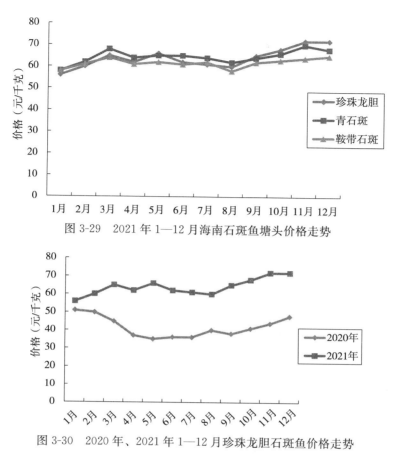

图 3-29 2021 年 1—12 月海南石斑鱼塘头价格走势

图 3-30 2020 年、2021 年 1—12 月珍珠龙胆石斑鱼价格走势

例，2021 年 1—3 月，珍珠龙胆石斑鱼苗（规格 2～3 厘米）平均价格为 0.8 元/尾；5 厘米以上规格的苗平均价格为 0.45 元/厘米，与 2020 年同比增长 0.05～0.10 元/厘米；青石斑鱼苗（规格 2～3 厘米）平均价格为 0.7 元/尾，5 厘米以上规格的苗平均价格 0.35 元/厘米；鞍带石斑鱼苗（规格 2～3 厘米）平均价格为 1.1 元/尾，5 厘米以上规格的苗平均价格 0.6 元/厘米，与 2020 年同比均增长 0.1～0.2 元/厘米；进入 4 月，苗种价格有小幅回跌，珍珠龙胆石斑鱼苗价从平均 0.45 元/厘米降低至 0.4 元/厘米，下跌约 11.1%；青石斑鱼苗价从平均 0.35 元/厘米降低至 0.30 元/厘米，下跌约 14.3%；而鞍带石斑鱼苗则从平均价格 0.7 元/厘米降至 0.6 元/厘米，下跌约 14.3%。东星斑、老鼠斑等价格较高且较为稳定，分别维持在 0.90～1.00 元/厘米和 2.1～2.2 元/厘米。5—6 月进入投苗高峰期，对苗种需求量迅速增加，鱼苗价格回升，此后直到年底，苗价相对比较平稳，一直持续高位状态（图 3-31）。

5. 养殖成本略增，利润仍可观 饲料费和苗种费在养殖总体成本中占比最大，两者也是影响石斑鱼养殖利润的主要因素。根据采集点数据，2021 年石斑鱼养殖生产总投入中，物质投入占 77.40%，比 2020 年增长 3.09%。在物质投入中，饲料费占比 60.18%，位居第一，同比 2020 年减少 5.43%；苗种费占比 31.38%，位居第二，与 2020 年同比则增长 6.96%。近两年来，随着饲料工业的快速发展，人工配合饲料逐渐取代冰鲜小杂鱼等饲料，使饲料费用有所减少；而苗种费、水电费和人力成本的增加，又使养殖成本有所

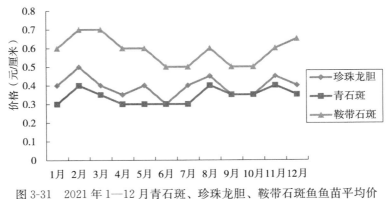

图 3-31　2021 年 1—12 月青石斑、珍珠龙胆、鞍带石斑鱼鱼苗平均价格走势

提高。但整体养殖利润起伏的关键，还是在于成鱼市场价格。2021 年，石斑鱼价格虽然跌宕起伏，但总体呈上升趋势，销售收入与 2020 年同比有较大的涨幅，因此，即使养殖成本有所上涨，但利润仍非常可观。

6. 病害发生情况　2021 年，石斑鱼养殖过程中病害仍然非常严重，从育苗期到养成阶段均有病害发生，主要有"黑身病""烂身""肝肠炎""脱黏病"等。据调查，广东、海南部分地区的养殖场和育苗场"烂身"和"肝肠炎"发病率高达 40%，"黑身病"发病率高达 30%。烂身病是危害石斑鱼最严重的病害之一，春季是此病的高发期；病毒性神经坏死病（俗称"黑身病"）是严重危害石斑鱼生长的一种病毒病，特别是苗种阶段危害更大，发病迅速，传染性强，死亡率高。对于 5 厘米以内的仔鱼和稚鱼，一旦感染病毒性神经坏死病，在 1 周内死亡率高达 100%。2021 年年初，由于天气变化反复无常，石斑鱼鱼卵孵化率较低；而且病毒性神经坏死病、烂身、肠道微孢子虫等病害频发，不仅导致苗种培育成活率较 2020 年低，苗种供应不稳定，还影响到石斑鱼整个养成时间。

三、2022 年生产形势预测

石斑鱼养殖已成为我国海水养殖的重要产业之一。近年来，石斑鱼养殖生产空间布局得到优化，水产养殖业绿色发展取得较大进展，工厂化养殖石斑鱼规模不断扩大，产品加工、流通等领域技术取得较大的进步，石斑鱼养殖业呈现出广阔的发展前景。根据 2021 年采集点的数据，以及目前全国的养殖情况来分析，2022 年石斑鱼的养殖生产将稳中有增，苗种投放量总体增加，预计产量将比 2021 年有较大幅度的增长，总体价格将比 2021 年略涨或持平。随着苗种繁育、养殖、加工等技术取得的进步，市场的不断拓展，我国石斑鱼养殖产业将呈现良好的发展态势。

四、对策与建议

1. 加强苗种培育，保障苗种的稳定供应　石斑鱼鱼苗孵化周期短，操作简单，但对技术要求较高；育苗过程中更是面临前期鱼苗开口关、后期鱼苗黑身病容易造成死亡等难题。现行的石斑鱼育苗主要是以开放式的培育模式为主，育苗环境难以控制，育苗过程中易受到天气、水质、病害等因素的影响，导致苗种培育成活率低，苗种质量参差不齐。因此，加强苗种培育技术研究，建立相关的制度和行业标准，推进标准化生态健康育苗模式，培育优质石斑鱼苗种，保障优质苗种的稳定供应，是整个石斑鱼养殖业中重要的一环。

2. 加强良种选育研究　水产良种是渔业持续发展的基础，提高良种覆盖率，也是促进石斑鱼康健养殖发展的重要途径之一。但是，我国石斑鱼育种的基础和应用基础研究还比较薄弱，目前石斑鱼良种选育研究较迟滞，培育出的石斑鱼优良新品种还比较少，能够推广应用的更是寥寥无几，良种的覆盖率还比较低。因此，应加强良种选育研究，为提高良种覆盖率打下基础。

3. 加强病害防控研究　石斑鱼产业已逐渐进入规模化养殖阶段，石斑鱼从育苗到养成过程中病害仍然非常严重，包括"烂身""肝肠炎""黑身病""脱黏病"等病害，以及近年来发生的肠道微孢子虫病等时有暴发，造成石斑鱼大面积死亡，给养殖生产造成了巨大的经济损失。因此，加强重要疫病防控研究，建立高度灵敏的病毒性神经坏死病等病原检测和病害防控技术，为石斑鱼养殖业的发展保驾护航。

4. 发展加工业，拓宽销售渠道　随着石斑鱼养殖规模和产量的不断扩大，需要不断地拓展消费市场，才能使石斑鱼养殖产业进入良好的发展状态。而目前以活鲜产品形式流通的单一渠道，极大地限制了石斑鱼市场消费面，这一流通渠道的劣势在疫情期间体现得尤为明显。因此，依据产业聚集优势发展石斑鱼产品精深加工技术，开发多种有较高附加值的新产品，加快实施品牌战略，并通过物联网等开发更多的销售模式，拓宽石斑鱼消费市场，这将是行业可持续健康发展的重要途径之一。

（赵志英）

卵形鲳鲹专题报告

一、采集点基本情况

2021年，全国卵形鲳鲹渔情信息采集点共9个。其中，海南省3个、广东省3个、广西壮族自治区3个；分别分布在海南澄迈县、临高县和陵水县，广东海陵区、雷州市，广西东兴市、钦州市和北海市。以网箱养殖为主，主要包括港湾内传统网箱养殖以及深水网箱养殖两种。

二、生产形势及特点

1. 总体特点分析

（1）生产投入　2021年，全国卵形鲳鲹采集点苗种投入费为2 761.91万元，同比下降16.05%。其中，海南省苗种投入费1 990.80万元，占总投入比例的72.08%；广东省苗种投入费151.35万元，占总投入比例的5.48%；广西壮族自治区苗种投入费619.76万元，占总投入比例的22.44%（表3-20）。相比于2020年，海南省和广西壮族自治区苗种投入费分别减少6.64%和40.68%；广东省苗种投入费增加33.82%。

表3-20　全国采集点卵形鲳鲹苗种投放情况

省份	苗种投入（万元）		
	2021年	2020年	增减率（%）
海南	1 990.8	2 132.40	−6.64
广东	151.35	113.10	33.82
广西	619.76	1 044.80	−40.68
合计	2 761.91	3 290.30	−16.06

（2）出塘量、收入和平均单价　2021年，全国采集点卵形鲳鲹养殖出塘数量、收入和平均出塘价格分别为7 431.65吨、14 145.11万元和19.03元/千克；同比降幅分别为23.54%、31.50%和10.44%（表3-21）。2021年，海南省采集点卵形鲳鲹出塘数量为6 083.58吨，占全国卵形鲳鲹采集点出塘数量的81.86%；广东省采集点卵形鲳鲹出塘量为338.06吨，占全国卵形鲳鲹采集点出塘数量的4.55%；广西壮族自治区采集点卵形鲳鲹出塘量为1 010.00吨，占全国卵形鲳鲹采集点出塘量的13.59%。2021年，海南省卵形鲳鲹出塘收入为11 522.54万元，同比下降38.12%。广东省为868.97万元，同比下降40.88%；广西壮族自治区为1 753.60万元，同比增加213.14%。平均出塘价格方面，广东省卵形鲳鲹平均出塘价格最高，为25.70元/千克；其次为海南省，平均出塘价格为18.94元/千克；广西壮族自治区最低，平均出塘价格为17.36元/千克。

表 3-21 2020—2021 年全国采集点卵形鲳鲹成鱼出塘情况

省份	成鱼出塘情况					
	出售量（吨）			销售收入（万元）		
	2021 年	2020 年	增减率（%）	2021 年	2020 年	增减率（%）
全国	7 431.64	9 719.37	−23.54	14 145.11	20 650.31	−31.50
海南	6 083.58	8 832.5	−31.12	11 522.54	1 8620.50	−38.12
广东	338.06	486.87	−30.56	868.97	1 469.81	−40.88
广西	1 010.00	400.00	152.50	1 753.60	560.00	213.14

（3）养殖损失 2021 年，全国采集点卵形鲳鲹产量损失合计 6 560.65 吨，经济损失合计 10 523.81 万元；与 2020 年相比，产量损失和经济损失分别增加了 193.24% 和 626.75%。采集点产量损失主要由于病害造成，占总损失量 69.4%；自然灾害损失占比为 30.6%。2021 年，海南省采集点受到台风及台风过后引发的刺激隐核虫等病害影响特别严重，部分企业损失量达到 75% 以上。

2. 专项情况分析

（1）投苗费、出塘量、销售收入和平均出塘价格均下降 2021 年，全国采集点卵形鲳鲹投苗费同比下降 16.05%。其中，广西壮族自治区采集点投苗费同比下降 40.68%；海南省采集点投苗费同比下降 6.64%。2021 年，全国采集点卵形鲳鲹出塘量、销售收入和平均出塘价格同比分别下降 23.54%、31.50% 和 10.44%。

（2）养殖产量损失较大 2021 年，全国采集点卵形鲳鲹养殖损失量较大，主要受台风和病害影响，总损失量为 6 560.65 吨，同比增幅为 193.24%。其中，海南省澄迈和临高后水湾深水网箱养殖基地损失量最大，主要原因为受台风"狮子山"和"圆规"连续影响，网箱结构发生改变，网衣破损后，养殖卵形鲳鲹死伤、逃逸较多；以及台风过后，网箱养殖卵形鲳鲹易感染刺激隐核虫以及继发性感染弧菌，损失较大。据统计，2021 年临高后水湾养殖卵形鲳鲹，因为病害损失高达 69.4%；临高后水湾和澄迈桥头深水网箱养殖基地，因为台风导致卵形鲳鲹死亡和逃逸达到总损失量的 30.6%。

（3）卵形鲳鲹成活率下降 2021 年，海南省采集点网箱养殖卵形鲳鲹成活率为 50%，比 2020 年下降 20%。

三、2022 年生产形势预测

1. 预计卵形鲳鲹投苗量会进一步减少，平均出售价格会趋于稳定 2021 年，卵形鲳鲹养殖受到平均出塘价格下降以及台风和病害影响，养殖利润空间进一步压缩，养殖户积极性受到影响。预计 2022 年，卵形鲳鲹养殖投苗量同比减少 15%。

卵形鲳鲹销售价格已经连续两年下降，目前平均出售价格为 19.03 元/千克，同比下降 10.44%。随着出塘数量减少以及市场需求回暖，预计 2022 年卵形鲳鲹平均出售价格将会止跌回升，趋于稳定。

2. 养殖病害损失会减少 由于 2021 年卵形鲳鲹养殖受灾害和病害影响较大，损失严重。2022 年会加大灾害防控力度，特别是加强病害防控，稳定养殖效益，减少病害损失。

四、产业发展的对策与建议

1. 做好养殖区域产业发展规划，严格控制养殖容量　随着深水网箱养殖产业的迅速发展，部分养殖区域，如临高后水湾、广西铁山港等，养殖负荷太大，病害频发，增加了养殖生产风险。建议提前做好养殖区产业的发展规划，加强管控，严格实施准入许可制度，切实有效地控制该区域的养殖容量。

2. 加大产业政策和资金扶持力度，建立健全水产养殖保险制度　卵形鲳鲹养殖模式主要为深水网箱养殖，生产成本高，受台风影响大，属于高投入、高风险的行业，需要政府加大政策引导和资金扶持力度，充分带动该产业的发展；同时，尽快建立健全水产养殖保险制度，有效降低养殖风险。

3. 建立网箱养殖鱼类病害预警预报系统和加强安全防控技术研究，提高养殖效益在卵形鲳鲹养殖的密集区域，应该加强对水质和鱼类行为的实时监测，建立养殖区域预警预报系统；加大养殖卵形鲳鲹细菌病害、刺激隐核虫等寄生虫病害的防控技术研究，有效预防大规模死鱼事件发生，提高养殖效益。

4. 加强监管，保障水产品质量安全　加强监管，定期抽样检查，全面禁止养殖过程中使用违禁药品；养殖企业应尽快建立水产品质量安全可追溯体系，全程跟踪养殖过程，保障水产品质量安全。

5. 加大宣传力度，打造品牌，提高产品价值　卵形鲳鲹为深水网箱养殖的主要品种，养殖企业应加大宣传力度，强化品牌建设，打造一批名特优产品，不断提高产品价值。

（涂志刚）

克氏原螯虾专题报告

一、采集点基本情况

2021年，全国水产技术推广总站在湖北、江苏、江西、湖南、安徽、河南等9个省份开展了克氏原螯虾（以下简称小龙虾）渔情信息采集工作，共设置采集点32个，采集点养殖规模2 168.60公顷。养殖方式包括稻虾综合种养和池塘养殖小龙虾两种。采集点共投放了价值13 160 712元的苗种，累计生产投入82 469 473元；出塘量4 358 973千克，销售额135 421 117元；全国小龙虾出塘均价为31.07元/千克。

二、生产形势分析

1. 生产投入情况 2021年，全国采集点累计生产投入82 469 473元，同比上升21.45%。其中，物质投入65 702 150元，同比上升27.52%；服务支出7 335 613元，同比上升9.34%；人力投入9 431 710元，同比下降2.47%。物质投入中，苗种费同比上升301.68%；饲料费同比上升23.13%；燃料费同比上升2.43%；塘租费同比下降3.24%；固定资产折旧费同比下降1.25%；其他费用同比下降42.61%。服务支出中，电费同比上升1.95%；水费同比上升119.26%；防疫费同比上升11.15%；保险费同比下降69.45%；其他费用同比上升12.23%。人力投入中，本户（单位）人员费用同比上升11.08%；雇工费用同比下降11.32%（表3-22）。

表3-22 2020—2021年全国小龙虾生产投入情况对比

项目	2020年	2021年	增减率（%）
生产投入（元）	67 902 639	82 469 473	21.45
一、物质投入（元）	51 522 837	65 702 150	27.52
1. 苗种费（元）	3 276 423	13 160 712	301.68
2. 饲料费（元）	22 634 637	27 870 276	23.13
3. 燃料费（元）	151 135	154 806	2.43
4. 塘租费（元）	22 041 450	21 326 622	−3.24
5. 固定资产折旧费（元）	2 967 566	2 930 566	−1.25
6. 其他（元）	451 626	259 168	−42.61
二、服务支出（元）	6 709 166	7 335 613	9.34
1. 电费（元）	2 004 036	2 043 048	1.95
2. 水费（元）	132 435	290 380	119.26
3. 防疫费（元）	3 338 131	3 710 447	11.15
4. 保险费（元）	114 900	35 098	−69.45
5. 其他（元）	1 119 664	1 256 640	12.23

（续）

项目	2020 年	2021 年	增减率（%）
三、人力投入（元）	9 670 636	9 431 710	−2.47
1. 本户（单位）人员费用（元）	3 820 486	4 243 755	11.08
2. 雇工费用（元）	5 850 150	5 187 955	−11.32

从生产构成来看，2021 年全国采集点小龙虾生产投入中，物质投入占比 79.67%，服务支出占比 8.89%，人力投入占比 11.44%（图 3-32）。物质投入中，苗种费占比 20.03%，饲料费占比 42.42%，燃料费占比 0.24%，塘租费占比 32.46%，固定资产折旧费占比 4.46%，其他占比 0.39%。服务支出中，电费占比 27.85%，水费占比 3.96%，防疫费占比 50.58%，保险费占比 0.48%，其他占比 17.13%。人力投入中，本户（单位）人员费用占比 44.99%，雇工费用占比 55.01%。

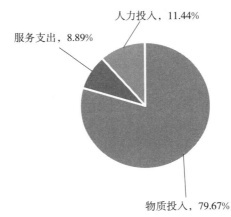

图 3-32　2021 年全国小龙虾生产投入占比情况

2. 产量、收入及价格情况　2021 年，全国采集点小龙虾出塘量 4 358 973 千克，同比上升 25.46%；销售额 135 421 117 元，同比上升 33.69%。2021 年，全国采集点小龙虾主要出塘高峰期集中在 4 月、5 月、6 月、7 月，出塘淡季集中在 1 月、2 月、3 月、9 月、11 月、12 月。其中 5 月份出塘量最大，达 1 667 237 千克，同比上升 36.54%，销售额 37 283 681 元，同比上升 40.27%（表 3-23）。

表 3-23　2020—2021 年 1—12 月全国小龙虾出塘量和销售额

月份	出塘量（千克）		出塘量增减率（%）	销售额（元）		销售额增减率（%）
	2020 年	2021 年		2020 年	2021 年	
1	251	422	68.13	13 280	24 070	81.25
2	2 412	90 405	3 648.13	128 930	3 428 402	2 559.12
3	120 768	53 995	−55.29	4 435 801	2 748 308	−38.04
4	459 278	690 953	50.44	12 450 196	29 395 996	136.11
5	1 221 029	1 667 237	36.54	26 580 820	37 283 681	40.27

（续）

月份	出塘量（千克）		出塘量增减率	销售额（元）		销售额增减率
	2020 年	2021 年	（%）	2020 年	2021 年	（%）
6	701 736	971 285	38.41	20 396 728	29 958 694	46.88
7	480 360	404 234	−15.85	17 785 414	15 770 370	−11.33
8	377 574	220 144	−41.70	15 659 557	8 576 741	−45.23
9	66 114	81 603	23.43	1 950 082	3 634 335	86.37
10	17 705	172 498	874.29	727 094	4 121 840	466.89
11	22 459	5 694	−74.65	748 016	453 800	−39.33
12	4 803	503	−89.53	420 215	24 880	−94.08
合计	3 474 489	4 358 973	25.46	101 296 133	135 421 117	33.69

2021 年，全国采集点小龙虾全年出塘均价达 31.07 元/千克，较 2020 年 29.15 元/千克上升 6.59%（表 3-24）。

表 3-24 2020—2021 年 1—12 月小龙虾出塘价格

年份	月度出塘价（元/千克）											
	1 月	2 月	3 月	4 月	5 月	6 月	7 月	8 月	9 月	10 月	11 月	12 月
2020	52.91	53.45	36.73	27.11	21.77	29.07	37.03	41.47	29.50	41.07	33.31	87.49
2021	57.04	37.92	50.90	42.54	22.36	30.84	39.01	38.96	44.54	23.90	79.70	49.46

三、结果分析

1. 生产投入分析 2021 年，生产总投入呈现上升趋势，说明全国生产正从疫情中恢复，小龙虾生产投入逐步提高。物质投入整体上升，其中，塘租费、固定资产折旧费、其他费用投入下降；苗种费、饲料费、燃料费投入上升，其中，苗种费投入上升幅度最大、燃料费投入上升幅度最小。主要原因是 2021 年小龙虾生产逐渐恢复，2020 年虾苗的低价，导致养殖户自繁虾苗量不足，外购需求大增。服务支出整体上升，其中，除了保险费大幅下降；电费、水费、防疫费、其他费用均上升，其中，水费上升幅度最大外，防疫费小幅上升，电费基本保持稳定。原因可能是 2021 年部分小龙虾养殖模式的转变，养殖水量的需求更大。人力投入小幅下降，总体保持平稳，本户（单位）人员费用同比上升，雇工费用同比下降。说明随着疫情的缓和，本地员工成本小幅提高，雇工成本相较疫情期间逐渐回落。

生产投入中，物质投入占比最大，其次是人力投入。物质投入中，饲料费占比最大，其次是苗种费投入占比。与 2020 年相比，2021 年饲料费占比变动不大，苗种费占比上升，塘租费占比下降，符合 2020 年外购苗种需求量的情况。服务支出中，防疫投入占比最大，其次是电费费用。人力投入中，本户（单位）人员费用比雇工费用占比略高，相较 2020 年，雇工费用占比有下降的趋势。

2. 产量、收入及价格分析 2021 年，采集点小龙虾出塘量、总销售额呈上升趋势，年均价小幅上升。4—6月是小龙虾销售旺季，采集点小龙虾出塘量均同比上升，除了3月、7月、8月、11月、12月等传统淡季，小龙虾出塘量同比小幅下降；1月、2月、9月、10月出塘量均同比上升，特别是2月、10月增幅较大，销售额的情况与出塘量的变化趋势大致相同。说明随着小龙虾养殖模式的转型升级，部分采集点开展多季虾养殖，淡季也有成虾集中出塘销售，小龙虾全年上市时间更加均衡。

2021年，采集点小龙虾出塘价相对2020年略有上升。2月、10月、12月虾价大幅低于2020年；3月、4月、9月、11月虾价大幅高于2020年。主要原因是3月、4月以虾苗销售为主，而2020年虾苗保种量小，导致2021年初虾苗产能不足，市场虾苗供不应求，价格上升。2021年，秋、冬季小龙虾错峰上市量大，价格高，2月、10月、12月虾价同比下降，符合市场销售规律。

四、2022年生产形势预测

1. 加快小龙虾养殖业转型升级　近几年，小龙虾养殖经历了暴发式增长后，市场趋于饱和，市场逐渐转向高品质、大规格小龙虾，这对小龙虾养殖模式提出了更高的要求。一是采用"繁养分离、精准养殖"的模式，合理控制密度、精准投放，实现养大虾、养好虾；二是鼓励多季虾养殖，充分利用稻田时空资源和其他养殖方式，结合秋苗、早春苗繁育技术突破，延长小龙虾上市周期，提高综合效益；三是探索稻虾＋N轮作共养模式，鼓励探索稻虾鸭、稻虾鳝等综合种养新模式。鸭、鳝具备较高的经济价值，通过摄食虾苗，能有效控制小龙虾密度，提升优质大虾产出比例，实现一田多收，提高了养殖户亩产效益。

2. 小龙虾苗种研究有待加强　小龙虾长期采取"自繁自养"的模式供苗，良种选育和优质苗种的规模化繁育开展相对迟缓，进一步加剧了小龙虾的种质质量问题，加上虾苗运输过程部分采用干运法，过高的密度和长时间的运输，导致虾苗下水成活率不高。小龙虾养殖业呈现商品成虾个体小型化、生长速度变慢、出肉率降低、病害频繁暴发的尴尬局面。建议观念上要积极转变，养殖户苗种使用上，尝试"新技术""新模式""新品种"；继续开展人工诱导繁育，推广"人工繁育苗"，确保虾苗质量、数量和供苗时间可控；优化虾苗运输方法，采用水运法，减少干运法带来的损伤，提高虾苗存活率。

3. 小龙虾产业链待进一步完善　小龙虾产业发展迅速，但下游生产产出较单一。加上小龙虾供给周期性明显，生产旺季过于集中，导致市场渠道竞争激烈、饱和高。要加快发展小龙虾加工业，提高加工成品比例，改变小龙虾集中上市、集中消费的局面，稳定行业价格。鼓励打通小龙虾产业链，促进一、二、三产业融合发展，推动休闲旅游、科普教育等，实现产业提质增效、可持续发展。

（易　翀）

南美白对虾专题报告

一、采集点有关情况

2021年，全国淡水养殖南美白对虾渔情监测在河北、辽宁、江苏、浙江、安徽、山东、河南、湖北、广东、海南10个省份设置采集点。监测淡水池塘养殖面积373.79公顷，比2020年减少53.81公顷；其他养殖面积26.67公顷，较2020年减少5.46公顷。

2021年，全国海水养殖南美白对虾渔情监测在河北、浙江、福建、山东、广东、广西、海南7个省份设置采集点。监测海水池塘养殖面积811.73公顷，比2020年增加236.26公顷；工厂化养殖106 000米³水体，与2020年持平。

二、生产形势的特点分析

从全国渔情采集点数据看出，2021年淡水养殖南美白对虾销售数量、生产投入及受灾损失均同比下降，但受综合平均出塘价格上涨影响，销售额同比增加；海水养殖南美白对虾销售额、销售数量、综合平均出塘价格及生产投入均同比上涨，但受灾损失同比下降。

1. 销售额、销售数量和综合销售价格　全国淡水养殖南美白对虾监测点销售收入、销售数量、综合平均出塘价格分别为7 521.38万元、178.51万千克和42.14元/千克；与2020年相比，销售收入和综合平均出塘价格均有所增加，因监测点较2020年面积减少5.46公顷，造成南美白对虾销售数量同比有所下降，下降6.66%。

全国海水养殖南美白对虾监测点销售收入、销售数量、综合平均出塘价格分别为18 393.05万元、510.17万千克和36.05元/千克；与2020年相比，销售收入、销售数量、综合平均出塘价格同比均有所增加。

淡水养殖南美白对虾情况分析，从表3-25和表3-26看出，河北、浙江、安徽和河南等省份的销售收入和销售数量同比增加，辽宁、江苏、山东和广东等省份的销售收入和销售数量则同比下降；受综合平均出塘价格影响，湖北和海南两省在销售数量下降的情况下，销售收入反而同比增加。从表3-25看，河北、江苏、浙江、湖北、广东和海南等省份综合平均出塘价格同比上涨5.99%～39.47%。其中，海南省上涨幅度最高，达39.47%；湖北省平均出塘价格最高，达到60.53元/千克。辽宁、安徽、山东和河南等省份综合平均出塘价格同比下降2.22%～20.18%。

表3-25　南美白对虾（淡水）销售情况对比

省份	销售额（万元）			销售数量（万千克）		
	2020年	2021年	同比增减率（%）	2020年	2021年	同比增减率（%）
全国	7 399.97	7 521.38	1.64	191.24	178.51	−6.66
河北	1 012.96	1 606.25	58.57	31.41	40.67	29.48

（续）

省份	销售额（万元）			销售数量（万千克）		
	2020 年	2021 年	同比增减率（%）	2020 年	2021 年	同比增减率（%）
辽宁	44.72	16.85	−62.32	0.81	0.38	−53.09
江苏	507.01	303.82	−40.08	13.68	7.73	−43.49
浙江	2 600.40	3 001.74	15.43	64.27	68.49	6.57
安徽	110.50	174.00	57.47	3.90	7.10	82.05
山东	1 371.76	732.85	−46.58	33.76	19.76	−41.47
河南	244.39	248.78	1.80	5.70	5.93	4.04
湖北	116.20	134.31	15.59	2.39	2.22	−7.11
广东	1 373.45	1 281.90	−6.67	34.69	25.72	−25.86
海南	18.58	20.88	12.38	0.63	0.51	−19.05

表 3-26　南美白对虾（淡水）综合平均出塘价格情况对比

省份	综合平均出塘价格（元/千克）		
	2020 年	2021 年	增减率（%）
全国	38.70	42.14	8.89
河北	32.24	39.50	22.52
辽宁	55.55	44.34	−20.18
江苏	37.07	39.29	5.99
浙江	40.46	43.83	8.33
安徽	28.33	24.51	−13.48
山东	40.63	37.09	−8.71
河南	42.88	41.93	−2.22
湖北	48.72	60.53	24.24
广东	39.59	49.84	25.89
海南	29.59	41.27	39.47

海水养殖南美白对虾情况分析，从表 3-27 可看出，浙江和广东两省的销售收入及销售数量均同比增加，其中，浙江省增幅最高，销售收入及销售数量分别同比增加 84.82% 和 67.22%；河北、福建、山东及海南等省份销售收入、销售数量均同比下降，其中，销售收入下降 2.81%～33.74%，销售数量下降 10.61%～36.01%。从表 3-28 看，全国仅广西综合平均出塘价格下降了 4.34%；而河北、浙江、福建、山东、广东和海南等省份综合平均出塘价格同比上涨 3.54%～38%，其中，海南省上涨幅度最高，达 38%。

表 3-27　南美白对虾（海水）销售情况对比

省份	销售额（万元）			销售数量（万千克）		
	2020 年	2021 年	同比增减率（%）	2020 年	2021 年	同比增减率（%）
全国	15 450.35	18 393.05	19.05	453.01	510.17	12.62

（续）

省份	销售额（万元）			销售数量（万千克）		
	2020 年	2021 年	同比增减率（%）	2020 年	2021 年	同比增减率（%）
河北	1 388.34	980.49	−29.38	28.00	18.70	−33.21
浙江	817.00	1 510.00	84.82	21.14	35.35	67.22
福建	1 377.25	912.60	−33.74	26.65	17.05	−36.02
山东	3 516.83	3 418.01	−2.81	123.96	110.81	−10.61
广东	6 561.08	9 832.21	49.86	199.15	275.68	38.43
广西	1 456.65	1 427.29	−2.02	45.85	46.97	2.44
海南	333.20	312.45	−6.23	8.26	5.61	−32.08

表 3-28　南美白对虾（海水）综合平均出塘价格情况对比

省份	综合平均出塘价格（元/千克）		
	2020 年	2021 年	增减率（%）
全国	34.11	36.05	5.69
河北	49.59	52.44	5.75
浙江	38.64	42.72	10.56
福建	51.68	53.51	3.54
山东	28.37	30.85	8.74
广东	32.94	35.67	8.29
广西	31.77	30.39	−4.34
海南	40.34	55.67	38.00

　　近年来，"虾难养"的问题日益突出，养殖成活率和成功率低，已直接影响到南美白对虾养殖业的可持续发展。究其原因，主要有以下几点：一是种的问题。由于南美白对虾进口亲虾受各种因素影响，种苗质量不稳定且数量、价格受制于人；而国内研发的南美白对虾新品种产能不足，市场占有率较低，导致种源问题日益突出。二是饲料问题。饲料原料价格一直上涨，导致饲料价格也一路走高；另外，饲料质量良莠不齐，直接导致饲料系数增高，养殖成本增加。三是病害问题。随着高密度、集约化养殖的流行，养殖环境逐渐复杂化，病害类型也呈现出多样化的发展趋势，病害频发直接导致养殖成功率降低。四是自然灾害问题。受极端恶劣天气影响，自然灾害频发，加之现在大多数南美白对虾养殖依旧是露天养殖，"靠天吃饭"越来越艰难。

　　从 2021 年的南美白对虾市场表现来看，有以下几个特点：一是在全国南美白对虾养殖主产区——华南地区，因病害频发造成养殖成活率低，养殖成本高、市场价格低导致收益不理想，许多养殖场为降低生产成本，实施鱼虾蟹生态混养，或者转养其他鱼类品种，造成投苗量下降。二是华东及华北地区因水产绿色健康养殖五大行动的推进，整治、改造养殖池塘，限制温室和温棚养虾尾水直排，禁止使用燃煤锅炉等，导致南美白对虾养殖规模压缩。三是受新冠肺炎疫情影响，有些地区封村、封路，导致运虾车进不来，养成的虾无人收，大量虾存池压塘；饲料运输车进不来，池塘里的虾忍饥挨饿，营养不良，虾病频发；具体表现为采集点南美白对虾的综合平均出塘价格和出塘量断崖式下跌。

2. 养殖生产投入情况 全国淡水养殖南美白对虾监测点生产投入 6 216.31 万元，同比减少 0.28%。其中，物质投入 4 743.27 万元，占生产投入的 76.30%；服务支出 930.68 万元，占生产投入的 14.97%；人力投入 542.36 万元，占生产投入的 8.72%（图 3-33）。

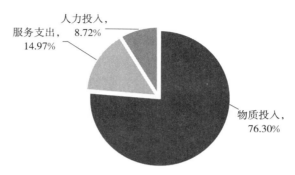

图 3-33 南美白对虾（淡水）生产投入比例构成情况

全国海水养殖南美白对虾监测点生产投入 13 621.62 万元，同比增加 2.09%。其中，物质投入 9 603.90 万元，占生产投入的 70.50%；服务支出 2 031.61 万元，占生产投入的 14.91%；人力投入 1 986.11 万元，占生产投入的 14.58%（图 3-34）。

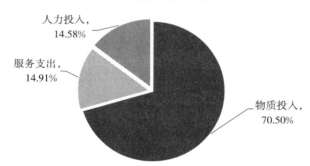

图 3-34 南美白对虾（海水）生产投入比例构成情况

2021 年，南美白对虾生产投入呈现"淡减海增"。养殖生产投入以物质投入为主；物质投入以苗种费、饲料费和塘租费 3 项占比最高，合计达总投入比重的 94% 以上。其中，占比最高的为饲料费，其次为苗种费。饲料质量直接影响到虾的生长，也直接影响养殖效益；目前市场上饲料价格一般为 8 000～10 000 元/吨，受饲料原料上涨影响，饲料价格预计将继续上涨，饲料投入占比将继续维持在较高水平。从表 3-29 和表 3-30 看，2021 年，南美白对虾投苗金额和养殖面积呈"淡增海减"，但投苗数量呈"淡减海增"。具体来说：一是淡水南美白对虾投苗金额和养殖面积同比分别上涨 33.16% 和 6.65%，但投苗数量同比下降 16.54%；二是海水南美白对虾投苗金额和养殖面积同比分别下降 21.10% 和 22.79%，但投苗数量同比增长 406.64%。从淡水和海水养殖南美白对虾投苗数量与投苗金额的关系看，两者均呈负相关关系。说明 2021 年淡水养殖南美白对虾虾苗单价上涨，但是海水养殖南美白对虾虾苗单价下跌。受物价上涨的影响，大多数塘租费均较往年上涨，一般单价为 2 500～8 000 元/亩，这也提高了养殖成本；还有电费、防疫费、雇工工资等费用普遍较 2020 年上涨，导致养殖户经济利润降低。

表 3-29　南美白对虾（淡水）投苗情况对比

省份	投苗金额（万元）			投苗数量（万尾）			养殖面积（亩）		
	2020 年	2021 年	同比增减率（%）	2020 年	2021 年	同比增减率（%）	2020 年	2021 年	同比增减率（%）
全国	1 005.01	1 338.26	33.16	30 935.00	25 817.00	−16.54	8 544.00	9 112.00	6.65
河北	250.00	251.00	0.40	8 520.00	7 150.00	−16.08	2 200.00	2 290.00	4.09
辽宁	18.80	84.25	348.14	495.00	1 900.00	283.84	127.00	167.00	31.50
江苏	35.60	38.40	7.87	1 350.00	1 150.00	−14.81	410.00	410.00	0.00
浙江	333.34	729.98	118.99	9 447.00	8 490.00	−10.13	2 388.00	3 503.00	46.69
安徽	30.00	3.00	−90.00	1 000.00	100.00	−90.00	486.00	280.00	−42.39
山东	144.69	81.73	−43.51	3 475.00	1 945.00	−44.03	1 590.00	1 597.00	0.44
河南	33.50	38.15	13.88	795.00	925.00	16.35	560.00	200.00	−64.29
湖北	18.40	12.53	−31.90	120.00	362.00	201.67	128.00	0.00	−100.00
广东	137.06	92.07	−32.83	5 556.00	3 587.00	−35.44	615.00	635.00	3.25
海南	3.62	7.15	97.51	177.00	208.00	17.51	40.00	30.00	−25.00

表 3-30　南美白对虾（海水）投苗情况对比

省份	投苗金额（万元）			投苗数量（万尾）			养殖面积（亩）		
	2020 年	2021 年	同比增减率（%）	2020 年	2021 年	同比增减率（%）	2020 年	2021 年	同比增减率（%）
全国	3 277.95	2 586.27	−21.10	1 027 634.00	5 206 430.00	406.64	34 386.00	26 548.00	−22.79
河北	125.18	163.44	30.56	7 000.00	8 215.00	17.36	3 932.00	4 132.00	5.09
浙江	89.30	75.10	−15.90	4 950.00	3 975.00	−19.70	108.00	80.00	−25.93
福建	113.49	54.38	−52.09	5 351.00	1 502 000.00	27 969.52	326.00	196.00	−39.88
山东	1 137.27	1 100.40	−3.24	841 560.00	1 543 660.00	83.43	21 300.00	12 300.00	−42.25
广东	1 027.41	1 026.25	−0.11	161 415.95	141 748.00	−12.18	7 100.00	7 100.00	0.00
广西	641.39	85.95	−86.60	1 498.00	2 002 617.00	133 586.05	1 450.00	1 350.00	−6.90
海南	143.91	80.75	−43.89	5 860.00	4 215.00	−28.07	170.00	1 390.00	717.65

3. 养殖损失　全国淡水养殖南美白对虾监测点受灾损失 282.39 万元，同比减少 21.71%。其中，病害损失 256.39 万元，同比减少 7.58%；自然灾害损失 6 万元，同比减少 90.61%；其他灾害损失 20 万元，同比增加 3.2%。

全国海水养殖南美白对虾监测点受灾损失 131.34 万元，同比减少 40.71%。其中，病害损失 101.97 万元，同比减少 24.54%；自然灾害损失 27.37 万元，同比减少 65.79%；其他灾害损失 2 万元，同比减少 68.75%。

总体而言，2021 年南美白对虾养殖受灾经济损失较 2020 年低。一是因优质高档品牌苗的市场份额提高，这些苗在出厂前均进行了病害检测，有效降低了养殖期病害暴发的风险，但依然存在因养殖病害导致的排塘，主要病害有偷死病、肠炎病、白斑综合征和红体病等；二是自然灾害损失，强台风给沿海地区带来了大量强降雨，有些地方发生洪涝淹没池塘，直接影响了南美白对虾养殖业的经济效益；三是其他灾害损失，如养殖用水水质受到污染、停电导致的对虾缺氧死亡等损失同比大幅度增加，都直接给养殖企业（户）带来了巨大的经济损失。

三、存在问题

1. 市场供过于求　受水产品市场总体供过于求的影响，养殖主体在扩大再生产和开展技术创新方面均缺乏积极性。

2. 养殖成本高　养殖投入逐年增加，如饲料投入、塘租、人员工资等，对养殖户发展生产带来了较大的成本压力，同时，也直接降低了南美白对虾养殖平均利润率。

3. 虾难养　南美白对虾养殖受到种、饲料、病害及自然灾害的影响，养殖成活率和成功率低，已直接影响到南美白对虾养殖业的可持续发展。

四、政策建议

1. 开展池塘改造和尾水治理　将传统池塘改造为高标准规范的精养高产池塘，或者将其改造成为高位池虾塘，提高养殖效率；通过建设人工湿地、生态渠塘等生态治理措施的实施，减少养殖尾水直接排入周边河流或海域而造成水环境污染；建设具有防风、保温功能的温室或大棚，减少自然灾害带来的损失，同时，还能降低病害的发生。

2. 投放优质种苗　种苗质量是发展南美白对虾养殖业的关键环节。具体措施有：一是开展南美白对虾良种选育工作；二是开展种苗产地检疫，检疫合格者才能上市；三是优选正规种苗品牌公司繁育、生产的虾苗，特别是生长速度快、抗病力强的虾苗，投放之前一定要先标粗，以提高养殖的成活率和成功率。

3. 投喂优质饲料　现有的南美白对虾饲料生产厂家很多，质量良莠不齐。养殖者选购饲料时，要优选有一定规模、技术力量雄厚、售后服务到位、信誉度好、养殖效果佳（主要以价效比高和成活率高为参数）的饲料厂家生产的饲料。在养殖过程中，一定要注意控制投喂强度，实施动态投喂，最大限度地发挥饲料的效能。

4. 推广养殖新模式　一是工厂化养殖，该模式通过全程自动化控温、机械增氧、生化调节水质和循环水养殖，实现循环水、零排放、低污染的生态养殖效果，可有效规避养殖技术风险，大幅提高养殖成功率；二是生态养殖，该模式主要由生态养虾、保健养虾、鱼虾混养、虾贝混养、虾蟹混养、轮养等生态养殖模式及其技术构成，可有效提高养殖效益，增产增收。实践证明，上述两类技术模式能大幅度提高南美白对虾养殖成活率和成功率。

5. 以防为主、科学防治病害　在养殖过程中，必须坚持"以防为主、防重于治、防治结合"的原则，做到对症下药。相关应对措施还要从苗种质量、养殖模式、水质管理、营养强化、提高免疫力等多方面入手，采取各方面的综合措施进行预防和控制，提高养殖成功率，避免病害范围扩大而造成大规模的经济损失。

五、2022 年生产形势预测

1. 苗种投放量继续增加　2021 年，南美白对虾整体产量和综合平均出塘价格趋向稳中有涨。预测 2022 年，南美白对虾的投苗量仍会继续增加。

2. 价格稳中有涨　受疫情影响，南美白对虾进口和出口量都受到影响；但国内消费水平提高，消费需求量继续增加。预计 2022 年，南美白对虾价格整体稳中有涨。

3. 养殖病害影响生产　在养殖面积一定的情况下，增加投苗量，意味着养殖密度就会提高；而高密度养殖极易造成病害暴发。预计 2022 年，养殖病害仍然会导致养殖效益受到影响。

（符　云）

河蟹专题报告

2021年，全国河蟹养殖渔情信息采集区域涉及6个省（辽宁、江苏、安徽、湖北、江西、河南），27个采集县，56个采集点。

一、生产情况

1. 出塘量同比减少、收入略增 全国采集点河蟹出塘总量为3 759.29吨，同比减少5.40%；出塘收入33 200万元，同比增加1.77%。其中，1—3月出塘收入3 884.09万元、出塘量467.24吨，同比分别减少12.74%、48.14%；6—8月出塘收入626.87万元、出塘量80.99吨，同比分别增加94.17%、64.46%；9—12月出塘收入28 140.52万元、出塘量3 129.41吨，同比分别增加1.80%、4.95%。

对比分析2020—2021年采集点河蟹出塘情况，主要原因是：2021年1—3月出塘量是2020年存塘的蟹，出塘量及收入同比下降，但销售价格明显高于2020年同期；2021年6—8月出塘量及收入同比大幅上升，养殖户为规避风险，卖六月黄的比例加大，以期获得较好价格；2021年9—12月是蟹传统的出售季节，出塘量及销售收入同比变化不大，出塘价格低于2020年同期。采集点数据综合来看，1—12月出塘量同比减少的情况下，出塘收入略增。

综合全国河蟹主养区实际情况，2021年河蟹养殖受天气、水灾、病害等影响，减产10%～20%，销售价格呈明显的高开低走的形势，中秋到国庆期间价格上涨，后面一直持续低迷不振。以江苏省为例，9—12月采集点出塘收入22 101.64万元、出塘量2 367.32吨，同比分别减少6.13%、3.72%；出塘量减幅小于出塘收入减幅，说明销售价格低于2020年，采集点销售价格93.36元/千克，同比减少2.5%。调研中了解到江苏省养殖户普遍减产20%～30%，特别是大规格蟹减产较多，存塘蟹较2020年多，价格低于2020年同期的20%～50%。

2. 市场行情低迷，产量品质均不及预期 2021年，全国河蟹市场行情呈现典型的"直线下坡"趋势。自2021年中秋节、国庆节达到市场售价最高点以后，商品蟹批发价格一路走低，至12月处于最低点且销售不畅，这与2020年后期商品蟹价格"逆市上扬"形成鲜明对比。

2021年虽然极端天气较少，但气候反复无常变化多，前期雨天虽少但阴天多，光照不足温度低，春季开始就有烂草情况发生，导致全年水草管控面临巨大压力；后期降温晚、降温急，对河蟹产量和品质都产生了很大的影响。2021年，早上市干塘销售的养殖户，产量较高，相较2020年增产20%以上；但若是压塘销售的，后期回捕率大幅度下降，相较往年减产20%～30%。规格虽较以往增加，但河蟹品质较差，前期成熟度不够，后期空蟹、臭蟹比例都远远高于往年。

2021年9—10月"秋老虎"强势上线，气温居高不下，对商品蟹育肥极为不利。尤其是大规格与特大规格的商品蟹成熟度、品质欠佳，导致两节期间河蟹主产区未能大量出货，由此导致后期大量商品蟹压塘且观望心态严重。随着时间推移，最终导致"千军万马过独木桥"。受疫情起伏反复等因素影响，河蟹出口也受到影响，餐饮业等服务业消费疲软，消费力下降，也是导致商品蟹消费流通不畅的重要原因之一。

3. 养殖成本大幅度增加，降本增效迫在眉睫 采集点数据显示，总成本 26 073.72 万元，同比增加 13.01％。调研了解到：2021 年，受全球通胀的影响，螺蛳、水草、饲料成本明显增加。由于各大湖区禁捕，2021 年黄丝草等水草很难买到，因长江禁捕以及行业垄断，冰鱼的价格更是从 2020 年 48 元/板的价格最高涨至 75 元/板；另外，其他基础设施翻新维修以及各类渔具材料，也有 30％左右的涨幅。同时受天气影响，2021 年调水保草压力较大，动保产品的投入也较 2020 年有所增加。综合计算，河蟹生产成本的涨幅已经达到 20％～30％，降本增效面临考验。

4. 病害损失较大，养殖中后期暴发 采集点数据显示，2021 年病害损失 535.87 万元，同比增加 29.14％。相比 2020 年，再次暴发的"水瘪子"病及后期批量化损蟹问题。2021 年，河蟹养殖病害问题主要集中在后期育肥阶段，主要表现为雄蟹品质欠佳，部分蟹出现"水瘪子"初期症状、鳃丝紊乱、内部腐臭，脱水后死亡率较高。以上问题主要与后期商品蟹育肥期气温持续较高有关。河蟹规格越大，溶氧与营养需求越旺盛，育肥难度也越大，因此，雄蟹往往比雌蟹更易遭受病害侵袭。2021 年，长时间的"秋老虎"现象打破了固有的平衡，较高的水温未能按时按下生殖洄游的"按钮"，加之部分养殖池塘水质调控与管理缺失以及营养积累不足等问题，导致雄蟹营养积累与转化受阻。

二、专项情况分析

2021 年，河蟹种苗规模化繁育，江苏省沿海滩涂是全国河蟹种苗（大眼幼体）规模化繁育面积最大、最重要的核心主产区。江苏省蟹苗年繁育量约占全国总产量的 90％，种苗繁育作为河蟹产业链的最上游，备受瞩目和关注。

自 2018 年以来，利用特大规格的河蟹亲本（雌蟹 250 克/只、雄蟹 350 克/只以上）进行规模化繁育，已成为行业内的主流方向。因其市场需求旺盛、售价较高、利润空间较大，与此同时，风险与问题也随之而来。主要表现在以下两个方面：

1. 2021 年蟹苗繁育过剩 2019 年与 2020 年连续两年，江苏省沿海滩涂蟹苗繁育总体情况较好，年繁育量稳定在 80 万千克左右，蟹苗繁育经营主体盈利率（面）维持在较高水平。因蟹苗繁育入门门槛较低，加之连续盈利面影响及其他行业转型升级压力，部分从事其他水产行业的经营主体加入河蟹育苗行业，同时，部分现有育苗主体不断增加育苗规模与面积，导致 2021 年江苏省蟹苗繁育过剩，后期销售被严重积压，最终导致"无市无价"。

2. 以"大"论"优质亲蟹"成为行业内的"价值导向" 一时间，河蟹亲本规格"越大越好"成为主导方向，导致无序引种现象突出（部分模式通过采取降低蟹种放养密度的方式，以提高成蟹养殖规格，而这部分规格较大的亲蟹在遗传学方面可能并非优势群体），科学育种理论与技术体系缺乏，在"良种"选育方面存在隐患。

三、存在的主要问题

1. "产业浮躁症"与急功近利现象突出 以江苏省为例，自开始盛行利用特大规格河蟹亲本繁（培）育的苗种进行成蟹养殖开始，急功近利现象"愈演愈烈"。一定程度上，河蟹亲本规格越大，后代养殖规格呈正相关趋势。河蟹养殖规格的增大，需要更高的投入和更为精细的管理作为支撑，即更高的溶氧、更丰富的营养和更严苛的水质条件。换言之，利用特大规格河蟹亲本苗种养殖成蟹难度陡然提升，投入、技术与管理的不匹配，可能是导致成蟹回捕率偏低的主要原因。

2. 盲目追求大规格商品蟹，忽略大众消费需求 从近 10 年来河蟹市场行情分析，中小规格商品蟹市场销售价格相对稳定且销售畅通，以家庭为单位的大众消费需求旺盛；相反，大规格商品蟹价格波动较为剧烈，尤其是特大规格商品蟹尤为明显，有时还会出现"有价无市"流通受阻的问题，这无疑加大了生产和流通的风险。

3. 盲目扩大养殖规模，追求利益最大化 不论是 1 龄蟹种培育还是成蟹养殖，部分新型经营主体或养殖户通过自身努力，在小规模养殖池塘连续获得较高收益后，继续扩大养殖规模，以追求利益最大化。河蟹作为精细化管理突出的养殖品种，家庭式或中小规模养殖池塘管理显著区别于企业化管理运营模式，这对企业负责人的专业技术能力、组织协调能力、资金投入能力、抵御风险能力及运营管理能力等，均提出了更高的要求。规模的持续扩大，风险系数也随之加大。

四、2022 年生产形势预测

1. 蟹种价格降幅较大，规格产量双增 2021 年，江苏省蟹苗繁育过剩，后期销售价格低廉，半卖半送。甚至为了空池，出现了白送的情形，导致蟹苗放养量同比大幅增加。天气适宜，培育技术成熟、管理水平逐步提高，蟹苗质量好，扣蟹产量、规格自然也高，随着养殖规模进一步压缩，减少了蟹种的需求量，蟹种过剩成定局，价格自然下降。

2. 节日倒逼提早上市，养殖期缩短品质下降 2021 年中秋节，为一年中河蟹行情最好的时候，大量养殖户强行起捕上市。结果因为产品体验变差，引发大量消费差评，后市蟹价断崖式下跌。2022 年，中秋节比 2021 年还要提早 10 天，预测仍会出现养殖户强行卖蟹的现象。这对后续行情走势会产生显著影响，可能中秋节过后蟹价会再度"跳水"，而且随着时间延续，存塘压力会快速增大。

2022 年春节前后，河蟹主产区长江流域天气寒冷，扣蟹放养进度会推迟，影响了生长周期。扣蟹到成蟹需要蜕壳 5 次，其中，第 4、5 次蜕壳尤为关键，集中在上市前 8～9 月，而且这段时间是河蟹性腺发育的时期，直接决定了蟹的成熟度和肥满度。2022 年的河蟹品质不容乐观。

五、发展与思考

1. 养殖模式亟待创新 近年来，丰产不丰收现象屡屡出现。受连续疫情影响，2021 年尤其明显，高投入高产出的养殖模式，不再具备明显优势，大规格亲本的应用推广，也经过连续两年的恶劣天气和消极市场考验，暴露出了很多的问题。如养殖模式不匹配，成熟晚又较难存塘，销售窗口期短，暂养损耗大等，亲本的选择要趋于理性。降本提质、错峰销售、差异化养殖，应该是未来河蟹产业增收增效的突破点，在养殖模式上亟待创新。

2. 机械化、数字化和信息化要进一步推进 近年来，自动梳草机、自动投饵机等新机械广泛应用，降低了人工成本，改善了工作效率，成效较为显著。以机械换人能进一步降低养殖成本，提升管理水平，在河蟹养殖机械化、数字化和信息化上应该加大投入创新，以降低养殖成本。

3. 饵料营养投喂上，要给予更多的重视　近年来，随着冰鱼价格不断上涨，同时也是绿色养殖的需要，配合饲料替代冰鲜鱼的比例也越来越高。但是，河蟹饲料的质量也需要给予更多的行业规范和重视，饲料中的有效营养成分要足以应对或超过完全替代冰鲜鱼的投喂情况。

（王明宝）

梭子蟹专题报告

一、养殖生产概况

梭子蟹是我国重要的海洋经济物种。

2021 年，江苏、浙江和山东 3 个省份开展梭子蟹的养殖渔情信息采集工作，涉及 7 个采集点。

捕捞业仍然是我国商品梭子蟹的主要供给来源，养殖梭子蟹则是重要的补充。以浙江省为例，捕捞梭子蟹是在 8 月禁渔期结束后大批量上市，一直持续到 12 月，短时间内供大于求，价格相对较低。而养殖从业者则根据市场规律，将出塘时间定在每年 11 月之后的冬季，一直持续至春节前后，既避开了捕捞蟹大批量上市的时间，防止利润空间被压缩，也延长了梭子蟹的供应时间，满足了人们的消费需求。

二、养殖生产形势分析

1. 采集点梭子蟹出塘情况 2021 年，采集点梭子蟹出塘量 53.7 吨，同比下降 24.8%；销售收入 571.9 万元，同比下降 34.4%；平均出塘价格为 106.7 元/千克，同比下降 12.7%。江苏省采集点出塘量 2.9 吨，同比下降 36.7%；销售收入 45.8 万元，同比下降 23.5%，平均出塘价格为 159.5 元/千克，同比上升 20.8%。山东省采集点出塘量 44.6 吨，同比下降 27.9%；销售收入 365.0 万元，同比下降 50.3%；平均出塘价格 81.9 元/千克，同比下降 31.1%。浙江省采集点出塘量 6.2 吨，同比上升 25.4%；销售收入 161.1 万元，同比上升 109.4%；平均出塘价格 260.9 元/千克，同比上升 67.0%。浙江省 2021 年采集点数量及面积与 2020 年持平，2020 年由于受新冠肺炎疫情影响，市场需求大幅减少，上半年价格同比大幅降低，无法及时出卖塘内的蟹，影响后续养殖，以致无法及时清塘晒塘，导致养殖户亏损严重。2021 年疫情影响逐渐减小，梭子蟹市场需求回暖，产销两旺，价格也处于高位运行。

2. 采集点平均出塘价格分析 养殖梭子蟹的出塘时间基本为当年 7—12 月和翌年冬季 1—3 月。其中，7—12 月出塘规格较小，一般为 180～300 克/只，此时正好赶上禁渔期结束，受大批量捕捞梭子蟹上市影响，出塘价格为 50～120 元/千克，相对较低；1—3 月出塘规格较大，一般在 200 克/只以上，时至春节加上捕捞产量下降，出塘价格 180～300 元/千克，达到一年之中的最高点。具体价格变化见图 3-35。

3. 采集点生产成本分析 根据对 2021 年全国梭子蟹渔情信息监测点的生产投入分析，全年生产投入达 490.1 万元，同比上升 0.7%。梭子蟹养殖的塘租、饲料、人力投入在所有成本支出中排前三位，分别占总成本的 36.3%、28.4% 和 20.0%。各成本支出比例如图 3-36 所示。

4. 采集点灾害损失分析 2021 年，全国梭子蟹渔情采集点因发生病害、自然灾害、基础设施等其他损失数量累计 2.0 吨，同比下降 13.4%；经济损失 17.0 万元，同比下降 76.8%。

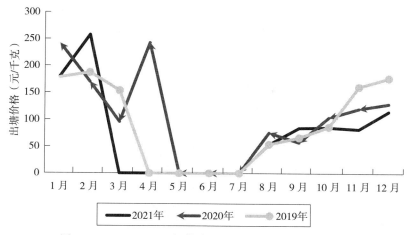

图3-35　2019—2021年养殖监测点梭子蟹出塘价格走势

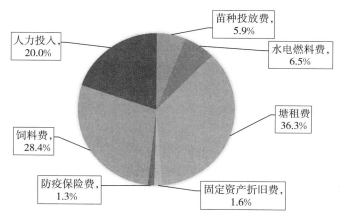

图3-36　2021年全国梭子蟹渔情信息监测点生产投入组成

三、2022年生产形势预测与建议

2022年，我国梭子蟹的生产仍将以捕捞为主、养殖为辅。预计养殖梭子蟹将延续2021年的良好市场形势，价格继续保持高位运行。但现阶段，我国梭子蟹养殖产业仍存在养殖模式单一、养殖产量不高等一些不足之处。为保证梭子蟹养殖产业的健康持续发展，特提出以下建议。

1. 加强种质研究，保证蟹苗供应　一是持续开展新品种选育。目前，我国已有"科甬1号""黄选1号"两个梭子蟹新品种。要在现有新品种的基础上，继续围绕生长速度、性腺发育、抗逆性等经济性状，选育适宜不同省份应用和推广的新品种。二是加强优良品种繁育和推广。通过环境调控、营养操纵等手段，提高梭子蟹育苗亲本性腺发育质量和越冬成活率，人工培育优质的繁殖亲体，建立优质亲本和健康苗种标准化、规模化培育模式，大幅度提高良种覆盖率。浙江省构建了成熟的梭子蟹土池育苗产业体系，育苗量基本可满足全省的养殖需求。

2. 创新养殖模式，提高经济效益　梭子蟹养殖过程中的残杀问题，是影响梭子蟹产量的主要原因之一。防残杀隐蔽设施，可以有效防止梭子蟹在蜕壳期间自相残杀，大幅度降低梭子蟹死亡率。结合防残养殖关键技术，有助于稳定养殖环境，减少梭子蟹和虾类的病害发生率，提高养殖成功率和养殖产量。结合各地区不同的池塘条件和养殖模式，针对性地开发和集成一系列的生态高效养殖技术，包括水质精准调控技术、生态混养虾贝技术等，构建"因地制宜"的蟹-虾-贝或蟹-虾高效混养模式。加强梭子蟹的生理与营养需求研究，开发适合生长、育肥、育膏等不同生长发育阶段的专用配合饲料，全面推广海水蟹配合饲料替代冰鲜鱼的绿色养殖技术。探索反季节繁养技术，实现梭子蟹在秋天育苗、夏天上市，填补梭子蟹的市场空档期，对梭子蟹产业有着巨大意义。

3. 拓展发展模式，打造特色产业　探索尝试渔旅融合，研究开展精深加工，打通一二三产业，把产业链做长。把养殖业和旅游业结合起来，发展渔村旅游，开展"梭子蟹美食之旅"。以浙江省象山县为例，全县有梭子蟹养殖面积 5.7 万亩，约占全国梭子蟹养殖面积的 1/6，先后获得"中国梭子蟹之乡""中国水产之乡"等荣誉称号，其养殖梭子蟹获"国家地理标志证明商标""农业农村部乡村特色产品""宁波知名水产品区域公用品牌""浙江国际农业博览会优质奖""中国国际农业博览会名牌产品"等称号，通过举办"梭子蟹节"等美食文化活动，大大促进了当地的渔业经济发展。

（吴洪喜　施文瑞　郑天伦）

青蟹专题报告

一、青蟹养殖生产总体形势

2021 年，青蟹养殖渔情监测在浙江、福建、广东、海南 4 个省份开展。

生产形势总体良好 以浙江三门为例，从全县的养殖情况看，2021 年青蟹产量不高，全县青蟹价格相对于往年同期上涨明显。纵观近几年青蟹销售情况，三门青蟹基本上不受新冠疫情影响，在"三门青蟹"的品牌效应下，市场上青蟹价格稳定，且逐年上涨。青蟹养殖是围塘虾蟹贝混养模式，前两年受新冠肺炎疫情影响，贝类（缢蛏和泥蚶）市场销售受阻，价格下跌 1/3 左右，养殖整体效益下降，养殖端贝类压塘严重，2021 年压塘情况有所缓解，价格也在逐步恢复。在青蟹养殖生产方面，经过近几年的大力推广，青蟹配合饲料投喂已取得较好的养殖效果。随着养殖技术和防控意识的进步，养殖户应对病害、天气突变等自然灾害的本领增强，渔业养殖情况较稳定。

二、养殖生产形势分析

2021 年，全国共有浙江、福建、广东、海南 4 个省份开展青蟹的养殖渔情信息采集工作，涉及 15 个采集点。采集点全年青蟹出塘量 190.6 吨，出塘收入 3 465.0 万元。

1. 采集点青蟹量减价升 2021 年，采集点青蟹出塘量 190.6 吨，同比下降 7.5%；销售收入 3 465.0 万元，同比上涨 1.4%；平均出塘价格为 181.8 元/千克，同比上升 9.7%。浙江省采集点出塘量 55 吨，同比降低 12.1%；销售收入 1 002.7 万元，同比上升 0.22%。浙江省青蟹采集点数量面积与 2020 年持平，出塘量虽略有下降，但势头良好，价格稳定且逐年上涨。福建省采集点出塘量 2.0 吨，同比下降 11.6%；销售收入 43.5 万元，同比上升 4.2%。广东省采集点出塘量 62.1 吨，同比上升 7.3%；销售收入 1 445.2 万元，同比上升 8.9%。海南省采集点出塘量 71.5 吨，同比下降 14.2%；销售收入 973.6 万元，同比下降 7.0%。

2. 采集点平均出塘价格 广东、海南两省每月都有养殖青蟹出塘；浙江、福建两省冬季水温较低，12 月至翌年 2 月基本没有青蟹出塘。出塘价格受春节、中秋、国庆等节日假期影响，呈现上下半年各有一个高峰时段的变化规律，年平均出塘价格变化见图 3-37。

由图 3-37 可见，每年都会出现两个价格高峰。2019 年，采集点平均出塘价格在 4 月前后较高，后又有明显回落；2020 年及 2021 年，受新冠肺炎疫情的影响，青蟹价格第一个价格高峰出现在"五一"前后，第二个价格高峰均出现"十一"、中秋节前后。近 3 年青蟹的价格，大部分季节都在 200 元/千克以下。

3. 生产成本上升，灾害损失较小 根据对 2021 年全国青蟹渔情信息监测点的调查分析，全年生产投入达 3 082.6 万元，同比降低 1.4%。青蟹养殖成本支出排前 4 位的为饲料费、苗种费、塘租费和人工费，分别占总成本的 38.2%、22.5%、19.9% 和 14.6%（图 3-38）。随着经济发展，传统水产养殖业的劳动强度大，对青壮年劳动力的吸引力进

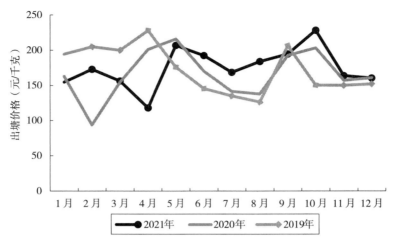

图 3-37 2019—2021 年养殖监测点青蟹平均出塘价格走势

一步降低，造成了生产季节用工荒，从业者不得不提升单位时间劳动报酬来维持正常生产，也逐步提高了人力成本。因此，如何降低成本、提升经济效益，成为青蟹产业健康发展的重中之重。2021 年，全国青蟹养殖监测点养殖经济损失 39.6 万元，同比上升 3.6%，相比 3 456.4 万元的销售收入，养殖灾害经济损失占 1.1%，同比持平。

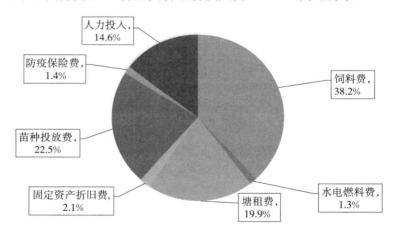

图 3-38 2021 年全国青蟹渔情信息监测点生产投入组成

三、2022 年生产形势预测与建议

现阶段，我国青蟹产业在品牌建设、销售渠道创新方面取得了一定的成效。但青蟹属于小众产品，产量不大，市场上还是不饱和状态，处于发展未成熟阶段。对青蟹消费需求也主要停留在沿海地区，内陆消费虽小有增长，但消费总量增长不快，市场流通跨区域销售情况并不多，青蟹养殖还是主要供应当地及周边主要区域。在养殖模式、销售渠道等方面，还有很大的发展空间。2022 年，我国青蟹的生产预计将延续以往年份的趋势，以养殖为主、捕捞为辅，价格将继续保持高位运行，延续 2021 年良好的市场形势。为保证青蟹养殖产业的健康持续发展，提出以下建议：

1. 加强品种选育，提高良种覆盖率　苗种仍然是制约青蟹产业的主要因素之一。以浙江省为例，全人工规模化生态育苗技术获得突破性进展，基本实现春秋两季苗种供应，但育苗量远远不能满足生产需要，青蟹苗种90％以上依靠自然海域采集。另外，目前青蟹尚未有国家审定的新品种。因此，需要进一步加快青蟹新品种选育工作，选育出适合各地养殖的新品种。同时，要进一步熟化全人工规模化生态育苗技术，鼓励和培育一批企业参与青蟹人工繁育生产，提高人工苗占比。

2. 优化养殖模式，推动转型升级　在传统池塘专养、混养等养殖模式基础上，探索青蟹养殖新模式，如红树林滩涂生态养殖、"蟹公寓"等；针对近几年土地、气候等因素影响，养殖业发展遇到瓶颈，大力推进青蟹盐碱地养殖、低盐度养殖技术，探索稻田养殖等。加强病害研究，优化养殖模式，构建更为高效健康的青蟹养殖模式。开发青蟹生态系统养殖技术，实现养殖尾水的原位或移位净化。

3. 加强品牌打造，促进三产融合　要加大青蟹区域性品牌打造，结合区域的资源、生态和文化优势，发展具有区域特色的休闲旅游、餐饮民宿、文化体验等产业，实现多元化发展，提高产业附加值。以浙江省三门县为例，该县在全国首家注册三门青蟹商标，成立"青蟹产业发展与管理办公室"，出台《三门青蟹产业发展规划》，全面提升三门青蟹产业水平和品牌竞争力，并连续举办多届"三门·中国青蟹节"，利用"节庆文化"提高知名度和美誉度。多年持续不断的"组合拳"推动下，"三门青蟹"先后被评为国家地理标志保护产品、国家地理标志证明商标、中国驰名商标、中国名牌农产品、中国百强农产品区域公用品牌，并多次荣获中国国际农业博览会、渔业博览会等金奖。据评估，"三门青蟹"品牌价值达40亿元。三门县还抓住全域旅游的风口，深入挖掘青蟹产业文化，开启"渔业＋旅游"现代渔业新模式，发展了一批集养殖、休闲、体验为一体的以蟹文化为特色的休闲渔业旅游带，让游客真正品味海鲜之美、感受渔乡之趣。

（吴洪喜　施文瑞　郑天伦）

牡蛎专题报告

一、采集点基本情况

2021 年，全国牡蛎养殖渔情监测主要集中在福建、山东、广东和广西 4 个省份，共设置 15 个采集点。其中，福建省 4 个，山东省 3 个，广东省 4 个，广西壮族自治区 4 个。

二、养殖生产形势分析

1. 出塘量和销售收入分析　2021 年，全国采集点牡蛎全年出塘量 9 388.34 吨，同比增长 41.13%；销售额 8 156.63 万元，同比增长 57.34%（表 3-31）。各养殖信息采集省份中，广东省的牡蛎养殖量增速最快。2021 年，广东省牡蛎出塘量和销售额同比分别增长 234.39% 和 200.51%；福建省和山东省的出塘量和销售额同比也有所增加；广西壮族自治区由于许多近岸海域被划定为禁养区而无法再继续发展牡蛎近岸增养殖，出塘量和销售额同比分别下降 53.61% 和 55.66%。

表 3-31　2020—2021 年采集点牡蛎销售情况对比

省份	销售收入（万元）			销售数量（吨）		
	2020 年	2021 年	增减率（%）	2020 年	2021 年	增减率（%）
全国	5 184.10	8 156.63	57.34	6 652.19	9 388.35	41.13
福建	88.23	298.25	238.04	916.93	1 728.35	88.49
山东	4 019.40	6 198.60	54.22	4 710.00	6 007.00	27.54
广东	461.60	1 387.15	200.51	408.80	1 367.00	234.39
广西	614.87	272.63	−55.66	616.46	286.00	−53.61

2. 综合平均出塘价格分析　2021 年，采集点牡蛎综合平均出塘价格为 8.69 元/千克，同比上涨 11.55%。其中，福建省和山东省采集点的牡蛎综合平均出塘价格同比分别上涨 80.21% 和 20.98%；而广东省和广西壮族自治区采集点的牡蛎综合平均出塘价格同比分别下跌 10.10% 和 4.41%（表 3-32）。

表 3-32　2020—2021 年牡蛎综合平均出塘价格

省份	综合平均出塘价格（元/千克）		
	2020 年	2021 年	增减率（%）
全国	7.79	8.69	11.55
福建	0.96	1.73	80.21
山东	8.53	10.32	20.98
广东	11.29	10.15	−10.10
广西	9.97	9.53	−4.41

从图 3-39 来看，2021 年牡蛎价格呈现明显的季节性波动。春节前后牡蛎价格有所上涨，从 1 月的 8.04 元/千克涨到 2 月的 9.18 元/千克；3—4 月则进入淡季，4 月牡蛎价格降至全年最低点，为 5.8 元/千克；到了 5 月，天气开始回暖，餐饮行业开始进入旺季，牡蛎价格也随之上涨，5 月牡蛎出塘价格达到 12.60 元/千克，为全年最高点；6—11 月牡蛎市场供应相对充足，价格基本维持为 8～9 元/千克；到了 12 月，随着整个市场供应短缺，牡蛎价格涨幅明显，达到 10.47 元/千克。

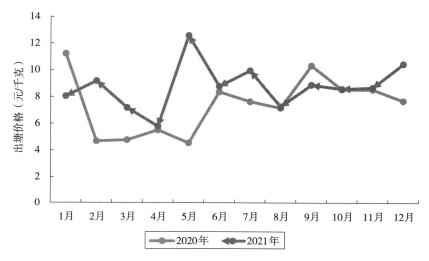

图 3-39　2021 年 1—12 月全国采集点牡蛎出塘价格走势

3. 生产投入分析　全国牡蛎监测点生产投入 3 163.76 万元，同比减少 35.59％。其中，物质投入 1 809.15 万元，占生产投入的 57.18％；服务支出 114.76 万元，占生产投入的 3.63％；人力投入 1 239.85 万元，占生产投入的 39.19％（表 3-33）。

表 3-33　牡蛎生产投入对比

省份	生产投入（万元）		1. 物质投入（万元）		2. 服务支出（万元）		3. 人力投入（万元）	
	2021 年	同比增减率（％）	2021 年	同比增减率（％）	2021 年	同比增减率（％）	2021 年	同比增减率（％）
全国	3 163.76	−35.59	1 809.15	−54.09	114.76	91.89	1 239.85	36.06
福建	242.37	212.01	144.37	292.72	10.76	−2.62	87.24	192.08
山东	2 208.85	−38.13	1 022.43	−62.84	96.11	136.05	1 090.32	40.12
广东	246.47	30.30	197.93	31.58	6.69	100.90	41.85	18.22
广西	466.07	−56.63	444.43	−55.65	1.20	−74.51	20.44	−69.87

4. 养殖损失分析　全国牡蛎监测点受灾经济损失 23.75 万元，同比减少 53.11％。其中，病害经济损失 11.27 万元，同比减少 18.17％；自然灾害经济损失 12.43 万元，同比减少 66.20％；其他灾害经济损失 0.05 万元，同比减少 50.00％（表 3-34）。

表 3-34 牡蛎受灾损失对比

省份	受灾损失（万元）		1. 病害（万元）		2. 自然灾害（万元）		3. 其他灾害（万元）	
	2021 年	同比增减率（%）	2021 年	同比增减率（%）	2021 年	同比增减率（%）	2021 年	同比增减率（%）
全国	23.75	−53.11	11.27	−18.17	12.43	−66.20	0.05	−50.00
福建	0.00	0.00	0.00	0.00	0.00	0.00	0.00	0.00
山东	23.01	−54.36	10.61	−22.40	12.40	−66.25	0.00	0.00
广东	0.00	0.00	0.00	0.00	0.00	0.00	0.00	0.00
广西	0.74	208.33	0.66	560.00	0.03	−25.00	0.05	−50.00

三、存在问题

1. 传统增养殖空间越来越小 目前，牡蛎产业由于受到资源环境约束和涉海其他产业的不断挤压，很多牡蛎近岸传统养殖区不断以各种名义被划定为禁养区，牡蛎增养殖面积和产量呈逐年下降的趋势。以广西壮族自治区为例，根据广西沿海三市新发布的水域滩涂养殖规划，广西牡蛎近岸传统养殖区剩下面积约为 10.81 万亩（北海 1.43 万亩、钦州 6.78 万亩、防城港 2.6 万亩），折合年产量约为 24.32 万吨（北海 3.21 万吨、钦州 15.26 万吨、防城港 5.85 万吨）；广西三市养殖面积较目前将减少一半以上，年产量将约减少 40 万吨，减幅约达 60%。

2. 加工业和物流业发展滞后比较突出 牡蛎加工业目前还比较落后，产品加工还停留在原汁蚝油、蚝干等初级低端产品传统粗加工水平上，精深加工基本上还处于空白，严重阻碍了产品进入国内外高端市场；此外，还存在由于一产还没有足够大，绝大多数原料产品都以鲜销形式被消化掉，造成剩余的原料产品很难支撑整个加工业持续发展，加工产品因产量小而平均成本偏高，存在市场竞争力不高等问题。

3. 散、小、乱现象比较突出 牡蛎生产经营主体多数是个体或松散型的合作社，自律性普遍比较差，挤占公共海域而影响海上交通的现象时有发生，废旧蚝排、泡沫浮筒等生产附属物品和蚝排上管护人员的生活垃圾随意遗弃等行为随处可见，整个生产海区的卫生环境呈现脏、乱、差的现象。由此，造成产业布局凌乱而影响海区生态景观、容量超过环境承载力、生产期相对延长和产量逐步降低等无序发展的问题。这些现象的存在，既影响了产业的整体形象和声誉，也制约了产业的健康、可持续发展。

四、产业发展的对策与建议

1. 完善并严格执行养殖水域滩涂规划 事实证明，牡蛎增养殖对环境的影响除了海上交通、河口洪流、海区环境卫生等之外，对于其他产业的影响很小，沿海各县区要按照法律法规有关规定，并根据"统筹兼顾、协调推进"的原则，对本辖区养殖水域滩涂规划进一步修改完善，科学划定涉及牡蛎增养殖的禁养区、限养区和养殖区，从空间布局上，确保牡蛎增养殖业有充足的发展空间。同时，对于在限养区和养殖区内的牡蛎增养殖行为，要依法依规确权颁发水域滩涂养殖证，并从区域划定、容量控制、设施提升和环境美化等方面加强引导和监管，确保牡蛎增养殖业的持续健康发展。

2. 开展牡蛎关键技术研究与示范 对近江牡蛎大规模死亡病因、病原学及其流行规律进行研究，开展近江牡蛎生态健康增养殖模式、病害防控关键技术研究与示范。对福建三倍体牡蛎附着机理和固着方式进行研究，解决生产上遇到的附着力低、易脱落等问题，并进行示范推广。

3. 加大离岸海域牡蛎增养殖装备和技术模式研发推广 研发离岸海域抗风浪型牡蛎增养殖设施装备，减少台风等灾害的损失风险。研发多功能、专业化牡蛎采收加工平台装备，提高机械化操作水平。对离岸增养殖海域开展增养殖容量调查，研发设施设备合理配置、品种科学搭配、多营养层次合理构建的生态增养殖新技术和新模式，并进行示范推广。

五、2022 年生产形势预测

随着新冠肺炎疫情防控进入常态化阶段，餐饮行业已基本恢复到原来的水平，牡蛎的生产、流通和销售环节畅通。2022 年，预计牡蛎的需求量会增加，牡蛎养殖规模保持稳定，出塘价格将稳中有升。

（李坚明）

鲍专题报告

一、主产区分布及总体情况

　　我国鲍养殖主要在福建、山东、辽宁、浙江、广东和海南 6 个省。从养殖种类看，皱纹盘鲍是目前我国养殖的主导品种（除海南、广东和台湾少量养殖杂色鲍外），主产区养殖皱纹盘鲍杂交种，部分养殖绿盘鲍、西盘鲍等新品种，约占鲍养殖总量的 12%。2020 年，全国鲍年产量 20.35 万吨，同比增长 12.86%。其中，福建省 15.5 万吨，占全国总产量的 76.2%，福建沿海各地鲍养殖分布情况见图 3-40。全国养殖面积 15 554 公顷，同比增长 5.87%。其中，山东省 6 384 公顷，福建省 6 245 公顷（图 3-41）。主产区分布于福建省福州、漳州、平潭，山东省荣成，辽宁省大连。

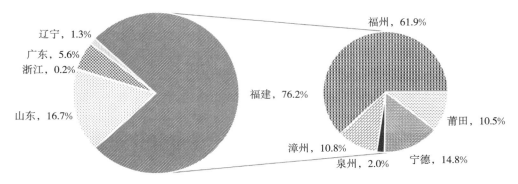

图 3-40　全国鲍鱼养殖产量分布比例

　　全国鲍养殖主要分布在福建、山东 2 个省，鲍鱼渔情采集点共设 7 个采集点。其中，福建省 6 个、山东省 1 个，其采集信息基本能够代表全国鲍养殖的总体情况。根据渔情采集的信息及秋季生产调研分析 2021 年鲍养殖情况，全年鲍存塘量依然偏多，由于销售市场逐渐复苏，成品鲍销量增多，鲍养殖总体上亏损面缩小，盈利面增大。

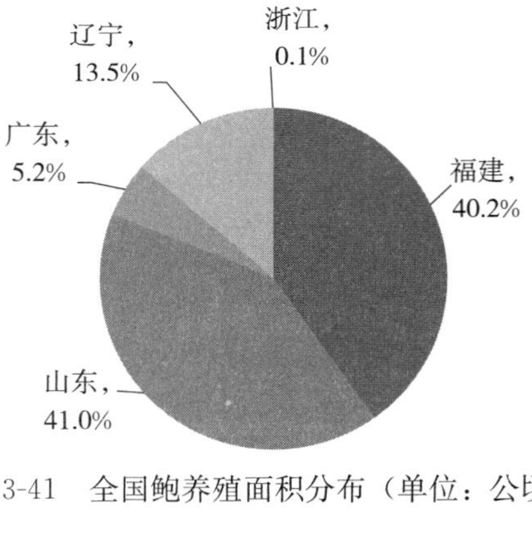

图 3-41　全国鲍养殖面积分布（单位：公顷）

二、养殖生产形势分析

　　1. 春苗培育量持平，度夏鲍苗偏少　2020 年秋冬季培育的鲍苗到 2021 年春季存池量约 95 亿粒，同比增长 5.4%；春季鲍苗价格同 2020 年基本持平，没有出现大起大落情形，鲍苗大部分在春季出池销售。2021 年因东山乌礁湾海岸修复，导致东山县部分育苗场抽水困难，度夏苗少培育甚至不培育，造成度夏苗减少，引起秋季初期鲍苗价格略高。但维持时间不长，短期又下落，秋苗价格总体还比 2020 年下跌 0.1 元/粒左右，甚至部分度夏育苗场亏本。

2. 育苗水温偏高，秋季育苗拖后 2021年冷空气迟迟未到，水温持续偏高，鲍育苗受影响，虽然部分育苗场采用降温方法生产，但培苗效果欠佳。直到10月中下旬才有个别大的冷空气下来，2021年育苗时间大部分集中在10月中下旬，比往年推后20天左右。2021年10月20日以前育苗效果差些，稍后逐渐好转。2021年选择好品种的育苗场相对较多，以提升鲍苗种品质，尽量避免有苗卖不掉的窘境。

3. 养殖成本增加，饲料费增幅高 根据渔情采集点数据分析和实地调研，鲍养殖投入略有上升，主要是饲料费、苗种费、人员工资费等投入有所增加。鲍养殖前期苗种成本所占比例较高，2021年投苗量偏少，饲料用量加大，饲料费占比41%，人员工资占比16%，养殖成本相应提高，水域租金、基础设施与2020年基本持平。

4. 成鲍出塘量增幅，出塘价小幅回升 根据渔情采集点数据统计，2021年1—12月7个采集点成品鲍出塘量221.9吨，同比增长16.3%；销售金额1 855.7万元，同比增长18.3%。主要是2020年受新冠肺炎疫情的影响，鲍销量减少，导致2021年鲍出塘量增幅加大。春节期间价格较高，随后下降。许多养殖户为缓解资金压力，春节前为回笼资金大量抛售，使价格上涨不明显。7月开始鲍价格小幅回升；中秋节、国庆节销售价格上涨明显。鲍属于跨年度养殖品种，价位波动较大，统鲍（26～30粒/千克）出塘价全年维持在82元/千克。

5. 养殖效益下滑，盈利空间收窄 新冠肺炎疫情期间水产品销售受阻，鲍也不例外，养殖生产面临诸多困难。成品鲍价格持续低迷，养殖户投苗继续生产意愿不高，许多鲍育苗场春季鲍苗销售受阻，苗价大幅下滑，导致尾苗淘汰率增大，苗种数量降幅明显，成品鲍价格全年维持在72～100元/千克，同比下降6%。在疫情缓解时，成品急着抛售，价格一路走低，统鲍价格跌到72元/千克低位，收入严重缩水，甚至亏本。在低价诱惑和多渠道促销下，成品销售呈现火热情况，原本积压的产品迅速脱销，存塘量急速下降，到秋季鲍成品数量变少转为惜售，价格上扬快。但国庆节后，成鲍价格又出现下跌，统鲍（26～30粒/千克）全年均价82元/千克，同比减少1.2%。

根据实地调研，养殖户反映2021年鲍养殖情况较好。成品鲍出售时机把握很重要，8月中旬前出售的，由于出塘价较高，基本都有盈利空间，每千克都可盈利6～12元；可是在8月中旬至10月上旬期间出售的，由于成品鲍出塘价下滑较大，在这期间出售成品鲍的养殖户反馈，基本不能赚钱，每千克亏损6～10元；10月出塘价开始回升；11—12月出塘成品鲍的，又可以有盈利。总体上，2021年鲍养殖有所好转，亏损面收窄，盈利面增大。

6. "南北接力"养殖，模式又遭重创 南北接力轮养，充分利用水温差特点，以凸显养殖优势。由于2021年搬迁到北方的鲍数量多，现今在北方养殖成本节节高升，加之成品鲍价格没有上涨，甚至下跌，南鲍北养80%以上亏本，重蹈覆辙。

三、2022年生产形势预测

1. 成品鲍存塘略少 2021年，鲍投苗量与2020年持平。据调查，养殖户反映2021年福建省连江、平潭、漳浦等主要养殖区受养殖病害影响，尤其是下半年季节转换期鲍死亡量增加，养殖成活率较2020年减少20%。初步推测，2022年成品鲍存塘量应相应减量。

2. 成品鲍出塘价回暖　2021 年，同样受新冠肺炎疫情的影响，鲍销路受阻。上半年大量成品鲍积压，造成产能过剩，价格下跌明显；下半年出现明显好转，价格超出预期。预计 2022 年，成品鲍出塘价将保持复苏趋势。

3. 鲍养殖品质提升　鲍养殖业者重视鲍苗质量，预测后疫情时代鲍苗培育厂家也将重视良种培育，提高鲍苗培育质量，养殖过程更加注重商品鲍的品质提升。

4. 北方海带白烂严重　根据调查，2021 年 11 月开始，山东省荣成市海带养殖出现白烂现象，随着时间推移，北方海区受灾面逐渐蔓延，白烂灾害极为严重，仅山东省预估将减产 70%～80%。海带是鲍养殖饲料的主要保障，北方海带大幅度减产，势必对鲍养殖饲料供应将造成严重影响，制约了鲍"南北接力"养殖，增加了鲍饲料成本。据有关专家初步判断，荣成市养殖海带白烂灾害是赤潮过境导致海洋环境发生剧变，特别是海水磷酸盐含量骤降，引起的大面积养殖海带白烂灾害。

四、存在问题及建议

1. 创新销售模式　受鲍良种推广、种质改良提升及疫情因素的综合影响，鲍成品价格近年来长期处于低价状态。传统销售渠道亟待得到进一步扩大，相关鲍精深加工产品及线上销售渠道有待拓展，通过借助"政府＋企业＋银行＋电商"模式，对接各方媒体资源，提升鲍的销量。

2. 保障饲料供应　作为海区鲍养殖主要饵料种类的龙须菜，每年夏秋季易受高水温或台风影响，产量波动加大，造成龙须菜的售价高企，导致养殖户的养殖成本增加。建议有关科研部门加强鲍适口海藻如龙须菜、菊花心江蓠等研究工作，为鲍养殖饵料的稳定供应提供保障。

3. 推行养殖许可制　切实推进养殖许可制度，鼓励开展环保型渔排改造和离岸深远海养殖。通过养殖证发放实现合规经营，通过养殖设施改进提升养殖海区的环境，从而推动三产融合，甚至生态旅游的发展，也将大大降低渔民的养殖风险。

4. 宣传鲍文化　鲍产品形式过于单一，传统意义上的加工局限于冻鲍、罐头鲍等形式。我国食用鲍有悠久的历史，鲍壳还是著名的中药材——"石决明"，在梁朝陶弘景《名医别录》、明朝李时珍《本草纲目》均有记载其药用功效。应大力宣传与推广鲍文化，拓宽消费群体，拓展市场，进一步挖掘与宣传鲍文化。

（林位琅）

扇贝专题报告

一、全国扇贝生产概况

我国扇贝养殖主要分布在山东、辽宁、河北、广东、福建、广西、浙江和海南 8 个省份。养殖品种主要包括海湾扇贝、虾夷扇贝、栉孔扇贝和华贵栉孔扇贝 4 种。养殖模式主要是筏式、吊笼和底播 3 种。主产省份扇贝产量占比见图 3-42。

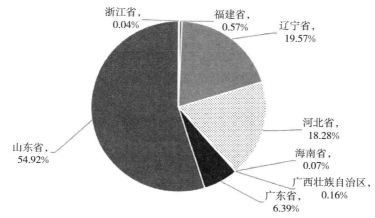

图 3-42　扇贝主产省份产量分布

数据来源：《2021 年中国渔业统计年鉴》

二、采集点设置情况

2021 年，全国扇贝渔情采集点共设置 12 个，采集面积 2 258.67 公顷，约占全国扇贝养殖总面积的 0.59%。因辽宁省獐子岛采集点不再参加渔情采集工作，扇贝采集点数量由 13 个减少为 12 个，采集点总面积减少 26 666.67 公顷，同比 2020 年减少 92.19%。采集点、采集品种情况见表 3-35 和表 3-36。

表 3-35　2021 年全国扇贝采集点的面积和数量

类别	辽宁省	山东省	河北省	广东省	小计
面积（公顷）	132	280	1 533.34	313.33	2 258.67
占采集总面积的比重（%）	5.84	12.4	67.89	13.87	100
采集点数（个）	2	4	3	3	12

表 3-36　2021 年全国扇贝采集品种养殖面积

类别	海湾扇贝	虾夷扇贝	栉孔扇贝	合计
面积（公顷）	2 046.67	165.33	46.67	2 258.67
养殖模式	筏式、吊笼	吊笼、筏式	筏式	

三、养殖生产形势分析

1. 全国扇贝养殖面积、产量继续下调　近年来，受国家限养禁养政策影响，全国扇贝养殖面积、产量一直下行。

据渔情监测，2021 年獐子岛采集点不再进行渔情监测，辽宁省采集面积同比减少99.5%；而山东、河北、广东省采集点稳定，采集面积均持平。

据对主产省份扇贝生产情况的调查，2021 年，辽宁省扇贝养殖面积下降 12.42%，预计产量下降 14.53%；山东省扇贝养殖面积、产量也呈下降趋势（主产区烟台市养殖面积减少 7.07%，预计产量减少 4.69%）；而河北省海湾扇贝养殖规模稳定，产量增加（主产区增 7.66%）；广东省扇贝养殖面积增加 34.65%，预计产量增 11.34%。

综合分析，受主产省（辽宁、山东）扇贝养殖下降的影响，2021 年全国扇贝养殖面积稳中有降，预计产量将小幅下调。

2. 扇贝育苗量总体平稳，苗种投放下降　据调查，贝苗主产省山东省育苗量基本持平（主产区育苗量减少 1.03%）；河北省育苗量减少 6.25%；广东省育苗量增加；辽宁省只从山东省购苗。总体看，全国扇贝育苗量充足，能满足生产需要。

据调查，山东省扇贝投苗量有所下降（主产区烟台市投苗量减少 16.58%。因养殖户改养牡蛎，减少了海湾扇贝的投苗量）；辽宁省投苗量也呈下降趋势（主要是海湾扇贝投苗减少）；河北省投苗量增加（主产区增 4.62%）；广东省因苗种成活率低，后期补苗，投苗量增多。

整体看，全国扇贝养殖品种结构调整加快，投苗生产稳中有降。

3. 扇贝苗价受地域、品种的影响而有差异　据监测，河北省因 2020 年效益好，2021年海湾扇贝投苗需求增加，苗价上涨（苗价 4 元/1 000 粒，同比上涨 19.76%）。因投苗量减少，山东省扇贝苗价（均价 2.68 元/1 000 粒）下跌 34.63%。其中，海湾扇贝苗价为 3.2～4 元/1 000 粒，稳中有降；虾夷扇贝苗种主要销往大连，因大连养殖面积萎缩，苗种需求减弱，苗价下跌（均价 2.2 元/1 000 粒，跌幅 33.33%～51.11%）；栉孔扇贝苗价基本持平。辽宁省因投苗量减少，筏式虾夷扇贝苗价（2.5 元/1 000 粒）下跌 39.02%。广东省海湾扇贝早期苗价较高，价格为 5～6 元/1 000 粒，晚期苗价较低 0.5～1 元/1 000 粒（采集点投的是晚期苗，均价 0.84 元/1 000 粒）；华贵栉孔扇贝苗价较平稳。

总体看，扇贝投苗需求增加，苗价上涨；反之，投苗需求减弱，苗价随之下跌。一般生产早期苗价较高，后期苗价多数回落。

4. 扇贝采集点出塘量同比增加　据监测，按省份分析，辽宁省除去采集点撤销因素，出塘筏式养殖虾夷扇贝 1 548 吨、销售收入 1 207.2 万元，同比分别增加 3.2%、60.96%；山东省出塘扇贝（海湾扇贝、虾夷扇贝、栉孔扇贝）813.64 吨，同比持平，销售收入 472.41 万元，同比增加 21.8%；广东省出塘海湾扇贝 521.25 吨、销售收入274.46 万元，同比分别增加 281.09%、337.82%；河北省出塘海湾扇贝 13 900.25 吨、销售收入 4 609.7 万元，同比分别增加 34.55%、32.83%。

整体看，主产省扇贝市场利好，采集点产量、销售收入均呈增加趋势。

5. 扇贝市场稳定，多品种价格上涨　2021 年，辽宁省除去撤销采集点因素，虾夷扇贝价格（7.8元/千克）同比上涨56％；广东省海湾扇贝价（5.27元/千克）上涨15.07％；山东省扇贝均价（5.81元/千克）上涨21.8％，其中，虾夷扇贝价（15.5元/千克）上涨94.48％、栉孔扇贝价（5.2元/千克）上涨0.78％、海湾扇贝价（3.54元/千克）下跌14.08％；河北省海湾扇贝价（3.32元/千克）同比下跌1.19％。

2021年扇贝市场需求稳定，价格多在较高位运行。山东省7—10月出塘的虾夷扇贝，其价格高于2020年同期；其他月份出塘的是海湾扇贝和栉孔扇贝。

6. 生产成本相对减少　据监测，2021年，全国扇贝采集点生产投入3 218.55万元，同比减少85.79％。主要是辽宁省撤掉了獐子岛采集点，租金、苗种费、人力投入和燃料费分别减少99.5％、90.35％、46.56％和67.19％。各项投入见图3-43。

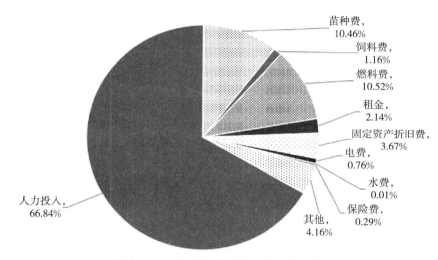

图3-43　2021年扇贝采集点生产投入分布

采集点生产投入减少，是因辽宁省采集点獐子岛养殖面积大（26 666.67公顷），租金、苗种费、人力投入相对较多，撤点后导致生产投入相对减少。

按省份分析，辽宁省除去采集点撤销因素，生产投入减少17.63％（主要是苗种费、人力投入、租金减少）；河北、山东、广东省采集点稳定，生产投入基本持平（同比分别增0.8％、0.39％和0.49％）。辽宁省采集点生产投入对比见图3-44。

7. 扇贝收益普遍上涨　据监测，2021年扇贝采集点利润多数上涨，绝大多数养殖户收获显著。按省份分析，辽宁省虾夷扇贝收益明显上涨，如长海权发水产有限公司筏式养殖扇贝利润率达到124％，较2020年大幅上涨（2020年利润率仅为52.4％）。山东省海湾扇贝采集点平均利润率80.0％，较2020年提高33.0％；虾夷扇贝采集点利润率114％，收益显著增加；栉孔扇贝出塘量少，价格一般，利润相对下滑。河北省因调整养殖区域、规范养殖密度，产量、利润大幅增加，采集点平均利润率达到137％。广东省海湾扇贝采集点利润率为76％～140％，2020年利润率多为30％～46％，市场明显利好；华贵栉孔扇贝主要是生鲜上市，受新冠肺炎疫情影响，价格偏低，利润多为40％～50％。

8. 扇贝出口受到影响　2021年，全国扇贝出口仍呈下降趋势，没有大的改观。一是

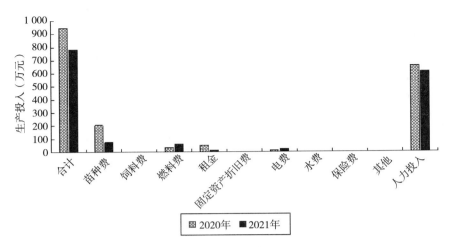

图 3-44　2020—2021 年辽宁省扇贝采集点投入对比

因新冠肺炎疫情影响，出口及运输受阻；二是扇贝市场供给量下降，加工出口产量减少；三是各品种内销增多。多因素使得扇贝出口规模压缩。

四、特情分析

整体看，尽管全国扇贝养殖面积下降、产量下调，但 2021 年全国扇贝市场需求依然稳健，尤其是国内市场需求较强劲，主产省监测品种价格多在较高位运行。因此，辽宁、河北、山东、广东省监测点的扇贝出塘量、销售收入均同比增加，采集点的收益明显好于2020 年。全年自然条件平稳，扇贝生产顺利，没有大的自然灾害发生，没有造成产量损失。

按品种看，虾夷扇贝（筏式养殖）显示了较好的市场竞争力，无论是辽宁省还是山东省价格都较坚挺；栉孔扇贝（山东省）价格基本持平，市场较为平缓；海湾扇贝价格在不同地区表现有所差异。广东省海湾扇贝价格上涨，显示市场后劲足；河北省海湾扇贝价格小幅回落，但产量增幅较大，整体收益仍凸显；山东省海湾扇贝价格跌幅较大，因价格下滑，近两年海湾扇贝养殖呈现下行趋势，养殖户改养牡蛎的不断增多，市场供求的变化，促进了养殖品种结构的进一步调整。

五、主要问题与建议

一是环境型过度养殖的风险凸显，因常年养殖，海区饵料生物不足，产品规格小，产量下降；二是环保与人力成本问题，因疫情影响，2021 年人工难找，养殖成本居高不下，环保压力也不断增加；三是良种产业化程度偏低，如海湾扇贝为引进种，目前养殖个体小型化、抗逆性差，优良新品种较少，苗种成活率下降；四是养殖机械化程度低，制约产业发展；五是风险防范意识不强。

建议：一是积极开展海区环境调查，确定科学养殖容量，控制合理养殖规模，以保证海区饵料生物的充盈；二是要建立健全良种育繁推一体化机制，大力培育新品种，改良养殖群体的经济性状；三是推进贝类生产机械化发展进程；四是以产业融合促产业发展，加强防灾减灾体系建设。

六、2022年养殖形势预测

2021年，新冠肺炎疫情对扇贝国际市场造成一定影响，我国扇贝出口有所受限；但国内市场主体平稳，市场需求不断增加，多数品种价格上涨，养殖收益增幅扩大，生产形势整体良好。

2022年，随着疫情防控形势的好转，国际市场将会好转，国内市场将保持增加的态势，扇贝养殖将会呈现积极向好的发展态势。

（张 黎 孙绍永）

蛤专题报告

一、养殖总体形势

2021 年，蛤养殖生产形势总体是供给低于市场需求，市场需求推动蛤价格稳步上涨。受新冠肺炎疫情的影响，消费者对于易于居家烹饪的蛤产品需求增多。蛤养殖总体出塘量和销售收入同比增加。蛤养殖平均出塘价格同比上涨。蛤养殖生产投入同比下降。蛤苗种价格同比上涨。蛤养殖利润同比增加。台风、洪涝、寒潮等自然灾害，导致蛤养殖总体产量损失及经济损失同比增加。2021 年 3 月，青岛胶州湾海域海星入侵泛滥，也造成蛤养殖较大损失。

二、主产区分布及采集点总体情况

我国蛤养殖主产区主要为辽宁、山东、江苏和福建；河北、浙江、广东、广西等省份临海沿岸也有分布（图 3-45）。

全国蛤养殖渔情信息采集县 19 个，采集点 26 个，采集点养殖面积 8 570.78 公顷，同比下降 22%。辽宁省 5 个蛤采集县（大连金普新区、庄河市、普兰店区、东港市、锦州经济技术开发区），5 个采集点，采集面积 1 133 公顷；江苏省 3 个蛤采集县（赣榆区、海安县、启东市），3 个采集点，采集面积 224.66 公顷；浙江省 2 个蛤采集县（三门县、乐清市），6 个采集点，采集面积 50 公顷；福建省 2 个蛤采

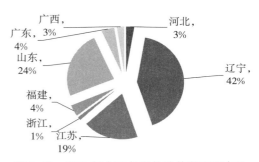

图 3-45 2021 年全国各省份蛤养殖面积占比

集县（福清市、云霄县），4 个采集点，采集面积 82 公顷；山东省 5 个蛤采集县（海阳市、河口区、即墨区、胶州市、无棣县），5 个采集点，采集面积 7 039.99 公顷；广西 2 个蛤采集县（合浦县、钦州市），3 个采集点，采集面积 41.13 公顷（图 3-46）。

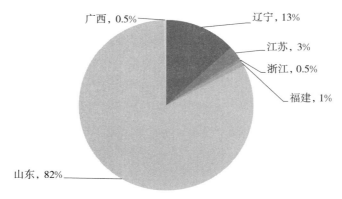

图 3-46 全国蛤采集点养殖面积占比

三、生产形势特点及原因分析

1. 出塘量、收入均同比增加　根据 2021 年 1—12 月全国养殖渔情监测系统数据统计，蛤采集点出塘量 42 460.34 吨，同比增加 48.5%；销售收入 33 037.32 万元，同比增加 72.47%。出塘量和销售收入增加的主要原因：一是在餐饮市场，蛤菜品热销，蛤需求增加；二是蛤加工企业对鲜活蛤原料需求增加；三是蛤养殖生产过程的人力投入、塘租上涨，推升出塘价格上涨，养殖收入也同比增加。

山东省养殖渔情信息采集点蛤出塘量 24 486.59 吨，同比增加 34.89%；销售收入 20 309.36 万元，同比增加 61.05%。江苏省蛤采集点出塘量 10 288.03 吨，同比增加 4 134.45%；销售收入 6 487.3 万元，同比增加 1 380.83%。浙江省蛤采集点出塘量 262.72 吨，同比增加 20.18%；销售收入 535.58 万元，同比增加 13.13%。广西壮族自治区蛤采集点出塘量 12.1 吨，同比增加 45.78%；销售收入 26 万元，同比增加 101.24%。辽宁省养殖渔情信息采集点蛤出塘量 6 051.4 吨，同比下降 26.59%；销售收入 3 853.68 万元，同比下降 1.41%。福建省养殖渔情信息采集点蛤出塘量 1 359.5 吨，同比下降 21.46%；销售收入 1 825.4 万元，同比增加 6.72%。

2. 出塘价格同比增加　市场需求的增加，带动蛤的价格缓慢回升，采集点蛤平均出塘价格 7.78 元/千克，同比上涨 16.1%。

辽宁省四角蛤蜊采集点平均出塘价格约 7.7 元/千克，同比下降 14.4%；江苏省文蛤采集点平均出塘价格约 19.21 元/千克，同比下降 16.48%；广西壮族自治区文蛤采集点平均出塘价格约 21.49 元/千克，同比下降 10.46%；浙江省文蛤采集点平均出塘价格约 20.39 元/千克，同比上涨 1.95%。

采集点数据显示，2021 年菲律宾蛤仔出塘平均价格由北向南逐步递增。其中，辽宁省养殖菲律宾蛤仔平均出塘价格 6.37 元/千克，同比增加 38.48%；山东省养殖菲律宾蛤仔平均出塘价格 8.29 元/千克，同比下降 1.07%；福建省养殖菲律宾蛤仔平均出塘价格 13.43 元/千克，同比增加 30.39%。

辽宁省四角蛤蜊采集点平均出塘价格约 7.7 元/千克，同比下降 14.4%。江苏省蛤采集点平均出塘价格约 6.3 元/千克，同比下降 65%。广西壮族自治区文蛤采集点平均出塘价格约 21.49 元/千克，同比下降 10.46%。浙江省文蛤采集点平均出塘价格约 20.39 元/千克，同比上涨 1.95%。

3. 苗种价格同比下降　菲律宾蛤仔苗种主要来源于我国福建省等南方地区。辽宁省投放菲律宾蛤仔苗的采购价格出现上涨，1 万～1.2 万粒/千克的菲律宾蛤仔苗价格平均为 0.003 元/粒，约 26 元/千克，同比上涨约 8%。福建省菲律宾蛤仔苗种规格 500 万粒/千克，售价约 740 元/千克，同比下降约 12%。江苏省文蛤苗种价格上涨，1 万粒/千克的文蛤苗种价格约 24 元/千克，同比下降约 7%。

4. 市场供需情况　2021 年，蛤总体销售呈恢复增长趋势，秋季养殖生产情况基本平稳。随着中国经济的发展和消费升级驱动，在加工流通市场带动下，人们对味道鲜美和营养丰富的蛤需求将快速增加，蛤产业增长潜力较大。蛤全产业链逐步从追求规模化发展向高质量发展转变，产品将从满足物质体验向满足更高层次的精神文化享受转变。

5. 养殖生产投入下降 采集点蛤养殖生产投入 8 661.24 万元，同比下降 13.65％。其中，苗种投放费 4 347.99 万元，同比下降 13.64％；燃料费 839.77 万元，同比下降 50.9％；饲料费 465.21 万元，同比下降 18.95％；固定资产投入费 71.36 万元，同比下降 24.4％；其他投入 180.69 万元，同比下降 33.2％；人力投入、塘租费、水电费较 2020 年同期增长，人力投入 1 572.42 万元、塘租费 1 115.56 万元、水电费 68.24 万元，同比分别增加 10.69％、29.1％和 9.59％（图 3-47）。

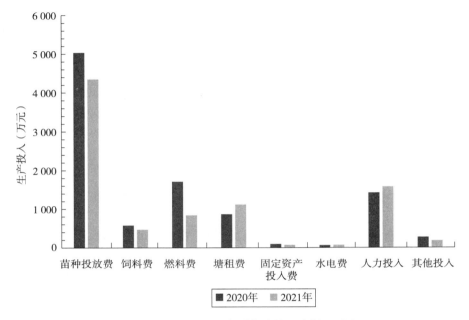

图 3-47　2020—2021 年采集点蛤生产投入对比

6. 受灾损失同比增加 采集点蛤养殖生产受灾损失 81.72 万元，同比增加 123.77％；数量损失 35.69 吨，较 2020 年同期增加 34.5 吨。2021 年夏季，台风和洪涝灾害以及低温寒潮，对我国南方蛤养殖产业造成影响；浙江省、广西壮族自治区等省份蛤养殖经济损失增加。

四、养殖成本收益情况

由于受到新冠肺炎疫情的影响，采集点蛤养殖生产投入同比下降。全国养殖渔情信息采集点蛤养殖利润较 2020 年同期增加。

五、存在问题

1. 极端天气导致蛤养殖灾害频发 蛤养殖业受环境制约，容易发生灾害损失。在遭受的各类自然灾害中，尤其以极端高温、连续强降雨、台风、低温寒潮等影响最为严重。受全球性气候变化影响，近年来，我国出现极端天气情况增加，逐渐向常态化趋势发展，蛤养殖产业受到严重的冲击。

2. 高产抗逆优良新品种较少 蛤原产地土著良种资源数量呈下降趋势，经过选育后的高产抗逆优良品种进行养殖生产的覆盖率不高。蛤的品质良莠不齐，导致生产不稳定，生产效率低，给相关蛤养殖业户带来了严重的经济损失。需要通过系统推进蛤养殖技术研发、应用研究和试验示范的衔接贯通，优化蛤养殖品种结构，提高蛤养殖品种多样性。

3. 蛤养殖技术模式发展创新不足　蛤产业存在养殖模式发展滞后、创新不足、养殖工程化水平低、资源综合利用率低、养殖产量不稳定、抗风险能力差等问题，养殖基础设施设备不完善，信息化水平较低，产业化经营程度低，抵御自然风险的能力较弱。蛤生态养殖关键技术的集成与示范应用不足。

六、养殖业发展建议

1. 创新养殖绿色发展模式　加强对适用于不同海域特点的蛤养殖生产创新技术与绿色健康养殖模式的研发与应用，主要包括接力养殖模式、蛤生态混养模式等，加强对蛤养殖环境水质变化等危害的预防措施。从系统性和整体性角度出发，结合蛤养殖业发展状况，通过科学规划、合理布局和系统实施，推动蛤养殖业绿色协调的发展。

2. 加快优良品种体系建设　通过推进蛤良种产业体系集约性规模化发展，增强产业可持续发展能力。通过加快开展遗传育种和品种改良技术研究，推进苗种本地化繁育技术发展，培育出适合本地区养殖的耐高温或寒冷以及生长速度快的新品种，提升品质，增高养殖经济效益。

3. 科技引领助推产业升级　加快产业核心关键技术研发，强化科技创新驱动和科技引领作用。根据市场动态变化，构建面向市场的生产技术创新机制，促进现代蛤产业科技创新整体发力，充分发挥科学技术支撑对推进现代蛤产业发展进程的作用，加快蛤产业工艺设备升级，提高产品科技含量。通过开展技术创新，积极融入新发展格局，提升蛤产业链、供应链的现代化水平。

七、2022年生产形势预测

根据2021年蛤养殖生产调研情况分析，预计2022年蛤养殖生产形势相对稳定，养殖生产投入继续增加，市场需求良好并且不断增长，养殖产量缓慢回升，出塘价格由快速升高转向趋于平稳，养殖生产形势将呈现绿色健康、持续和高质量的发展。

（吴杨镝）

海带专题报告

一、养殖总体形势

北方养殖主要品种为大阪、奔牛、烟杂、德林 1、德林 2、新奔牛、407、爱伦湾、杂交、海天三号、208、205、海科 1、海科 2、中科 1、中科 2、东方 2 号、东方 6 号等，下半年，北方地区海带发生大面积病烂，总体生产受挫；南方养殖主要品种为"连杂 1 号""黄官 1 号"等具有耐高温特性的品种。

1. 出塘量和出塘收入同比明显增加　从采集点数据看，海带出塘量 7.12 万吨，同比增长 18.73％；销售收入 1.11 亿元，同比增长 47.90％，产量及销售收入都有较大幅度提升。福建和山东出塘量较大。福建省出塘量 678.84 吨，同比增长 30.01％；销售收入 179.27 万元，同比增长 37.27％。山东省出塘量 52 157.83 吨，同比增长 12.57％；销售收入 9 859.87 万元，同比增长 37.27％。

2. 苗种投入大幅增加　2021 年，海带苗种投放 2 502 千克，投苗费用 102.02 万元，同比增加 43.89％。山东、福建省投苗费用同比分别增加 12.94％和 67.48％。苗种价格基本为 260～300 元/帘，同比上升 24％～46％，升幅较大。

3. 海带价格同比增加　2021 年，海带采集点综合出塘单价为 1.56 元/千克，同比增长 24.80％，增幅明显。福建省综合出塘单价为 2.64 元/千克，同比增长 5.61％；山东省综合出塘单价为 1.89 元/千克，同比增长 34.04％。受雇工不足、劳动力价格上涨等因素影响，为降低晾晒成本，部分企业出售鲜嫩海带，山东地区价格约 1 200 元/吨。

4. 生产成本　采集点生产投入共 3 237.12 万元，主要包括物质投入、服务支出和人力投入三大类，分别为 237.63 万元、112.53 万元和 2 886.96 万元，分别占比为 7.34％、3.48％和 89.18％。其中，服务支出同比增长 29.58％；人力投入同比增长 39.38％，增幅较大。在物质投入大类中，苗种费、饲料费、燃料费、塘租费、固定资产折旧费、其他分别占比 3.15％、0.41％、1.77％、0.97％、0.99％和 0.05％；服务支出大类中，电费、水费、保险费及其他费用分别占比 1.72％、0.21％、0.99％和 0.55％。各生产成本比例如图 3-48。

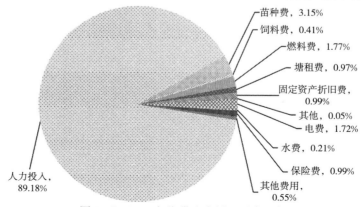

图 3-48　2021 年海带生产投入要素比例

二、2022 年生产形势预测

2022 年海带生产形势不容乐观。2021 年 11 月下旬开始，荣成湾北部鸡鸣岛、鸿洋神等地海带发生大面积病烂；2022 年 1 月初，俚岛以北海带近乎绝产，海带灾害从荣成湾逐渐向南蔓延，1 月中下旬桑沟湾附近海带遭受重创，1 月下旬至 2 月中旬，南至楮岛镇、人和镇海带也遭受一定程度的损失。据目前发病情况推算，荣成养殖海带至少 50% 绝产，按照往年 1 200 元/吨鲜菜价格核算，约造成 10 亿元的经济损失。

经初步分析，灾害原因可能存在赤潮藻异常繁殖，引起的海水中营养盐大量消耗，营养盐含量变低，透明度升高。缺肥加上强的光照条件，迅速恶化了海带生长条件，而且 2022 年水流交换慢、持续时间长（北向暖流强导致南下洋流流动慢）。海区透明度明显高（如爱莲湾往年透明度 0.5 米，2021 年透明度 2.0～4.0 米）。一方面是由于海水中缺少营养盐；另一方面由于风向影响，相比往年，2022 年多北风，极少有西南风，导致光线过强、氮磷含量低。除低肥、高光照强度可能引起海带病烂外，以下因素也可能加剧海带病烂：一是赤潮藻异常繁殖后，对海藻可能存在化感作用；二是海水中条件致病菌浓度增加。

海带灾害引起价格上涨，0.5 千克鲜海带由 2021 年的 0.5 元涨到 1.2 元。海带价格上涨，导致鲍及海参的饵料供应成为当前亟须解决的问题。

三、对策建议

1. 积极推进海带养殖产业新旧动能转换 海带养殖业属于劳动密集型产业，用工量较大。近几年，劳动力等生产成本逐年攀升，加重了养殖生产主体负担。海上养殖、海带晾晒、夹苗等劳动力的工资几乎翻倍，生产资料提价，再加之海域使用费、土地租赁等，生产成本逐年提高，并且存在招工难的问题。建议在新旧动能转换大背景下，大力开展海带收割自动化、机械化生产装备研发、提升品质上下功夫，进而减少用工数量，降低生产成本，加大提高海带市场竞争力，增加经济效益。

2. 及时适当调整海水养殖结构 适度减少海带养殖面积，适度开展龙须菜、扇贝、鲍等其他品种的养殖规模，以降低市场风险，增加养殖业户收入。

3. 鼓励企业加大海带精深加工 在山东省，世代海洋、寻山集团等用鲜海带生产生物肥料、蜊江公司利用盐渍海带直接生产烘干海带丝等。福建省用小海带进行产品加工，也延伸了产业链。

4. 鼓励科研院所与相关企业合作 联合开发海带适销的加工品种；同时，要加大宣传力度，树立品牌意识，培育国内海带消费群体及市场，使其成为大众乐于消费的海洋蔬菜，从而带动产业的发展。

5. 龙须菜夹苗准备 由于日照海区海水升温快，建议在日照海区提前养殖龙须菜，待荣成海区水温适合，并且营养盐含量以及光照条件等因素能满足生长条件时，提供大量的龙须菜种菜，用于荣成海区夹苗养殖。

6. 开展其他饵料海藻养殖 4 月以后，水温逐渐回升，有条件的单位适当开展鼠尾藻、马尾藻以及石莼等种类的养殖，作为鲍鲜活饵料的补充。这些海藻因为自然分布在潮间带，比海带更耐强光。

（景福涛）

紫菜专题报告

我国栽培紫菜主要是坛紫菜和条斑紫菜。紫菜养殖区域从北到南分别是山东省、江苏省、浙江省、福建省和广东省。

一、采集点设置

2021年，全国共有3个省份设有紫菜渔情信息采集点。福建省设有采集县4个（惠安县、平潭综合实验区、霞浦县、福鼎市），采集点6个，采集面积38.33公顷；浙江省设采集县2个（苍南县、温岭市），采集点3个，采集面积15.8公顷；江苏省设采集县2个（赣榆区、海安县），采集点3个，采集面积283.33公顷。2021年，紫菜信息采集点为12个，同比减少2个，主要是江苏省的采集点减少2个，启东市和大丰区的采集点被取消，不从事紫菜养殖生产，养殖其他品种。采集总面积与2020年相比，减少125.14公顷。2019—2021年，采集面积逐年递减。

二、生产与销售

坛紫菜养殖时间通常为7月至翌年的3月，采收时间为10月至翌年的2月；条斑紫菜养殖时间通常为9月至翌年6月，其中，10—11月为条斑紫菜入库，12月出库，采收期为翌年的1—5月。具体采收时间受投苗时间和气候的影响。

2021年，全国采集点销售量为2 577 455千克，同比减少20.34%；销售额为21 932 218元，同比增加8.8%。福建省采集点销售量为395 625千克，同比下降58.73%；销售额为2 992 450元，同比减少44.84%。2021年，福建省3个采集点紫菜绝收。浙江省采集点销售量为174 255千克，同比减少48.23%；销售额为764 080元，同比减少16.93%。江苏省采集点销售量为2 007 575千克，同比增加3.45%；销售额为18 175 688元，同比增加31.59%。其中，坛紫菜销售量219 500千克，同比增加411.66%；销售额为1 100 000元，同比增加31.59%。单位面积销售量分别是：浙江省约为11 028.80千克/公顷；福建省约为10 321.55千克/公顷；江苏省约为7 085.64千克/公顷。

江苏省条斑紫菜3个采集点的单价均高于2020年，海安县采集点的单价高于赣榆区采集点的单价，约高出1倍。2021年上半年，浙江省紫菜采收次数比2020年多一茬，下半年紫菜采收次数比2020年少一茬，且每一茬单价均高于2020年。上半年多采收一茬，主要是因为市场需求增加，价格回升；下半年因紫菜投苗下海后，持续高温，造成第一茬采收时间推迟。2021年，福建省紫菜平均售价高于2020年，主要原因是福建省2021年紫菜多个地方绝收和大量减产。福建省2021年紫菜最高价低于2020年，原因是平潭综合实验区采集点绝收。根据近年采集数据获悉，该采集点单价一直高于其他采集点。

三、生产投入

紫菜是生活在海水中的大型经济海藻，以海水中的氮、磷以及其他营养成分作为生长物质。紫菜生产投入，包括物质投入、人力投入和服务支出。2021年，紫菜生产投入比

2020 年减少 26.62%。紫菜生产投入中，物质投入占 56%，人力投入占 40%，服务支出占 4%。从各项投入中可看出，紫菜是对劳动力需求比较高的一个养殖品种。

四、受灾损失

2021 年，紫菜养殖生产受灾比较严重。福建省 3 个采集点紫菜绝收。福建省坛紫菜主养区霞浦县 70% 绝收，福鼎市 50% 绝收，平潭综合实验区紫菜 90% 以上绝收，惠安县绝收 300 亩。浙江省苍南县紫菜产量降低，原因是国庆前后的高温及长期下雨，山上泥浆冲到海区等各方面影响；温岭市由于气温异常，紫菜采苗期间水温高，难附苗，产出较低。江苏省由于养殖环境恶化，浒苔的附着以及冰冻灾害影响，各地养殖紫菜均受到不同程度地影响，其中，海安本地养殖的 5 家全部亏损，烂菜严重，烂菜面积达 75%，亏损达 100%。2021 年，养殖户在白露时节开展坛紫菜采壳孢子苗，附苗网帘下海张挂后，持续高温 1 个多月，造成坛紫菜未见苗，平潭综合实验区少部分紫菜见苗后遭遇敌害生物篮子鱼啃食，最后造成绝收。且随着江苏省开始坛紫菜养殖和福建省市场对头水（一水）紫菜的追捧，紫菜养殖户为了争抢头水（一水）早早上市，将壳孢子采苗时间提前，甚至在海区水温≥30℃时，将附着壳孢子的苗帘下海张挂，严重违背坛紫菜的生物学特性。

五、生产总体形势分析和 2022 年生产预测

2020 年下半年投苗的紫菜，由于后期市场价格上升，养殖户将紫菜养殖时间延长至 2 月底，部分初加工企业于 2021 年 3 月初停止生产。2021 年下半年投苗的紫菜，由于气候和海域环境的影响，海区紫菜养殖受灾严重。3 省紫菜养殖均有不同程度地损失，福建省和江苏省受灾都较为严重，福建省尤其严重，全省仅漳州市漳浦县未受灾。

近些年，福建省、浙江省和江苏省的紫菜养殖面积在逐年减少。由于气候异常多变以及海域养殖环境的恶化，紫菜养殖逐渐向北转移。2022 年，福建省由于三倍体牡蛎发展迅猛，部分紫菜养殖户将转为养殖三倍体牡蛎。且从事紫菜养殖的农户部分年龄偏大，也将逐渐退出紫菜养殖。江苏省赣榆区 2020—2021 年，开展海上紫菜养殖专项整治非法占海活动，养殖面积须控制在 1.33 万公顷内，紫菜养殖户数由 2021 年的 310 户减至 2022 年的 300 户。

六、相关建议

1. 加快科技创新驱动，强化科技引领作用 充分发挥藻类产业体系的技术支撑作用，开发出适宜市场需求的抗逆、附加值高的紫菜新品种。

2. 加大政策扶持 建议将大型海藻栽培纳入国家农业政策性保险、落实和实施碳汇补贴等。建议安排专项资金，加大紫菜离岸深水养殖的研究，助推"海上粮仓"建设。

3. 加快推进养殖容量评估 建议在同一养殖区，开展不同物种养殖容量的评估。

4. 以市场为导向，着力延伸产业链 加大对紫菜精深加工的研究，提高产品附加值和产业经济价值。

（刘燕飞）

中华鳖专题报告

一、养殖生产总体形势

2021年，全国中华鳖养殖渔情监测工作在河北、江苏、浙江、安徽、江西、湖北、广西7个省份开展，共设置采集点27个，与2020年持平。

2021年，中华鳖生产形势总体平稳。从浙江省南浔区采集点和全区的养殖情况看，鳖养殖情况较为平稳，全年几乎未受到病害侵扰，产量较为稳定，且价格较为平稳。浙江省水产养殖病害测报也显示，监测点上中华鳖病害较少。

二、生产形势分析

1. 采集点鳖出塘情况 2021年，采集点中华鳖出塘量2 274.5吨，同比增加24.1%；销售收入11 371.7万元，同比增加19.0%。采集点中华鳖平均出塘价格为50.0元/千克，同比下降4.1%。年价格变化趋势见图3-49。

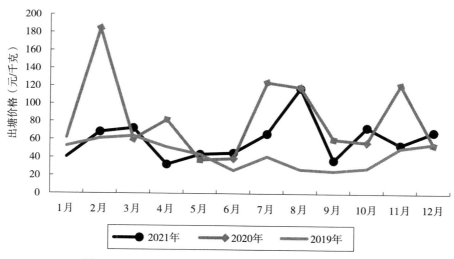

图3-49 2019—2021年全国鳖采集点出塘价格变化趋势

2021年，从各省出塘量和销售收入来看，浙江省中华鳖采集点数量面积与2020年基本持平，采集点出塘量176.0吨，同比上升88.6%；销售收入1 456.6万元，同比上升71.8%。2020年，受新冠肺炎疫情的影响，全国中华鳖市场经历了大起大落，出塘量及销售额均有所降低；2021年随着疫情影响衰退，浙江省中华鳖市场回暖，逐渐恢复疫情前的正常水平。河北省采集点出塘量42.5吨，同比下降10.0%；销售收入237.7万元，同比上升31.6%。江苏省采集点出塘量、销售收入基本没有变化，与2020年持平。安徽省采集点出塘量1 623.7吨，同比上升10.5%；销售收入6 310.3万元，同比上升0.1%。江西省采集点出塘量273.9吨，同比上升153.7%；销售收入1 414.9万元，同比升高89.5%。湖北省采集点出塘量11.3吨，同比上升253.0%；销售收入71.2万元，同比上升 265.3%。广西壮族自治区采集点出塘量 42.6 吨，同比上升 431.4%；销售收入 522.6 万元，同比上升 418.6%。各省份销售收入和出塘量对比见图 3-50 和图 3-51。

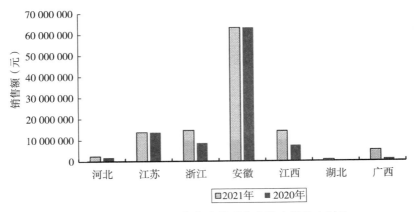

图 3-50　2020—2021 年各省份采集点鳖出塘收入对比

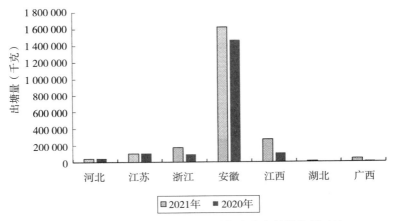

图 3-51　2020—2021 年各省份采集点鳖出塘销售量对比

2. 采集点产量损失情况　2021 年，全国中华鳖渔情采集点因发生病害、自然灾害、基础设施等原因，损失产量 13.8 吨，同比减少 45.0%，损失产量占总出塘量的 0.6%；经济损失 80.2 万元，同比下降 60.1%，经济损失占总销售收入的 0.7%，低于 2020 年占比。其中，病害损失产量 9.6 吨，同比上涨 1.8%；病害经济损失 57.7 万元，同比上涨 0.5%；其他灾害损失产量 4.2 吨，经济损失 22.4 万元。与往年一样，病害依然是造成中华鳖产量损失的主要原因，约占总损失产量的 70%、总金额损失的 72%。

3. 养殖生产投入情况　根据对 2021 年全国中华鳖渔情信息监测点的生产投入分析，全年生产投入达 7 415.7 万元，同比增长 46.1%。生产投入，包括苗种费、饲料费、水电燃料费、塘租费、资产折旧费、防疫保险费、人工费等。中华鳖养殖的饲料费、苗种费、人力投入，在所有成本支出中占主导地位，分别占总成本的 60.8%、24.1% 和 7.2%，各项成本支出占比如图 3-52 所示。其中，饲料费投入依旧占绝对地位，饲料是中华鳖养殖的关键环节。在饲料的投入上以配合饲料为主，原料性饲料、冰鲜料为辅。通常，鳖用饲料的蛋白含量为 42%～46%，较普通鱼虾类饲料的成本要高，也是饲料成本占比高的主要原因。养殖企业由温室养殖向外塘养殖转型，利用虾塘、鱼塘、稻田、莲田等有效资源，广泛开展稻田综合种养和生态混养模式养殖，走绿色、生态、高品质的产品路线，中华鳖市场未来可期。

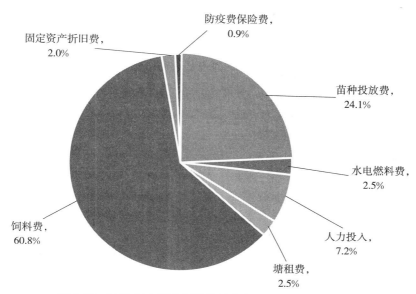

图 3-52 2021 年全国中华鳖渔情信息监测点生产投入占比

三、2022 年生产形势预测

近年来，中华鳖养殖业经历了一段曲折的发展历程。2014 年以前，温室养殖鳖占主导地位，由于产品品质不高且供过于求，行情持续低迷。2014 年开始，中华鳖主产区与消费大省浙江省连续 3 年开展温室大棚的关停和拆除工作，中华鳖养殖产量有所减少，但外塘生态鳖的养殖比例逐年增长，产品品质不断提高。2017 年开始，中华鳖市场行情有所好转。新冠肺炎疫情暴发后，龟鳖类一度被列为禁食野生动物，行业受到不小的冲击。随着疫情影响的减弱，以及人工繁育的龟鳖类被明确划入可食用水生动物范畴，2021 年中华鳖市场回暖，逐渐恢复疫情前的正常水平，养殖户的养殖热情增加。预计 2022 年，中华鳖养殖产量和出塘量都会有所增加，平均价格会稳中稍降，品牌中华鳖由于其品牌和品质优势，价格将稳中有升。但由于新冠肺炎疫情点状散发风险依然存在，再加上饲料成本不断上涨，中华鳖养殖效益提升存在难度。

四、对策与建议

1. 创新技术模式，稳定养殖面积 随着绿色高质量发展和"两非整治"工作的深入推进，中华鳖面临着养殖面积进一步缩小的问题。中华鳖养殖要坚持高效、生态、绿色养殖理念，继续推动仿生态养殖、太阳能新型温室养殖等模式，确保养殖基本面；同时，积极发展稻田综合种养、生态混养等模式，扩大养殖面积，促进产业转型升级，由"资源依托型"向"科技依托型"转变。

2. 强化科技支撑，提高养殖品质　一是做好新品种选育和优质种苗的推广工作，大力推广已经育成的中华鳖日本品系、清溪乌鳖、浙新花鳖、珠水 1 号等新品种，提高良种覆盖率，同时，以我国丰富的中华鳖自然种质资源为基础，选育适合稻田养殖等新型养殖模式的中华鳖新品种；二是做好中华鳖病害的防控工作，立足生态防控，继续探索创新中华鳖病害绿色防控模式和用药减量技术；三是建立完善的中华鳖养殖质量保障体系和追溯体系，严把饲料、药物质量关，严格检验检疫管理，使得养殖生产管理程序化、透明化、产品质量可控，确保养殖产品的质量安全。

3. 拓展营销渠道，扩大消费市场　一是推进中华鳖加工产业，特别是深加工的发展，开发新的产品，扩大市场规模，进一步延长产业链，提高经济效益；二是探索中华鳖半成品净菜开发，减少中华鳖进家庭的主要阻力，扩大消费群体；三是拓展中华鳖销售经营渠道，加快发展中华鳖电商。

4. 打造文化品牌，提升附加产值　中华鳖自古以来，就与药膳文化、长寿文化以及许多神话故事息息相关，要加强品牌建设和文化宣传，进一步挖掘中华鳖文化价值。通过举办美食文化节、农博会展览、休闲渔业、生态旅游观光等项目，提升中华鳖产业附加值，增强核心竞争力。

（郑天伦　施文瑞　吴洪喜）

海参专题报告

一、养殖生产总体形势

2021年，海参养殖业积极推进绿色发展，总体养殖产量和产值呈现稳定的增长态势。海参出塘量和销售收入均同比增加；海参平均出塘价格同比上涨；海参苗种价格同比下降；海参养殖生产投入同比增加；海参养殖利润较2020年同期下降；自然灾害导致的海参养殖经济损失同比增加。在秋季成品海参上市时期，北方海参主产地区新冠肺炎疫情时有发生，受防疫管控政策的影响，部分产地海参采捕量下降。

二、主产区分布

全国海参养殖主要分布在辽宁、山东、河北和福建等省份，江苏、浙江、广东、海南也有少量海参养殖。全国海参养殖面积约24.27万公顷。辽宁海参养殖面积约15.2万公顷；山东海参养殖面积约7.97万公顷；河北海参养殖面积约0.95万公顷；福建海参养殖面积约0.15万公顷。辽宁、山东、河北、福建海参养殖面积占全国的比重分别为62%、33%、4%和0.7%，江苏、浙江、广东、海南海参养殖面积占全国海参养殖面积约0.3%（图3-53）。

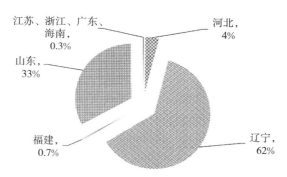

图3-53　主产省海参养殖面积占比

三、采集点设置情况

全国海参养殖渔情信息采集点共设置21个，采集点面积24 291亩，同比增加20.9%。其中，辽宁7个海参采集点养殖面积8 750亩，占总面积的36.0%；河北4个海参采集点养殖面积3 100亩，占总面积的12.8%；山东7个海参采集点养殖面积12 400亩，占总面积的51.0%；福建3个海参采集点养殖面积41亩，占总面积的0.2%。辽宁、河北、山东采集点海参养殖方式为海水池塘养殖。福建采集点海参殖方式为海水吊笼养殖。

四、生产形势特点及原因分析

1. 出塘量和收入同比增加　根据全国养殖渔情监测系统2021年1—12月数据统计显

示, 海参采集点出塘量 1 828.11 吨, 同比增加 2.35%; 出塘收入 29 696.8 万元, 同比增加 16.75%（图 3-54）。

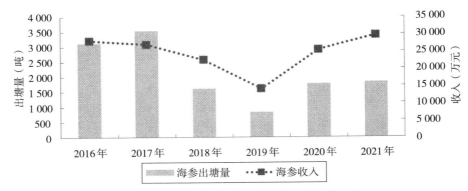

图 3-54　2016—2021 年海参出塘量和销售收入对比

海参养殖出塘量同比显著增加的主要原因: 一是海参苗种质量普遍提升, 海参苗种投放量大幅增加, 分段式海参养殖技术模式应用, 提高了海参养殖产量; 二是宏观经济增长、城乡居民收入提高以及人们对海参营养价值认可度的提升, 食用海参增强机体免疫力群体由中老年人群体扩大到更多的年轻人群体, 海参消费数量持续增加; 三是海参养殖业不断增强原产地养殖海参产销对接、线上线下融合等工作, 带动养殖海参出塘量的增加, 进而满足日益增长的海参市场需求; 四是随着海参加工技术的进步, 海参精深加工与综合利用企业对鲜海参需求数量增加; 五是 2021 年春季, 福建省养殖海参出塘翻倍率同比提高, 海参养殖出塘量较 2020 年大幅增加（图 3-55、图 3-56）。

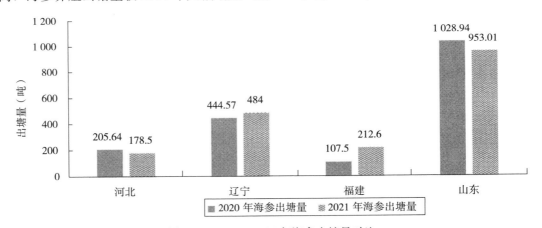

图 3-55　2020—2021 年海参出塘量对比

2. 出塘价格上涨　根据全国养殖渔情监测系统数据统计显示, 全国海水池塘养殖海参采集点出塘平均价格 162.45 元/千克, 同比上涨 14.40%（图 3-57）。

海参出塘价格上涨的主要原因: 一是随着消费者保健意识和对海参营养价值的广泛认可, 食用海参人群数量增加, 海参市场需求强劲, 海参价格出现上涨; 二是海参养殖成本上涨, 秋季北方池塘海参苗价格同比上涨, 带动海参出塘价格上涨; 三是海参产业品牌建设取得成效, 高标准优良品质海参产量增加, 拉动加工原料海参出塘价格的提升。

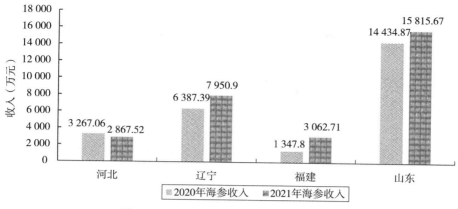

图 3-56　2020—2021 年海参销售收入对比

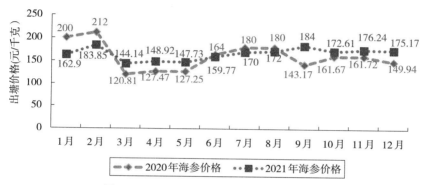

图 3-57　2020—2021 年海参出塘价格对比

辽宁省 2021 年成品海参平均出塘价格约 164.28 元/千克，同比增加约 14.08%；河北省 2021 年成品海参平均出塘价格约 160.65 元/千克，同比增加 1.04%；山东省 2021 年成品海参平均出塘价格约 165.95 元/千克，同比增加约 18.54%；福建省养殖海参是春季出塘上市，2021 年春季福建海参价格约 144.06 元/千克，同比上涨约 14.33%（图 3-58）。

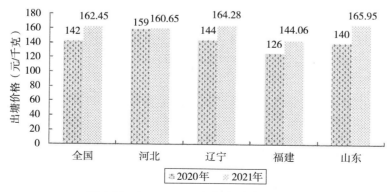

图 3-58　2020—2021 年海参平均出塘价格

3. 苗种价格下降　2021 年，海参苗种价格同比出现下降。受新冠肺炎疫情及海参苗种产量同比增加等因素影响，池塘养殖海参苗种价格较 2020 年同期下降。2021 年秋季，辽宁、河北、山东省采集点海参苗价格 110～130 元/千克（规格 400～1 000 头/千克），同比下降约 8%；海参手捡苗 190～220 元/千克（规格 15～30 头/千克）。海参苗种价格较 2020 年同期下降约 5%。

4. 养殖生产投入增加　海参养殖采集点生产投入 18 713.66 万元，同比增加 54.38%。在生产投入中，苗种费 13 336.25 万元，同比增加 72.57%；饲料费 1 343.3 万元，同比增加 129.4%；塘租费 1 610.58 万元，同比增加 11.29%；人力投入 1 295.85 万元，同比增加 34.23%；电费投入 199.01 万元，同比增加 6.12%；保险费投入 6.11 万元，同比增加 128.64%；其他投入 233.96 万元，同比增加 67.2%。而固定资产折旧费、燃料费、水费、防疫费投入均较 2020 年同期下降，分别为 603.71 万元、43.35 万元、11.86 万元和 29.68 万元，同比分别下降 21.57%、81.3%、67.55% 和 63.51%。

5. 受灾损失大幅增加　海参养殖采集点受灾损失 1 064.5 万元，同比增加 963.4%。其中，海参病害损失 54.64 万元，同比下降 31.45%；海参遭受自然灾害损失 1 009.86 万元。主要是 2021 年冬季，北方辽宁、河北省天气出现持续强暴雪天气，海参越冬棚被暴雪大面积压塌，海参养殖生产受灾损失大幅增加。暴雪寒潮天气，导致辽宁、河北省海参产业遭受重大损失。

五、成本收益情况

根据全国养殖渔情监测系统数据统计显示，1—12 月，采集点养殖海参利润为 10 983.14 万元，每亩利润 4 521.49 元，同比下降 17.51%（表 3-37）。

表 3-37　2020—2021 年海参采集点成本收益

年份	放养面积（亩）	总产量（吨）	总产值（万元）	平均价格（元/千克）	苗种费（万元）	其他成本（万元）	利润（万元）
2020	24 291	1 786.2	25 437.11	142.41	7 728.01	4 393.88	13 315.22
2021	24 291	1 828.11	29 696.8	162.45	13 336.25	5 377.41	10 983.14

六、存在的问题

1. 缺少发展规划支撑　近年来，海水池塘海参养殖业快速发展，从事海参养殖、加工、流通企业不断增多。由于缺乏宏观调控和科学发展规划支撑，海参养殖业呈现低要素初级阶段的发展形态。

2. 良种覆盖率较低　我国品质较好的优质海参良种缺口较大。由于近年人员工资和生产材料等生产成本普遍上涨，而海参种苗价格低位徘徊，育苗企业利润不高，育苗产业面临较大的生存压力，挫伤了育苗企业的积极性，难以保证海参良种的培育生产，海参养殖业生产投入良种覆盖率较低。

3. 发展融资困难　海参养殖业生产发展融资困难是亟待解决的问题。近年来，海参养殖业遭受自然灾害影响情况增多，海参养殖者由于受灾易导致资金链断裂，缺少融资途径，恢复正常生产状况较为困难。

七、发展的建议

1. 加强制定发展规划和扶持政策　科学规划海参产业布局，促进海参产业良性有序发展。加强海参养殖、加工、流通等市场主体有效参与的产业发展规划和扶持政策制定，明确海参产业发展目标，确保养殖海参全产业链有序发展。

2. 进一步优化海参苗种品质　海参苗种品质是海参产业发展的重要基础。建议加强海参原良种繁育体系建设，加大科技创新力度，优化海参苗种繁育技术，完善海参苗种种质库，加快海参优质良种的培育与创新，扩大高品质海参苗种覆盖率，提高我国成品海参品质。

3. 建立海参现代产业技术体系　积极建立和完善海参质量安全追溯体系，提高养殖海参产业的数字化和智能化管理水平，逐步建立绿色、生态、智能的海参现代产业技术体系，提高成品海参质量，保障养殖海参产业的可持续发展。

八、2022年生产形势预测

海参养殖总体生产形势将稳中趋好。预计2022年，海参养殖产量仍将还有提升空间，海参出塘价格将稳中有升。海参养殖产业发展将带动海参加工流通业和休闲渔业、互联网智慧渔业等相关产业发展。通过采取延长海参产业链、提升海参产业价值链，形成以养殖生产、加工、流通为主，一二三产业融合的全产业链科技创新发展模式，将成为海参养殖产业有序持续健康发展的重要支撑。

（刘学光）

海蜇专题报告

一、养殖总体形势

2021 年，海蜇养殖产业坚持绿色发展引领，进一步提升海蜇养殖产业的质量、效益和竞争力。海蜇苗种繁育、生态养殖、加工流通产业集聚发展趋势明显。海蜇养殖面积总体保持稳定，养殖生产投入增加，出塘价格同比上涨。海蜇养殖产量同比下降，养殖收入同比增加。海蜇养殖生产受自然灾害导致的经济损失下降。

二、主产区分布及生产情况

全国海蜇养殖主产区主要分布于渤海沿岸的辽宁、黄海沿岸的山东、东海沿岸的江苏和浙江以及东南沿海的福建等地。河北和广东省海蜇养殖面积，与海蜇养殖主产区的养殖面积相比较小。全国海蜇养殖面积约 22 万亩，海蜇养殖产量约 9 万吨，产值约 10 亿元。海蜇养殖具有投入成本低、生产周期短、病害风险少、收益高的特点。目前，海蜇池塘养殖模式主要是海水池塘混养模式，具体模式包括海蜇与对虾混养、海蜇与缢蛏、海蜇与海参混养、海蜇与牙鲆或河鲀混养图 3-59。

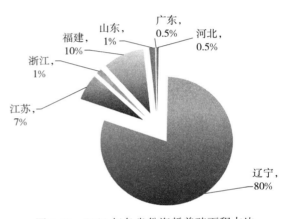

图 3-59　2021 年各省份海蜇养殖面积占比

三、生产形势特点及原因分析

1. 海蜇出塘呈现减量增额　根据全国养殖渔情监测系统 2021 年 1—12 月采集数据，海蜇出塘量 826.5 吨，同比下降 9.08%；销售收入 954.38 万元，同比增加 74.19%。海蜇出塘量下降、收入增加的原因是，海蜇养殖生产步入了以生态养殖为主的新阶段。受新冠肺炎疫情的影响，养殖产量同比下降。由于加工企业对海蜇市场需求增加的影响，海蜇价格同比上涨，海蜇养殖收入同比增加（图 3-60）。

2. 出塘价格同比上涨　采集点海蜇平均出塘价格 11.55 元/千克，同比上涨 91.5%。海蜇出塘价格上涨的主要原因是，海蜇加工企业需求量增加，海蜇养殖数量供不应求，海蜇出塘价格上涨。

2021 年，辽宁省调查点海蜇平均出塘价格 11.55 元/千克，同比上涨 91.5%（图 3-61）。

3. 养殖生产投入增加　2021 年，采集点海蜇养殖生产投入 401.53 万元，同比增加 32.5%。海蜇养殖生产中的苗种费、饲料费、人力投入、水电费、防疫费、固定资产、其

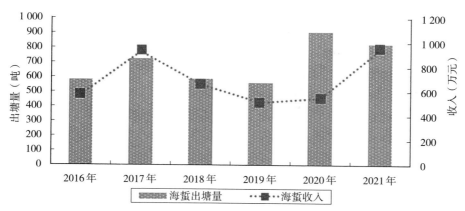

图 3-60　2016—2021 年海蜇采集点出塘量和销售收入对比

图 3-61　2016—2021 年海蜇平均出塘价格

他投入较 2020 年增加。海蜇苗种费 68.20 万元，同比增加 117.2%；饲料费 64.28 万元，同比增加 24.8%；人力投入 30.70 万元，同比增加 51.12%；水电费 22.50 万元，同比增加 15.4%；防疫费 54.00 万元，同比增加 219.53%；固定资产投入费 6.93 万元，同比增加 2 208.33%；其他投入 20.04 万元，同比增加 36.98%。但是，海蜇塘租费较 2020 年有所下降，2021 年塘租费 136.88 万元，同比下降 8.75%（图 3-62）。

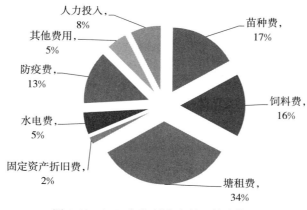

图 3-62　2021 年海蜇生产投入构成情况

四、市场供需情况

1. 海蜇养殖产量供不应求　通过海蜇养殖场实地调研了解，2021 年海蜇市场供需总体情况是，海蜇养殖生产呈现供不应求态势，海蜇出塘价格较 2020 年同期大幅提高。

2. 精深加工海蜇产品需求增加　辽宁省已经连续 4 年在营口市举办海蜇节。2021 中国（营口）海蜇节着力突出数字、绿色、安全可溯源等特色亮点，参展商品达到 300 多品类，采用网络连线和现场签约两种方式实现线上线下相结合，打造订单农业和产品溯源系统，带动精深加工海蜇优质产品需求增加，推动海蜇产业绿色健康发展。

五、成本收益情况

2021 年，海蜇养殖生产受自然灾害及病害发生情况影响较少，采集点海蜇养殖利润较 2020 年增加。2021 年，采集点海蜇出售价格同比上涨，产生效益高，获得收益较 2020 年同期增加（表 3-38）。

表 3-38　2020—2021 年海蜇采集点成本收益表

年份	放养面积（亩）	总产量（吨）	总产值（万元）	平均价格（元/千克）	苗种费（万元）	其他成本（万元）	利润（万元）
2020	1 000	909	547.9	6.03	31.4	273.15	243.35
2021	1 000	826.5	954.38	11.55	68.2	335.33	550.85

六、存在问题

1. 种质资源退化养殖风险上升　海蜇种质资源退化，导致海蜇亲本质量下降，海蜇苗抗逆性差，成活率低，从海蜇抗病能力和生产速度上表现特别明显。海蜇种质退化，导致海蜇苗种成活率下降、成品海蜇出塘规格变小、海蜇养殖产量下降等养殖风险上升。

2. 养殖产业科技投入相对薄弱　海蜇养殖生产中的种质改良、水质调控、专用饲料、病害防治等方面科技投入较为薄弱。海蜇养殖场缺少对海蜇养殖环境感知的传感器等大数据智能化装备，尚需提高海蜇养殖的科技装备使用率，为海蜇品质升级和养殖效益提升提供科技支撑。

3. 养殖生产人员缺少专业培训　海蜇养殖场大多数是在近海浅水地区养殖，养殖从业人员老龄化严重。海蜇养殖人员数量相对紧缺，亟须各级水产技术推广部门加大海蜇养殖生产人员专业技术培训力度，提升海蜇养殖生产人员的养殖技术水平，提高海蜇养殖产业新动能。

七、发展建议

1. 加强海蜇种质资源开发　加强对生长快、抗逆性强的优势性状种质进行开发利用。加强海蜇苗种提纯复壮和良种选育，进一步提高海蜇苗种质量，提高海蜇优良品种的创新能力。加快发展海蜇优良品种育种技术，提高海蜇原良种保种供种的能力，更好地促进海蜇养殖业可持续健康发展，为海蜇产业健康发展提供优良品种和技术支持。

2. 推动海蜇养殖标准化进程　推动海蜇产业苗种繁育、养殖生产、加工流通环节的标准化、规范化进程，加强相关国家、行业标准执行力度和监管力度。为海蜇产业各个环节提供可操作的技术指导和生产规范，提高海蜇产业质量安全管理的主动性和自觉性，进而提高海蜇产品的质量安全效益，提高消费者放心程度，从源头上保障消费者的合法权益。

3. 强化政策支撑，加快海蜇产业发展　发挥政策优势，加快海蜇产业发展，加大海蜇产业关联技术研发力度和海蜇品牌培育力度。辽宁省营口市是全国重要的海蜇产业中心，通过举办海蜇节积极加强宣传工作，发挥政策优势，推动海蜇产业快速发展，为海蜇产业未来高质量发展助力赋能。

4. 加强信息化对海蜇产业的推动作用　新冠肺炎疫情激发新技术、新业态、新平台蓬勃兴起，电子网上交易等非接触经济全面提速，推动信息化、数字技术与海蜇产业经济深度融合。科技创新信息化带动海蜇产业智能化升级，降低经济运行成本，推动海蜇产业向中高端迈进，为海蜇产业发展提供了新机遇、新路径。

八、2022 年海蜇生产形势预测

海蜇养殖面积相对稳定，海蜇精深加工需求增加。预计 2022 年，海蜇养殖产业将对优质海蜇苗以及较大规格海蜇苗种需求量增加，海蜇苗价格将有上涨趋势，海蜇养殖生产投入增加，海蜇养殖产量及出塘价格会有小幅上涨空间，海蜇养殖生产形势将呈现绿色健康持续发展的态势。

（刘学光）

泥鳅、黄鳝专题报告

2021 年，全国水产技术推广总站在江西省分别设立了 13 个泥鳅采集点、14 个黄鳝采集点。现根据各采集点上报的 2021 年全年数据，结合额外调查的养殖点情况，对泥鳅、黄鳝养殖生产形势分析如下。

一、泥鳅养殖生产形势分析

泥鳅的养殖品种有本地泥鳅和台湾泥鳅。本地泥鳅受苗种和养殖技术限制，养殖规模较小。台湾泥鳅凭着其个体大、生长速度快、产量高等优良特点，自 2012 年从中国台湾地区引进后很快就扩大至全国。目前，特别是泥鳅主产区，均以养殖台湾泥鳅为主，平均亩产可达 1 500 千克以上，以投喂膨化颗粒饲料为主，饲料蛋白水平 35%～38%，养殖成本每千克 10～14 元，饲料成本占总成本的 60%～70%。近年来，全国各地养殖企业积极探索泥鳅节本增效的养殖模式：一种方式是增加养殖茬数，在原有一年养殖一茬成鳅的基础上，再养殖一茬寸片出售，增加产值；另一种方式是使用发酵饲料投喂，养殖成本可降低至 6～9 元/千克。主要方法为将粗饲料或豆粕等植物性蛋白源饲料原料经微生物充分发酵后，搭配全价配合饲料进行投喂。

1. 主要生产情况

（1）苗种投放 2020 年 13 个泥鳅采集点共投苗 29.23 亿尾，投苗金额 278.50 万元；投种 43 022.50 千克，投种金额 133.18 万元。由于 2020 年投苗较多及新冠肺炎疫情相对严重的影响，而 2020 年 13 个泥鳅采集点仅出塘销售成鳅 21 795 千克，存塘量相对较多，所以在 2021 年就没有进行苗种投放。

（2）销售量、销售额和综合单价 2021 年，13 个泥鳅采集点销售成鳅 32 321 千克，销售额 103.56 万元，综合单价每千克 32.04 元（图 3-63 至图 3-65）。

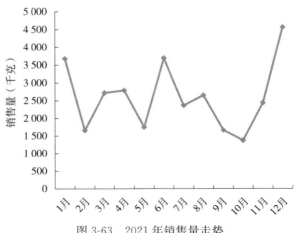

图 3-63 2021 年销售量走势

2020 年，13 个泥鳅采集点共销售泥鳅 21 795 千克，销售额 59.60 万元，综合单价 27.34 元/千克。与 2020 年生产销售情况相比，2021 年泥鳅采集点出塘量、销售额和平均

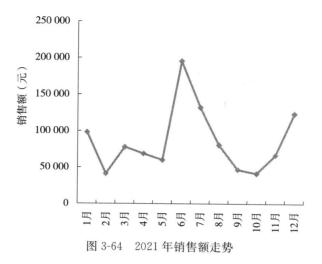

图 3-64　2021 年销售额走势

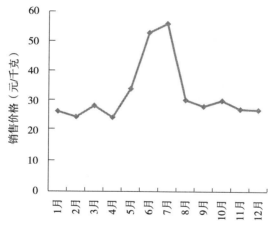

图 3-65　2021 年销售价格走势

单价同比分别上涨 48.30%、73.76%、17.19%。2021 年，江西省由于新冠肺炎疫情减弱并清零，市场复苏，13 个泥鳅采集点出塘量、收入、单价均大幅上涨。

（3）生产投入　2021 年，江西省 13 个泥鳅采集点生产总投入 72.67 万元，相对 2020 年的 43.1 万元，同比增幅 68.61%。

生产投入中，物质投入 569 435 元，占比 78.36%；服务支出 42 500 元，占比 5.85%；人力支出 114 750 元，占比 15.79%（图 3-66 至图 3-69，表 3-39 至表 3-41）。

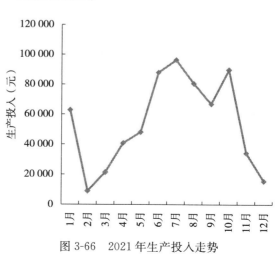

图 3-66　2021 年生产投入走势

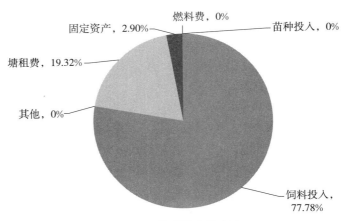

图 3-67 物质投入及占比

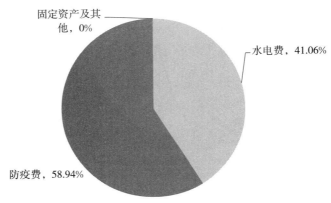

图 3-68 服务投入及占比

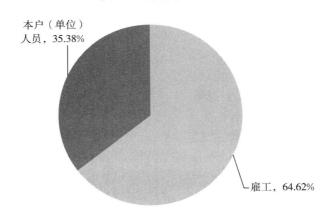

图 3-69 人力投入及占比

表 3-39 物质投入及占比

物质投入分类	苗种投入费	饲料投入费	燃料费	塘租费	固定资产	其他
金额（元）	0	442 935	0	110 000	16 500	0

（续）

物质投入分类	苗种投入费	饲料投入费	燃料费	塘租费	固定资产	其他
占比（%）	0	77.78	0	19.32	2.90	0

表 3-40 服务投入及占比

服务投入分类	水电费	防疫费	固定资产及其他
金额（元）	17 450	25 050	0
占比（%）	41.06	58.94	0

表 3-41 人力投入及占比

人力投入分类	雇工	本户（单位）人员
金额（元）	74 150	40 600
占比（%）	64.62	35.38

（4）养殖损失　随着养殖技术和管理手段的提升，2021 年泥鳅养殖未暴发大规模的流行性病害。

2. 存在的主要问题

（1）台湾泥鳅消费市场行情亟须提振　台湾鳅养殖快速发展，导致供大于求、价格低迷、销售受阻，相当多的养殖户存塘量较大。同时，台湾鳅作为引进物种，消费者对其接受度不高。尤其 2021 年受新冠肺炎疫情影响，出口量减少，市场价格持续低迷。二、三季度泥鳅价格略有回暖，但市场仍然疲软。

（2）台湾泥鳅种质提纯技术亟须跟进　台湾泥鳅属杂交品种，一代种繁殖的苗养殖效果最好。随着繁殖代数的增加，就会出现种质退化现象。目前，市场上的苗种质量良莠不齐，性状不稳定，亟须对种质质量进行提升。江西赣源生态泥鳅养殖场与江西农业大学共同研究选育的杂交泥鳅（本地鳅与台湾鳅）具有生长快、抗病强、品质好等优点，市场价格比台湾泥鳅高出 1/3 左右，目前正在江西省推广。

（3）台湾泥鳅病害防治技术亟须跟进　台湾泥鳅耐低氧，养殖密度较高，容易引发各种疾病，如烂身烂尾病、胀气病、寄生虫病、肠炎、烂鳃、烂尾、出血病、一点红等病害。而台湾泥鳅对常用渔药的耐受剂量、渔药在体内代谢情况以及生理应激反应等缺乏深入研究，致使对渔药的使用存在一定的安全隐患。

（4）台湾泥鳅苗种培育技术亟须跟进　台湾泥鳅作为一个新品种，虽然养殖技术在不断完善，但是泥鳅苗种存活率还是很低，研究泥鳅苗种培育技术及开发优质泥鳅幼鱼配合饲料，提高泥鳅苗种存活率显得尤为迫切。

3. 发展建议

（1）加大投入，创新养殖技术模式　加大资金投入，设立专项基金，集中力量着力解决制约泥鳅苗种、养殖、病害等关键问题。采取消化创新与集成创新相结合的方式，积极探索优化泥鳅繁育养殖过程中的关键技术，制定泥鳅产业各环节相关标准，着重开展泥鳅池塘精养、稻鳅综合种养、泥鳅精深加工产业的专项研究和推广。

（2）加大宣传，努力拓宽销售渠道　加强宣传引导和推介，引导渔民在发展台湾泥鳅养殖上注重做"销"字文章，以市场销售助推泥鳅产业发展，实现农渔民增收。充分利用龙头企业、渔业专业合作社、家庭农场等新型市场经营主体的示范带动作用，积极推行"订单渔业"；加大泥鳅品牌培育，鼓励台湾泥鳅养殖企业、加工厂注册商标，增强企业发展软实力；引领示范开展泥鳅精深加工产品，多条腿走路，确保泥鳅产业的健康发展，努力打造从养殖到加工再到销售的完整产业链。

（3）加强自律，建立产业发展联盟　倡导泥鳅行业加强自律，组织协调政产学研各方积极参与，鼓励有能力和实力的龙头企业牵头成立泥鳅行业联盟或协会；引导企业强化市场意识，树立良性竞争、抱团发展理念，着力打造泥鳅产业集群。鼓励行业协会与保险机构合作探索开办商业性特种水产养殖保险，降低生产风险，保障泥鳅产业的可持续发展。

二、黄鳝养殖生产形势分析

2010 年以来，全国黄鳝养殖方兴未艾，势头强劲，产量主要集中在湖北、江西、湖南、安徽等省份，网箱养殖黄鳝已成为当地水产优势特色产业、农民致富奔小康的重要途径。网箱养殖黄鳝主要有以下几个特点：一是养殖网箱规格小型化，网箱规格普遍由原来的 18 米² 左右发展至现在的 4～6 米²，以便于同规格苗种一次性放养，同时也便于饲养管理和取捕；二是配合饲料和新鲜饲料相结合饲养，一般 0.5 千克配合饲料和 1 千克新鲜饲料（小杂鱼或其他低值鱼类）混合使用；三是配套服务基本齐全，从网箱加工制作，饲料、渔药供应，苗种采购、产品销售等均有专业团队服务。

1. 主要生产情况

（1）苗种投放　14 个黄鳝采集点投种 36 175 千克，投种金额 184.52 万元。

（2）销售量、销售额和综合单价　2021 年，采集点销售量 77 618 千克，销售额 481.57 万元，综合单价每千克 62.04 元（图 3-70 至图 3-72）。

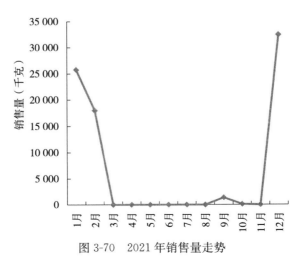

图 3-70　2021 年销售量走势

2020 年，14 个黄鳝采集点共销售黄鳝 68 737 千克，销售额 440.15 万元，综合单价每千

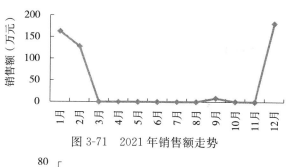

图 3-71　2021 年销售额走势

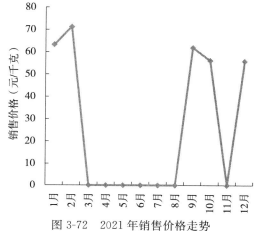

图 3-72　2021 年销售价格走势

克 64.03 元。与 2020 年相比，2021 年采集点黄鳝销售量、销售额同比分别上涨 12.92% 和
9.41%，但综合单价同比下降 3.11%。2021 年，江西省由于新冠肺炎疫情落实常态化防控
措施，消费市场复苏，14 个黄鳝采集点出塘量、收入都有增长。由于黄鳝广泛分布在江河、
湖泊、池塘、沟渠和稻田中，每年的 3—8 月正是野生黄鳝大量上市的时候，黄鳝规格大小
不一，整体价格相对低廉，所以 14 个黄鳝采集点没有向市场销售黄鳝。

（3）生产投入　2021 年，江西省 14 个黄鳝采集点生产总投入 349.36 万元，相对
2020 年的 248.53 万元，同比增幅 40.57%。

生产投入中，物质投入 3 149 884 元，占比 90.16%；服务支出 150 470 元，占比
4.31%；人力支出 193 293 元，占比 5.53%（表 3-42 至表 3-44，图 3-73 至图 3-76）。

表 3-42　物质投入及占比

物质投入分类	苗种费	饲料费	燃料费	塘租费	固定资产	其他
金额（元）	1 845 200	1 057 690	0	164 400	78 119	4 475
占比（%）	58.58	33.58	0	5.22	2.48	0.14

表 3-43　服务投入及占比

服务投入分类	水电费	防疫费	固定资产及其他
金额（元）	39 240	100 130	11 100
占比（%）	26.08	66.54	7.38

表 3-44　人力投入及占比

人力投入分类	雇工	本户（单位）人员
金额（元）	97 160	96 133
占比（%）	50.27	49.73

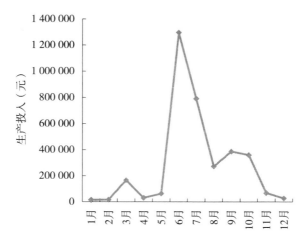

图 3-73　2021年生产投入走势

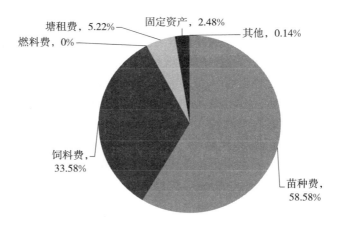

图 3-74　物质投入及占比

（4）养殖损失　随着养殖技术和管理手段的提升，2021年黄鳝养殖未暴发大规模的流行性病害。

2. 存在的主要问题

（1）养殖周期延长　受2020年冬季至2021年春季新冠肺炎疫情的影响，2020年养殖的黄鳝产品约有10%未起捕销售，影响了2020年的养殖生产效益和2021年黄鳝苗种的投放。往年苗种放养的时间集中在6月中旬至7月下旬，2021年受疫情影响，导致养殖周期延长。

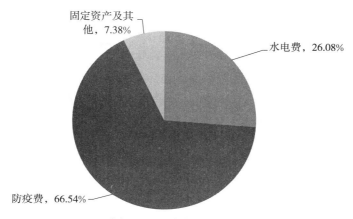

图 3-75 服务投入及占比

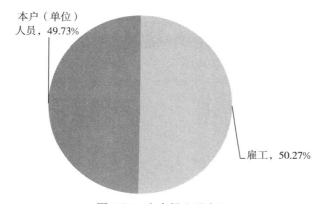

图 3-76 人力投入及占比

（2）养殖病害频发 2021年，采集点阴雨天气多，致使黄鳝苗种放养和养殖过程中损耗大。据了解，有些 6 米² 的网箱，一般要放养 10.5～11 千克，才能保持 10 千克的初始成活放养量；而有的则在 13 千克甚至达 17.5 千克，才能保持 10 千克的初始放养量。养殖病害频发，导致产量下滑而养殖成本上升。据养殖户反映，2021年黄鳝养殖预计有 50% 的养殖户亏本，有部分养殖户正在考虑 2022 年转产其他养殖。

（3）价格波动较大 黄鳝市场价格波动较大，黄鳝网箱养殖投资大，风险高。2021年，黄鳝放养时苗种价格普遍为 50～60 元/千克；而成品市场价为 45～50 元/千克，价格偏低且不稳定。

（4）苗种受困严重 现阶段的黄鳝苗种，主要来源于各地捕捞野生苗种资源，通过收购集中到安徽省等地，再销往全国各地养殖。同时，黄鳝野生资源有限，捕捞的野生苗种质量参差不齐、规格大小不一，苗种存活率极易受天气影响，给黄鳝养殖户造成极大的困扰和风险。

3. 发展建议

（1）加强黄鳝育苗技术的研发与推广 黄鳝养殖行业要想持续发展，必须在育苗技术上有所突破，无论是人工繁殖技术还是自繁自育的技术。此外，大棚暂养是一个十分适用的技术，通过大棚暂养，不仅可以避开不利天气对放苗的影响，还可以提高苗种的存活率和开口率，减少损苗，减少黄鳝放苗期间对天气的依赖。

（2）加强养殖网箱规格的改进与推广　养殖黄鳝的网箱规格经历了几次变革。由最初的 2 米×6 米规格，慢慢发展为 2 米×5 米规格；然后，又变成 2 米×4 米规格；2010 年之后，以 2 米×3 米规格为主；近两年，部分地区又出现 2 米×2 米的小网箱。网箱总面积占养殖水体面积的 50%～60%，进一步加强养殖黄鳝的网箱规格大小研究与种植水草的筛选，便于管理，减少病害的发生。同时，网箱成排分布在池塘中，间距约在 1 米左右，网箱中种植水葫芦、水花生为主，起到净化水质、便于起网操作的作用。

（3）加强套养品种模式的研究与推广　目前，池塘网箱养殖黄鳝技术已十分成熟，但关于外塘套养品种与模式可以开展研究与推广，除了投放"四大家鱼"外，黄颡鱼、鳜、克氏原螯虾等都可以尝试套养。选择套养 1 种或几种效益较好的水产品种，可以有效增加池塘网箱养殖黄鳝的经济效益。

（徐节华）

第四章　2021年养殖渔情信息采集工作

河北省养殖渔情信息采集工作

一、采集点设置情况

2021年，河北省设置养殖渔情采集定点县 8 个，采集点 27 个，养殖模式为淡水池塘、海水池塘、浅海吊笼。采集品种 11 个，淡水品种为草鱼、鲢、鳙、鲤、鲫、鲑鳟、南美白对虾（淡水）、中华鳖；海水品种为海湾扇贝、南美白对虾（海水）、海参。

全省养殖渔情采集总面积 2 299.5 公顷，占全省同类型海淡水养殖面积的 2.34%，同比增长 0.58%。其中，淡水池塘采集面积 277.3 公顷，占全省淡水池塘面积的 1.27%，持平；海水池塘采集面积 488.8 公顷，占全省海水池塘面积的 1.72%，同比增长 2.8%；浅海吊笼养殖采集面积 1 533.3 公顷，占全省同类型养殖面积的 3.18%，持平。

二、工作措施及成效

1. 工作措施

（1）强化组织管理　各级渔情采集单位高度重视，组建了作风踏实的采集员队伍，明确专人负责数据采集、填报和审核等工作，并建立工作联系群，强化沟通交流，及时分析、解决实际问题。积极组织审核员、采集员及联络员参加培训班，进一步提高整体工作效能。

（2）强化审核分析　为确保采集数据及时、客观，实行严密的审核制度，信息采集自下而上实行分级上报和逐级审核的工作流程，做到实时采集、按时上报、严格审核；对数据深入分析，认真撰写阶段性、全年分析报告，对重点品种加强跟踪监测，对全省养殖生产形势进行合理分析、预测。

（3）做好督导检查　不定期深入采集县开展渔情工作督导检查。通过座谈、实地查看等形式及时了解采集点生产中遇到的问题和难题，与养殖户开展交流座谈，根据数据分析为养殖户生产提供预测指导。及时沟通交流，提高、优化了工作成效和服务水平。

（4）强化宣传指引　在《河北渔业》杂志刊登渔情信息采集分析报告，通过媒体平台让养殖户和水产工作者及时了解全省渔业生产发展趋势和生产信息等，切实发挥信息采集指导生产的实效作用。

2. 取得的成效

（1）2021年4月15日，我站被农业农村部渔业渔政管理局表彰为渔情监测工作表现突出单位。

（2）全年完成12批次信息数据填报、审核、上报、汇总，完成全省月度、季度、年度分析16份、扇贝专题报告1份上报上级渔业主管部门，为上级领导决策提供科学依据；

为全省渔业产业经济分析研究提供数据支撑。

（3）通过渔情监测，帮助养殖户及时掌握市场信息，合理调整养殖品种结构，优化养殖模式，把握上市时机，为渔民增产增收发挥积极作用。

（河北省水产技术推广总站）

辽宁省养殖渔情信息采集工作

一、采集点设置情况

2021年，辽宁省设置18个现代水产养殖产业发展调查县，其中，设置9个淡水养殖产业发展调查县和9个海水养殖产业发展调查县。按水产养殖产业发展调查品种设置60个调查点，其中，淡水养殖品种调查点36个，海水养殖品种调查点24个。

辽宁水产养殖产业发展调查点主要的养殖方式包括淡水池塘、海水池塘、滩涂养殖、筏式、吊笼和工厂化养殖，养殖面积分别为1.12万亩、1.37万亩、1.87万亩、0.56万亩、0.1万亩、2.25万米^{3}水体。

二、主要工作措施及成效

1. 工作措施

（1）加强组织领导，工作有序推进 辽宁省相关部门高度重视养殖渔情信息的采集工作，辽宁省水产技术推广站为项目具体实施单位，成立工作领导小组和技术小组，制订工作方案，明晰职责责任，明确工作任务，有效保障辽宁省养殖渔情采集工作的有序推进。

（2）财政专项支持，严格规范管理 辽宁省财政专项安排资金12万元用于辽宁省养殖渔情信息采集工作，支持为渔业深化供给侧结构性改革和实施乡村振兴战略提供精准的养殖渔情信息服务。

（3）强化分析培训，加强生产调研 根据全国水产技术推广总站工作要求，在全省开展了海参、海蜇、蛤等水产养殖重点监测品种秋季生产形势调研工作，为现代渔业持续健康发展提供科学依据。

2. 取得的成效 辽宁省建立稳定的养殖渔情采集员和养殖渔情分析专家队伍，依据科学翔实的采集数据，完成了海参、海蜇、蛤等主要养殖品种及辽宁省养殖渔情分析报告。切实指导渔民生产和销售，提升对水产养殖业和渔民的服务能力，不断夯实养殖渔情信息采集的牢固基础。

三、存在的问题与建议

1. 存在的主要问题 采集点上采集的信息资料、模式总结和汇总分析，不能及时应用于指导面上的渔业绿色生产，还没有发挥应有的作用。

2. 建议 加强养殖渔情信息采集工作与渔业统计工作的互动性，使两者的工作互相渗透，使养殖渔情信息采集成为渔业统计数据验证的主要工具之一。

（辽宁省水产苗种执法队）

吉林省养殖渔情信息采集工作

一、采集点设置情况

2021 年，吉林省养殖渔情信息采集工作在九台区、昌邑区、舒兰市、梨树县、镇赉县、抚松县、临江市、江源区等 8 个县（市、区）开展。共设置数据监测采集点 10 处，采集总面积 1 341 亩。采集品种主要有鲤、鲫、鲢、鳙、草鱼、鲑鳟等 6 个养殖品种。

二、主要工作措施及成效

1. 工作措施

（1）加强组织领导，明确责任分工　省水产技术推广站高度重视养殖渔情信息采集工作，成立渔情信息采集工作领导小组，指派专人负责此项工作，不定期深入采集点进行督导检查，明确工作任务，明晰职责责任，从组织和人才方面有效保障吉林省养殖渔情采集工作的有序推进。

（2）加强审核力度，确保数据真实　责成县级水产技术推广机构具体负责采集工作的人员，督促各采集点每月通过系统按时上报信息，省总站严格对上报数据进行审核，发现不实、异常、有问题的数据，及时与采集员和采集点联系进行核实、确认以及修改，确保数据真实可靠，保证渔情数据真实反映渔业生产实际。

（3）加强培训教育，提高业务能力　组织开展养殖渔情信息采集培训班，加强县级采集员业务交流，经验分享，分析近年来我省水产养殖现状和发展形势，共同谋划解决工作中遇到的问题。此外，积极组织县级采集员参加全国水产技术推广总站举办的养殖渔情信息采集调查人员培训班，学习使用信息采集软件系统，优化养殖渔情数据的分析方法和工作思路，着力强化提升县级采集员的业务操作能力，确保采集工作的高质量开展和完成。

2. 取得的成效

（1）通过养殖渔情项目的实施，建立了一支有能力、有素质的养殖渔情采集队伍，每一位成员都具有较强的数据分析和利用能力，不仅掌握区域渔业养殖生产情况，还能够为渔民生产增收提供专业指导。

（2）通过汇总、对比、分析养殖渔情信息采集系统 1—12 月的数据，撰写全省养殖渔情分析报告和重要养殖品种鲑鳟的专题报告，按时报送至全国水产技术推广总站，由全国水产技术推广总站汇总印发成《2021 年养殖渔情分析》书籍，为渔业主管部门决策部署提供参考，为养殖生产提供指导依据。

（3）结合重大疫病专项监测、水产养殖病害测报及水产绿色健康养殖技术推广"五大行动"等工作，综合分析全省养殖渔情形势，对监测数据结果、渔业发展趋势进行预判，为养殖户翌年的生产计划提供参考依据，帮助养殖户及时掌握市场信息，合理调整养殖品种结构，促进渔业健康发展。

（吉林省水产技术推广总站）

江苏省养殖渔情信息采集工作

一、采集点设置情况

2021年，江苏省养殖渔情信息采集工作在高淳、宝应、兴化、金坛、宜兴、淮安等22个采集县（市、区）开展，共设置采集点95个；采集方式为池塘、筏式、底播、工厂化；采集点养殖品种为青鱼、草鱼、鳙、鲢、鲫、鳜、加州鲈、泥鳅、克氏原螯虾、罗氏沼虾、南美白对虾、青虾、河蟹、梭子蟹、鳖、蛤、紫菜等。

二、主要工作措施及成效

1. 严格遵照部署，认真落实任务 按照全国水产技术推广总站养殖渔情工作部署，及时制定年度全省渔情工作方案及项目资金预算，落实各采集县（市、区）工作职责，科学布设采集面积及品种。3月初组织召开线上全省渔情工作启动会议，分解落实工作任务。

2. 加强组织实施，确保项目质量 成立养殖渔情信息采集工作领导小组，督促各采集县（市、区）按实施方案认真开展工作，各单位报送数据及时、准确，完成1—12月信息数据审核及报送任务。3月、6月、9月开展了渔情现场调研活动，先后赴溧阳、大丰、兴化、金坛、淮安、盐都等10多个渔情采集县（市、区）进行了生产形势现场座谈，12月组织全省渔情采集人员参加全国水产技术推广总站举办的线上培训活动，有力地提升业务技能和增强了工作凝聚力。

3. 形成总结报告，提供决策参考 形成年度全国河蟹、鲫鱼专项品种分析报告2份，全省渔情生产形势报告1份，全省河蟹、克氏原螯虾、紫菜、大宗淡水鱼类、罗氏沼虾等6个品种春季、上半年、秋季、全年专题报告4份。按时报送全国水产技术推广总站及省农业农村厅渔业主管部门，生产形势报告内容翔实，为渔业主管部门决策及指导渔业生产提供参考依据。通过对全省河蟹、克氏原螯虾、紫菜等主要养殖品种调研，对新技术、新模式、渔业机械应用等进行推广及技术指导，带动了产业健康发展。

（江苏省渔业技术推广中心）

浙江省养殖渔情信息采集工作

一、采集点设置情况

2021 年，浙江省养殖渔情信息采集区域为 18 个，分别是余杭区、临平区、萧山区、秀洲区、嘉善县、德清县、长兴县、南浔区、上虞区、慈溪市、兰溪市、象山县、苍南县、乐清市、椒江区、三门县、温岭市、普陀区。共设置数据监测采集点 62 个（其中淡水养殖 39 个，海水养殖 23 个），总面积约 13 697 亩。主要采集品种有草鱼、鲢、鳙、鲫、鲤、黄颡鱼、加州鲈、乌鳢、海水鲈、大黄鱼、中华鳖、南美白对虾（海、淡水）、梭子蟹、青蟹、蛤、紫菜等 16 个海淡水养殖品种。

2021 年采集点数量与 2020 年持平，但个别监测点因为不再养殖监测品种，故进行了微调。其中，湖州市南浔区盛江家庭农场采集点原有两个采集品种，分别为黄颡鱼（80 亩）及加州鲈（110 亩），因生产计划调整，2021 年该场全部养殖加州鲈，更换后，我省现有采集点数量不变。

二、主要工作措施

1. 加强组织管理　一是将渔情信息采集工作列入全省年度推广工作要点，重点推进；二是全省各级渔情信息采集单位都高度重视该项工作，明确专人负责数据采集、填报和审核等工作；三是重视培训交流，组织全省渔情信息审核员以及县级采集员在线参加全国水产技术推广总站安排的培训班，并通过工作联系群、云会议等形式加强工作交流，提升业务能力与专业水平。

2. 做好数据审核　省级审核员每月 10 号前对采集数据认真审查，发现数据异常时及时联系市县信息采集员进行核实，退回修正后再上报，保证采集数据的真实可靠。

3. 深化分析利用　对采集得到的养殖渔情信息数据，进行深入分析，每月撰写月报，每季度撰写季度分析，为全省渔业生产形势分析提供素材和依据。根据全国水产技术推广总站要求，做好年度养殖渔情信息采集分析报告，开展主要养殖品种专题分析。

三、工作成效

一是形成了一支渔情信息采集与分析队伍；二是撰写了一系列渔情信息分析报告，完成季度形势分析 4 份，年度分析报告 1 份，中华鳖、梭子蟹、青蟹等 3 个品种生产形势专题分析报告各 1 份，按时报送给全国水产技术推广总站及省渔业主管部门，并反馈给各采集县，为指导养殖生产提供了参考依据。

（浙江省水产技术推广总站）

安徽省养殖渔情信息采集工作

一、采集点设置情况

2021年，安徽省继续开展养殖渔情采集工作，我省2021年的养殖渔情采集区域分布在蚌埠市怀远县等12个市16个县（市、区），采集点42个（表4-1），比2019年增加5个采集点。合肥市有庐江县和长丰县，滁州市有明光市、全椒县和定远县，马鞍山市有和县、当涂县两个县，分布于淮河以北、江淮之间和江南地区，具有一定的代表性。

表4-1 采集点分布一览表

市	铜陵	马鞍山	池州	滁州	蚌埠	六安	合肥	淮南	安庆	芜湖	宣城	阜阳	12
县（市、区）	枞阳	当涂、和县	东至	明光、全椒、定远	怀远	金安	庐江、长丰	寿县	望江	芜湖	宣州	颍上	16
采集点数	2	4	2	7	3	3	6	4	2	3	4	2	42

2021年，42个渔情信息采集点面积合计35 180亩，包括水产养殖场和养殖有限公司、家庭农场、水产专业合作社和个体养殖户，养殖方式是淡水池塘。42个渔情信息采集点，鲢、鳙、草、鲫、南美白对虾、克氏原螯虾、中华鳖等代表品种，及重点关注泥鳅、黄颡鱼、黄鳝、鳜鱼、河蟹等所有养殖水产品出塘量为7 282 020千克，所有养殖品种平均每亩出售商品鱼206.99千克。采集终端，包括水产养殖场、良种场、渔业专业合作社和个体养殖户等。

二、统一采集代表品种与重点关注水产养殖品种

根据全国水产技术推广总站对继续开展养殖渔情信息采集的要求，为进一步科学规范地开展养殖渔情监测工作，2021年统一采集鲢、鳙、草、鲫、南美白对虾、克氏原螯虾、中华鳖等代表品种，及重点关注泥鳅、黄颡鱼、黄鳝、鳜鱼、河蟹等水产养殖品种，同时归纳到"智能渔技"综合信息服务平台进行月报等数据的填报。

三、采取的主要措施与成效

（1）各渔情信息采集县制定采集工作方案，结合养殖品种、养殖模式的调整，开展信息采集、录入和汇总分析。

（2）省站不断加强信息采集工作督促与检查。不定期深入采集单位调查了解信息采集工作进度，查找存在的问题，指导各采集单位扎实做好信息采集工作。

（3）准确采集，按时上报。每月月初各定点县信息采集员及时深入各采集点，采集、审核各项数据，并通过网上填报系统每月按时上报各采集点信息数据，数据经省级站审核后提交。

（安徽省水产技术推广总站）

福建省养殖渔情信息采集工作

一、采集点设置情况

2021 年福建省设置养殖渔情信息采集点 67 个，分布于 17 个采集县。2021 年新增鳗鲡、加州鲈两个采集品种，现有 17 个采集品种，分别为大黄鱼、海水鲈、石斑鱼、南美白对虾、青蟹、牡蛎、蛤、鲍、海带、紫菜、海参等 11 个海水养殖品种，草鱼、鲫、鲢、鳙、鳗鲡、加州鲈等 6 个淡水养殖品种。

二、主要工作措施

1. 建立联络机制，严格审核数据 省级审核员每月通过电话联系、微信沟通等方式，向采集点联络员了解近期渔业生产形势与病害发生情况，建立联络机制，并于每月 10 日前审查县级采集员通过全国养殖渔情信息动态采集系统上报的数据，分析研判养殖渔情动态，对有疑义的数据进行认真核实并查找原因，严把数据源头关，为渔业行政主管部门决策提供参考。

2. 优化监测品种，科学动态采集 为确保采集点设置的科学性和合理性，结合福建省养殖品种、养殖模式的具体情况，新增鳗鲡、加州鲈两个采集品种。建立大黄鱼、鲍、紫菜、海参等 9 位品种专家，对各监测品种渔情信息采集工作进行指导。

3. 举办专题会议，提升分析能力 为进一步提高福建省水产养殖渔情信息采集员业务水平，福建省水产技术推广总站组织全省 18 名县级采集员参加全国水产技术推广总站组织的渔情信息采集工作线上业务培训班，进一步提高渔情信息采集信息员对系统数据的采集、审核、挖掘和分析能力；福建省渔业行业协会与福建省水产技术推广总站联合举办了 2021 年度养殖渔情分析会，组织全省 18 名县级采集员进行采集业务培训，并邀请 9 名品种专家到会，对 2021 年度养殖渔情信息采集工作进行总结，就主要养殖品种的渔情信息进行交流和业务指导。

三、取得的成效

1. 建立业务能力强的渔情监测队伍 经过养殖渔情信息采集项目的实施，打造了一支业务素质强的养殖渔情信息采集队伍，使养殖渔情采集体系覆盖全省渔区，为渔民提供及时的渔情信息服务。

2. 编制月度分析报告，提高渔情信息服务能力 全年共审核和报送采集点月报表 804 份，各县（市、区）上报采集县年度分析报告 18 份、月度分析报告 142 份、信息采集工作总结 18 份；完成全省养殖渔情月度分析报告 12 篇，完成全省年度养殖渔情分析报告 1 篇，形成大黄鱼、鲍、紫菜、海参、鳗鲡、海带、牡蛎、南美白对虾、石斑鱼、大宗淡水鱼等 10 个品种的专题分析报告；加强监测数据的研究分析和应用，渔情信息采集月度分析报告通过"福建水技云"微信号及时发送，提高了渔情信息指导渔业生产和辅助决策的能力。

3. 掌握渔情动态，提供科学依据　渔情信息采集是渔业部门指导好、服务好、管理好渔民群众生产的重要手段，通过及时掌握各阶段的渔情动态，更加全面地了解本省养殖渔情的生产经营状况与病害发生情况，及时为广大养殖户提供技术和指导服务，并为渔业行政主管部门的决策提供信息支持和科学依据。

（福建省水产技术推广总站）

江西省养殖渔情信息采集工作

一、基本情况

2021 年，江西省设置养殖渔情信息采集点 32 个，主要分布于 10 个采集县（市）。采集品种有 13 个，包括常规鱼类 4 种，为草鱼、鲢、鳙、鲫；名优鱼类 6 种，为黄颡鱼、泥鳅、黄鳝、加州鲈、鳜、乌鳢，另有克氏原螯虾、河蟹、鳖。每个采集品种设置了 2～5 个采集点。

二、主要工作措施与成效

1. 工作措施

（1）各级重视、专人负责，做好采集工作　全省各级高度重视养殖渔情信息采集工作，成立工作领导小组，制定具体采集工作方案，落实采集工作各项任务，明确各级专人负责数据审核、上报、记录等工作，确保按时保质保量完成采集工作。

（2）及时报送，加强数据审核与分析　严格落实方案要求，督促县级采集员每月 5 日前收集采集点数据，并对数据进行整理与把关，填报录入系统；省级审核员每月 10 日前对采集数据认真审查核实，对异常数据，及时联系县级采集员，退回核实修正后再上报。对采集数据进行深入分析，撰写分析报告，为全省渔业生产形势分析提供素材和依据。

2. 工作成效

（1）培养一批能力较强的渔情监测和信息分析人才　通过养殖渔情项目的实施，培养了一批能力较强的养殖渔情信息采集人才，为项目实施县（市）渔民提供及时的渔情信息服务。

（2）形成渔情信息采集总结报告　按照全国水产技术推广总站的要求，全省各级做好年度渔情信息采集工作的总结报告。各采集县形成 10 份反映当地渔业生产情况的总结报告，省站综合各项工作，形成全省养殖渔情信息采集分析报告，泥鳅、黄鳝两个重要养殖品种的专题报告，按时报送给全国水产技术推广总站和省渔业行业主管部门，为渔业主管部门决策提供参考，为指导养殖生产提供依据。

（江西省农业技术推广中心畜牧水产技术推广应用处）

山东省养殖渔情信息采集工作

一、采集点设置情况

为准确把握 2021 年全省养殖渔业生产形势，结合我省水产养殖品种结构、产量权重和区域分布，山东省在 22 个县（市、区）布设 49 个渔情信息采集点，淡水养殖采集县 9 个，采集点 20 个，采集淡水养殖水面 1.78 万亩；海水养殖采集县 13 个，采集点 29 个，采集海水养殖水面 2.25 万亩，筏式养殖 1.83 万亩，底播养殖 10.68 万亩，工厂化养殖 1.21 万平方米，网箱养殖 1 万亩。采集 7 大类 17 个品种，基本涵盖我省主要养殖品种，基本能真实、准确反映出全省水产养殖生产的实际情况。

二、主要工作措施及成效

（一）工作措施

1. 加强组织管理，确保养殖渔情信息采集工作落到实处　我省高度重视渔情信息采集工作，成立了以分管领导为组长，有关技术人员为成员的养殖渔情信息采集工作小组，具体负责养殖渔情信息采集工作的组织实施，确保工作落到实处。按照养殖渔情信息采集工作要求，建立采集工作开展的稳定、持续和长期机制。

2. 不断强化养殖渔情信息采集准确性　省总站科学制定全省信息采集工作方案，对采集对象、产业范围、具体内容、采集形式、数据报送形式和进度安排等进行了全面安排部署，采用深入现场、对比分析、审核上报的工作流程，确保数据准确、分析全面。

3. 加强信息采集能力建设、完善采集数据库　充分发挥信息采集员技术优势，依托信息采集企业，创新建立"科技服务＋信息采集"的有效衔接机制，科学分析采集数据，为主管部门决策提供技术支撑，为产业发展提供精准服务。

（二）工作成效

1. 建立结构合理、业务能力强的采集队伍　选择有较高的农业技术水平和丰富的生产实践经验、有较强的工作责任心和奉献精神、熟悉渔业基本情况的技术人员作为采集员，确保信息采集工作的有效运转。

2. 按时完成月度报表，编写分析报告　每月及时将采集信息上报国家采集机构，并对水产养殖生产情况进行分析，确保上报信息的真实性、客观性，并将记录台账及时归档。编写全省半年、年度分析报告及乌鳢、大菱鲆和海带专项分析报告 5 篇。

3. 科学运用采集数据　根据月度采集数据，及时分析产业发展情况，开展针对性的技术服务，保障产业发展。

（山东省渔业发展和资源养护总站）

河南省养殖渔情信息采集工作

一、采集点设置情况

截至 2021 年，河南省共设置 9 个信息采集县，26 个养殖渔情信息采集点。9 个信息采集县分别是信阳市平桥区、信阳市固始县、信阳市罗山县、开封市尉氏县、洛阳市孟津县、驻马店市西平县、新乡市延津县、郑州市中牟县、商丘市民权县。设置淡水养殖监测代表品种 7 个，分别是草鱼、鲤、鲢、鳙、鲫、南美白对虾、克氏原螯虾；重点关注品种 3 个，分别是河蟹、南美白对虾、克氏原螯虾。

二、主要工作措施

1. 提高思想认识，加强工作实效 采集任务下达后，河南省水产技术推广站高度重视，指派专人负责，制定年度工作目标，实施方案，切实落实渔情信息采集的各项工作任务。加强全省各采集点联络工作，及时连接工作动态，明确任务分工，确保全省养殖渔情信息采集工作顺利开展。

2. 严格把控质量，高标准完成任务 目前 2021 年度普查分析报告已完成撰写，上一年度出现的问题已分析完毕。需要注意的地方已集中反馈给各地，要求各采集点严把养殖渔情数据填报关，严格审核数据，对于数据异常情况，要及时联系县级采集员进行核实，重填。保证数据真实可靠，及时对数据进行汇总、对比、分析，撰写养殖渔情分析半年报和年报，科学分析和合理预测养殖生产形势，指导渔民生产。

3. 加强督导巡查，实地开展培训 过去的一年，受洪涝灾害、疫情防控的影响，各采集点损失很大，针对生产损失和灾后重建工作，省水产技术推广站组织相关专家深入进行指导。对各地采集员进行业务培训，了解各信息采集单位和采集点的实际问题和困难，积极向上级渔业主管部门反映，争取补助政策，保证渔情信息采集工作稳步开展，尽力保障养殖户的利益。

三、工作成效

（1）根据全国养殖渔情监测系统和秋季鲤鱼生产形势调研的情况，组织编写《河南省养殖渔情分析报告》和《鲤鱼专题调研报告》。截至目前，已完成 120 批次的数据填报、审核、校对、汇总、分析工作，科学分析水产养殖基本发展变化趋势，准确了解水产养殖业的整体发展态势，从而对渔业整体形势进行预测、指导。

（2）通过开展养殖渔情信息采集工作，对不同时期水产养殖生产形势与变化趋势进行分析和总结，全面了解我省的水产养殖情况，为全省淡水养殖主要养殖品种生产形势提供参考依据，为养殖户开展养殖生产提供合理的指导服务。

（河南省水产技术推广站）

湖北省养殖渔情信息采集工作

一、监测点设置

按照全国总站养殖渔情项目实施要求，2021年湖北省养殖渔情监测工作分别在鄂州、洪湖、监利、潜江、仙桃、天门、蔡甸、钟祥、应城、当阳等10个县（市、区）开展。共设置监测点51个，包含9个合作社（27个监测点）、2个国营养殖场、1个渔业养殖公司和21个养殖大户。监测养殖面积12 705.3亩，有池塘主养、池塘混养和池塘网箱养殖等三种技术模式。共计监测品种12个（含4个代表品种和8个重点关注品种）。

二、工作措施和成效

1. 分解落实任务，精心组织实施　制定《湖北省养殖渔情信息监测实施方案》，规范落实各县（市、区）采集面积、采集品种和采集工作职责，依据报送准确性和及时性进行绩效评定。

2. 研判渔业形势，发挥专家作用　成立省级渔情信息专家组，集中研讨全省渔情信息采集工作，对监测数据结果、渔业发展趋势等进行精准分析和预判，弥补因采集面积局限和品种频繁变换带来的代表性不足。

3. 及时反馈信息，规范采集工作　要求各地每月10日前必须报送上月数据，15日前省站完成审核，并按照报送数据结果撰写渔情相关分析报告，反馈到各监测点供参考。

4. 加强项目督导，强化技术培训　不定期深入各地检查指导监测工作，督导责任落实。积极组织监测人员参加全国总站线上技术培训，充分利用各种培训资源进行省级渔情培训，不断提升监测人员监测能力和水平。

5. 为养殖者提供了及时生产信息　通过数据及时整理、分析和反馈，为养殖户养殖结构调整，安排产品上市，应对市场风险等提供了有效信息支持。

6. 为行业部门提供了决策参考依据　通过监测数据，结合渔业生产实际开展动态信息分析，为行业主管部门调整产业结构，正确判断生产形势，制定渔业发展政策等提供了有效依据和参考。

7. 为产业发展培育了综合性人才　通过项目实施，推动了采集人员深入生产一线，丰富了养殖实践，关注了市场动态，提升了采集人员指导和服务渔民的能力和水平。

（湖北省水产技术推广总站）

湖南省养殖渔情信息采集工作

一、采集点设置情况

2021 年，湖南省养殖渔情信息采集监测工作继续在湘乡市、衡阳县、平江县、湘阴县、津市、汉寿县、澧县、沅江市、南县、大通湖区、祁阳县等 11 个县（市、区）34 个监测点开展。监测品种为淡水鱼类和淡水甲壳类两大类 10 个品种，其中淡水鱼类为草鱼、鲢、鳙、鲫、黄颡鱼、黄鳝、鳜、乌鳢等 8 个品种；淡水甲壳类为克氏原螯虾、河蟹等 2 个品种。养殖模式涉及主养、混养、精养及综合种养等多种养殖形式。经营组织以龙头企业和基地渔场为主。

二、主要工作措施及工作成效

2021 年，全省继续发挥渔情信息工作集数据采集、形势分析、市场预测和生产指导于一体的多功能服务平台作用，把养殖渔情信息采集作为服务渔民的重要工作来抓。

1. 强化项目组织领导，落实目标责任 省畜牧水产事务中心领导高度重视养殖渔情信息采集工作，根据渔业渔政管理局和全国水产技术推广总站的统一安排，按照全省各县（市、区）养殖渔情信息监测工作方案，通过加强项目的组织领导，严格执行信息采集技术规范，切实明确目标任务，强化责任意识，按时保质完成采集、汇总、分析和上报工作，保证了养殖渔情信息采集工作的顺利完成。

2. 加强采集技术培训，规范信息报送 积极组织各采集县全体信息采集员参加总站的信息采集培训工作，部分县（市、区）也通过多种形式开展采集技术探讨与交流。通过培训交流，信息采集队伍进一步理解掌握了渔情信息动态采集的各种技术参数和指标，在信息采集实际工作中进一步做到严格执行信息采集技术规范，保证了养殖渔情信息采集工作的真实性、准确性。

3. 关注价格热点监测，提升服务功能 2021 年上半年全国水产品市场价格持续上涨，引起各方关注，我省及时组织各个采集县（市、区）信息采集员连续关注采集点池塘水产养殖产品生产流通情况，特别重点报告出塘价格动态，同时关注存塘量和出塘量，做好形势分析研判等工作，及时向渔业主管部门及党委、政府报告并提出建议，使得养殖渔情信息采集工作服务功能得到了进一步提升。

4. 开展项目绩效评估，争取资金支持 2021 年我省积极对项目进行认真总结，突出项目社会效益，开展养殖渔情信息采集项目绩效评估工作。同时积极争取地方财政支持，将养殖渔情信息采集项目列入财政支持预算，为养殖渔情信息采集项目实施提供有力的资金保障。

（湖南省畜牧水产事务中心）

广东省养殖渔情信息采集工作

一、采集点设置情况

根据《关于报送养殖渔情监测调查对象基本情况的通知》（农渔技学〔2017〕160号）要求，在全省水产养殖业比较集中的珠三角和粤东、粤西地区选择18个县（市、区）开展养殖渔情监测品种工作。分别在徐闻县、雷州市、廉江市、海陵岛试验区、台山市、金湾区、澄海区、饶平县、阳春市、东莞市、中山市、番禺区、白云区、斗门区、博罗县、高州市、茂南区、高要区等18个地区设46个监测点，监测面积有淡水池塘养殖490.6公顷、海水池塘养殖830.67公顷，筏式346.67公顷，普通网箱29 200米^2，工厂化6 000米^{3}水体。监测品种有鲈、卵形鲳鲹、石斑鱼、南美白对虾、青蟹、牡蛎、扇贝、草鱼、鲢、鳙、鲫、黄颡鱼、加州鲈、乌鳢、罗非鱼等。

二、主要工作措施及成效

1. 工作措施

（1）加强工作督导　不定期地对采集点进行督导检查，解决采集工作中遇到的各种问题，并查看养殖渔情工作手册，保证数据来源和渔情的真实、及时、准确和规范。

（2）提供信息服务　利用"粤渔技推广与疫控"收集信息平台，及时向各收集点负责人及技术人员发送各类水产养殖相关信息。特别在鱼病高发季节、台风、寒潮等重大灾害来临时，第一时间通知采集点人员做好相关措施，避免灾害带来的巨大的经济损失。

2. 取得的成效　根据养殖渔情监测和调研，组织编写《广东省罗非鱼产业发展情况报告》《广东省大口黑鲈产业发展情况报告》和《广东省鳗鲡产业发展情况报告》等报告，并在有关期刊和网络上刊登，有效地引领养殖生产和市场经营，最终让生产者和消费者双赢，实现水产养殖健康可持续发展。

（广东省农业技术推广中心）

广西壮族自治区养殖渔情信息采集工作

一、采集点设置情况

2021 年广西壮族自治区在 15 个市（区、县）设置了 35 个采集点。采集品种 9 个，分别为草鱼、鲢、鳙、鲫、罗非鱼、卵形鲳鲹、南美白对虾（海水）、牡蛎和鳖。

二、主要工作措施及成效

1. 指定专人负责，做好采集员培训工作 各级渔情信息采集单位明确专人负责数据收集、记录和上报工作，组织渔情信息采集员培训，鼓励采集员们在渔情信息采集微信群中多交流经验和及时反馈问题，逐渐形成良好的沟通氛围。

2. 合理布局，采集点和采集品种代表性强 每个采集县选择有代表性采集点，采集范围包括养殖企业、养殖大户、渔场或基地、涉渔合作社等经营主体，基本上涵盖全区所有养殖模式、养殖特点、养殖水平等，代表性强。

3. 加强审核，确保数据真实有效 要求省级审核员对上报的渔情信息进行严格审核把关，对异常数据要及时联系县级采集员，退回核实后再重新上报，保证渔情数据真实反映渔业生产实际。

4. 形成渔情信息采集分析报告 根据采集来的基础数据，结合广西各地渔业生产特点，编写"广西养殖渔情分析报告"，以及大宗淡水鱼类、牡蛎、龟鳖、罗非鱼、金鲳鱼等重要养殖品种的专题报告，为各级渔业主管部门对生产形势判断提供了重要参考。

（广西壮族自治区水产技术推广站）

海南省养殖渔情信息采集工作

一、采集点设置情况

2021年，海南省在海口市、文昌市、琼海市、儋州市、临高县、定安县以及陵水县等14个采集县（市）选取了28个养殖渔情信息采集点。其中，淡水养殖品种：鲫分布1个点、鳙和鲢各分布5个点、罗非鱼分布有4个点以及南美白对虾（淡水）分布2个点；海水养殖品种：青蟹分布3个点、南美白对虾（海水）分布4个点、石斑鱼分布1个点以及卵形鲳鲹分布3个点。

二、主要工作措施及成效

1. 工作措施

（1）加强领导，强化职责　省站领导高度重视渔情信息采集工作，成立养殖渔情信息工作领导小组，制定全年、半年工作目标及工作方案。明确岗位职责分工，做到专人专责，有效保障了全省养殖渔情信息采集工作的顺利开展。

（2）严格审核数据，强化数据分析应用　全省精心制定《养殖渔情信息采集员管理办法》和渔情信息采集工作方案，认真落实渔情信息采集工作任务，严格审核，及时核对，发现不实或异常的数据，第一时间在系统上进行数据驳回，并及时与县级采集员进行沟通核对，确保采集的数据科学、准确报送，完善月报、半年报和全年总结分析报告。

（3）加强调研，积极督导　全省渔情专家组不定期地对石斑鱼、卵形鲳鲹和罗非鱼等9个监测品种进行调研并座谈，了解养殖生产情况，及时发现和解决工作中遇见的各类难题。

2. 取得的成效

（1）为上级决策和管理提供参考数据　全省已开展该项工作11年，收集了丰富的数据，能为渔业主管部门管理提供相关基础数据。自2018年养殖渔情信息采集重建新系统后，全省共有信息采集县（市）14个、采集点数量28个。截至目前，已完成462批次的数据填报、审核、校对、汇总以及分析工作。2021年编制完成全省全年养殖渔情分析报告以及全国罗非鱼、石斑鱼和卵形鲳鲹专题报告，为全省渔业经济动态分析提供了科学依据，有利于渔业主管部门对渔业经济的管理和指导。

（2）为全省渔业发展提供参考意见　按照全国水产技术推广总站关于渔情信息采集工作新思路，以监测代表品种和重点关注品种数据采集和分析为重点，掌握各养殖品种生产成本、出塘单价和效益等与实际生产密切相关的数据，为全省渔业发展提供参考依据。

（海南省海洋与渔业科学院）

四川省养殖渔情信息采集工作

按照全国水产技术推广总站的安排部署，省水产局认真组织开展了 2021 年养殖渔情信息采集工作，在采集县、采集点工作人员共同努力下，较好地完成采集工作任务，具体情况如下。

一、采集点设置

根据监测实施方案规定的调查对象确定原则和各品种池塘养殖分布情况，在成都彭州、自贡富顺、绵阳安州、眉山东坡、眉山仁寿、资阳安岳共 6 个县（市、区）选取了 27 个点开展池塘养殖渔情信息采集，采集面积 3 943 亩，采集品种包括草鱼、鲤、黄颡鱼、加州鲈、泥鳅、鲑鳟鱼。

二、主要工作措施

1. 高度重视，加强组织 我省高度重视养殖渔情信息采集工作，明确由省水产技术推广总站统筹组织实施，结合监测方案规定的养殖对象和实际生产情况确定采集原则，科学设置信息采集点，并要求各相关采集县指定专人负责数据上报、审核工作。

2. 完善制度，提高效率 健全县级采集点基本信息数据库、渔情信息采集月报制度，及时指导与督查采集点准确填报采集数据和分析报告，保证采集数据真实性、及时性、有效性和完整性。

3. 严格审核，确保质量 要求各采集点于每月 5 日前完成采集点数据审核、上报工后，省级对所报数据逐条审核，对疑似错误数据及时与采集点联系人取得联系进行核实，确保所报数据真实性。

4. 加强分析，提供参考 及时对所采集数据进行整理和分析，掌握各品种生产成本、价格和效益等与实际生产结合紧密的数据，为全省渔业生产提供数据参考。

三、下一步工作

1. 完善奖惩制度，健全工作考核机制 将数据填报时效、填报质量作为采集县工作经费分配重要依据，确保优绩优酬；从采集工作经费中列支采集点经费和专家费，提高采集工作积极性。

2. 争取平台对接，拓展数据应用 加强渔情信息采集平台与我省渔业渔政信息平台对接，争取实现四川监测点数据共享，拓展数据应用。

3. 加强数据分析，指导渔业发展 既要当好"采集员"，更要当好"分析师"，挖掘数据价值，充分发挥渔情信息采集工作对渔业管理和生产决策的支持作用。

（四川省水产局）

图书在版编目（CIP）数据

2021年养殖渔情分析 / 全国水产技术推广总站，中国水产学会编 . —北京：中国农业出版社，2022.6
ISBN 978-7-109-29811-8

Ⅰ.①2… Ⅱ.①全… ②中… Ⅲ.①鱼类养殖－经济信息－分析－中国－2021 Ⅳ.①S96

中国版本图书馆 CIP 数据核字（2022）第 145242 号

2021 年养殖渔情分析

2021NIAN YANGZHI YUQING FENXI

中国农业出版社出版

地址：北京市朝阳区麦子店街 18 号楼
邮编：100125
责任编辑：神翠翠　　文字编辑：林珠英
版式设计：杜　然　　责任校对：沙凯霖
印刷：中农印务有限公司
版次：2022 年 6 月第 1 版
印次：2022 年 6 月北京第 1 次印刷
发行：新华书店北京发行所
开本：787mm×1092mm　1/16
印张：15.25
字数：365 千字
定价：96.00 元
